ACTA BIOLOGICA ET MEDICA GERMANICA

Band 28
Heft 3 · 1972
Seite 395–562

THEORIA CUM PRAXI

ABMGAJ 28 (3) 395–562 (1972)

AUFNAHMEBEDINGUNGEN

1. Die ACTA BIOLOGICA ET MEDICA GERMANICA, Zeitschrift für funktionelle Biowissenschaften, publiziert Arbeiten aus den Fachgebieten Biochemie, Physiologie (einschließlich Pathophysiologie), Pharmakologie und Immunbiologie. Es werden nur Arbeiten angenommen, die nicht an anderer Stelle mit demselben Inhalt veröffentlicht oder zur Veröffentlichung angeboten werden. Der Autor verpflichtet sich nach Annahme, die Arbeit an keiner anderen Stelle zu veröffentlichen.

2. Die Arbeit muß wissenschaftlich wertvoll sein. Bestätigungen bekannter Tatsachen, Versuche und Beobachtungen ohne positives Ergebnis werden, wenn überhaupt, nur in kürzester Form aufgenommen. Nicht aufgenommen werden Polemiken und rein spekulative Arbeiten, falls sie nicht wesentliche neue Gesichtspunkte enthalten.

3. Kurzmitteilungen über experimentelle Ergebnisse werden bei der Drucklegung zeitlich bevorzugt.

4. Die Arbeiten müssen so kurz als möglich abgefaßt werden und in einem druckreifen Zustand geschrieben sein. Einleitung (Problematik), Methodik, Befunde und Diskussion sollen deutlich in Erscheinung treten. Der Arbeit soll eine Zusammenfassung der wesentlichsten Ergebnisse vorausgestellt werden.
   Arbeiten werden in Deutsch, Englisch und Russisch angenommen. Die Manuskripte sind in zweifacher Ausfertigung einzureichen. Von den Abbildungen sind 2 Kopien sowie 1 Satz reproduktionsreife Vorlagen beizufügen.
   Genaue Hinweise zur Manuskriptgestaltung sind von der Redaktion der Zeitschrift anzufordern und unbedingt einzuhalten. Manuskripte, die diesen Bedingungen nicht entsprechen, werden zurückgewiesen.

5. Die Arbeiten werden im Sofortumbruch gesetzt; größere Korrekturen in Form von Streichungen bzw. Zusätzen sind daher in der Umbruchkorrektur nicht zulässig.

6. Manuskripte sind an die Redaktion der ACTA BIOLOGICA ET MEDICA GERMANICA, 1115 Berlin-Buch, Lindenberger Weg 70, zu senden.

7. Von jeder Originalarbeit werden kostenlos 80 Sonderdrucke geliefert.

Schriftleitung Herausgeber

ACTA BIOLOGICA ET MEDICA GERMANICA

Herausgeber:
R. Baumann, H. Dutz,
A. Graffi, H. Gummel,
F. Jung, L.-H. Kettler,
O. Prokop, S. M. Rapoport

Schriftleitung:
H. Bielka, W. Scheler

Band 28 1972 Heft 3

Zeitschrift für funktionelle Biowissenschaften

Acta biol. med. germ., Band 28, Seite 395–409 (1972)

Aus dem Forschungsinstitut für Tuberkulose und Lungenkrankheiten Berlin-Buch (Direktor: Prof. Dr. med. habil. P. Steinbrück), 1115 Berlin-Buch

Ein neues Verfahren zur Bestimmung der Rifampizin-Resistenz bei Mycobacterium tuberculosis[1,2]

H. Reutgen

(Eingegangen am 28. 4. 1971)

Zusammenfassung

Sowohl proliferierende sensible als auch Rp-resistent gezüchtete Keime von M. tuberculosis H37Ra bzw. H37Rv verhalten sich stoffwechselchemisch gesehen unter dem Einfluß von Rifampizin hinsichtlich der Phosphataufnahme unterschiedlich. Diese Differenzen werden durch den Einsatz des ^{32}P-Isotops leicht meßbar gemacht und für Resistenzuntersuchungen in Schüttelkultur (^{32}P-Test) ausgenutzt. Nach der Ermittlung der Erfassungsgrenze für Rp-resistente Keime in Mischpopulationen wird die Reproduzierbarkeit überprüft und der ^{32}P-Test danach zur Resistenz-Testung von Patientenstämmen eingesetzt. Vergleichende Untersuchungen mit

[1] Herrn Prof. Dr. med. habil. P. Steinbrück zur Vollendung seines 60. Lebensjahres gewidmet.
[2] Teile dieser Arbeit wurden auf dem in der Zeit v. 5.–10. 10. 1970 in Prag stattgefundenen „Tschechoslowakischen Kongreß über die Pneumophthisiologie" und „Symposium über das Rifampicin" vorgetragen.
Abkürzungen: Rp = Rifampizin; MIK = minimale Inhibitor-Konzentration; BZV = Bakterienzellvolumen

dem Vertikal-Diffusions-Test ergeben bei 25 von 32 Stämmen und mit der Proportionsmethode (Economic-Test) bei 28 von 30 Stämmen Übereinstimmung. Die möglichen Faktoren für den unterschiedlichen Ausfall werden diskutiert.

Einleitung

Zur Ermittlung der Resistenz gegenüber Chemotherapeutika und Antibiotika bei Tuberkelbakterien sind bisher vor allem drei Verfahren, und zwar der Reihenverdünnungstest [3, 12, 13], der Vertikal-Diffusionstest [12, 13, 21, 24] und die Proportionsmethode (Economic-Test) [2] eingesetzt worden.

Diese Verfahren basieren darauf, daß das Wachstum der sensiblen Keime unter dem Einfluß des zu testenden Mittels unterdrückt wird. Die visuelle Beurteilung des Anteiles der resistenten Variante an der Gesamtpopulation bzw. die Ablesung der Hemmzonen nach entsprechender Inkubation (3 bis 6 Wochen) gestattet dann Aussagen über den Resistenzgrad der getesteten Keime.

Diese Art der Resistenzbestimmung hat den Nachteil, daß die Zeitspanne bis zum Vorliegen der Resistenzergebnisse zu lang ist. Eine Testdauer von 6 Wochen z. B. für die Proportionsmethode ist verlorene Zeit für die Patienten, die in der Erstbehandlung mit den verabreichten tuberkulosewirksamen Mitteln nicht negativ werden.

Ein weiterer Nachteil besteht darin, daß bei den angeführten Methoden Nährmedien benutzt werden, die beim Rifampizin (Rp) zu hohen Aktivitätsverlusten während der Inkubation führen und z. T. die relativ großen Schwankungen bei der Testung der minimalen Inhibitor-Konzentration (MIK) bedingen [16, 22].

Es hat nicht an Versuchen gefehlt, die Dauer der Resistenzbestimmungen zu verkürzen. So berichteten Muftic und Redmann [17] über eine neue Methode zur Resistenzbestimmung von Tuberkulostatika, die sich auf ein neues Medium gründet [18] und nach drei Tagen bereits Aussagen erlauben soll. Keinem der aufgeführten Verfahren zur Resistenzbestimmung liegt eine direkte Messung eines Stoffwechselvorganges zugrunde. Anders ist es bei einem für INH vorgeschlagenen Schnelltest, bei dem die mit zunehmender Resistenz der Keime sich vermindernde Aktivität der Peroxidase und Katalase zur Bewertung des Resistenzgrades herangezogen wird [11, 25].

Bei früheren Untersuchungen über den Einfluß von Tuberkulostatika auf den endogenen Stoffwechsel von Mykobakterien zeigte sich, daß unter bestimmten Bedingungen der Phosphatstoffwechsel ein frühzeitiger Indikator für Störungen des Gesamtstoffwechsels sein kann [7—10, 19, 20]. So konnte z. B. bei relativ hoher Bakterieneinsaat eine unterschiedliche Hemmung des Phosphatstoffwechsels arzneimittelsensibler und -resistenter Keime unter dem Einfluß hoher INH-, Streptomyzin- und Äthioniamid-Konzentrationen (10^{-2} bis 10^{-3} M) beobachtet werden, die Rückschlüsse auf den Resistenzgrad der Keime zuließen [7, 8].

Im folgenden wird ein Verfahren beschrieben, bei dem unter Rifampizin-Einfluß die Proliferation der sensiblen Keime ebenfalls unterdrückt wird. Die Aktivität des Phosphatstoffwechsels der resistenten Keime wird dann an Hand der ^{32}P-Einbaurate gemessen und zum Resistenzgrad der Gesamtpopulation in Beziehung gebracht.

Material und Methodik

Eingesetzte Stämme

In den Versuchen wurden M. tuberculosis H37Ra, H37Rv und aus Patientenmaterial isolierte Stämme eingesetzt.

Anzucht der Bakterien und Herstellung der ^{32}P-haltigen Keimsuspension[1]

Nach 21tägiger Anzüchtung auf Löwenstein-Jensen- bzw. Ogawa-Medium werden die Keime unter sterilen Bedingungen vom Nährboden abgenommen und in einem modifizierten, Tween 80-haltigen Sauton-Nährmedium folgender Zusammensetzung suspendiert:
6,0 g l-Asparagin, 3,0 g Zitronensäure, 0,75 g K_2HPO_4, 0,75 g Mg $SO_4 \cdot 7H_2O$, 0,075 g Ferriammoniumzitrat, 30,0 g Glyzerin. Die Substanzen wurden in Aqua dest. gelöst, auf 1000 ml aufgefüllt, mit NH_4OH auf *p*H 7,0 eingestellt und nach Zugabe von 1,5 g Tween-80 steril über Glasfilterkerze G5 des VEB Schott & Gen., Jena filtriert.
Bei schlecht suspendierbaren Wildstämmen wird zur Abtrennung größerer Zellverbände die Keimsuspension über Glasfilterfritten G1 filtriert.
^{32}P wird der Keimsuspension in Form von steriler $H_3{}^{32}PO_4$-Lösung zugesetzt. Die Menge der zugegebenen Radioaktivität richtet sich nach der Größe des Inkubations-Ansatzes und liegt im allgemeinen für die benutzte Meßanordnung zwischen 40000 und 80000 Imp./min und ml Ansatz (entspricht einer Zugabe von 1 μCi auf 10 ml Keimsuspension).
Für bestimmte Problemstellungen (Untersuchungen des Einflusses der Vorinkubation) erfolgt die Zugabe des radioaktiven Isotops zur Keimsuspension 24 bzw. 48 Std. nach Inkubationsbeginn in Form einer wäßrigen Lösung.

Einstellung der Keimsuspensionsdichte

Eine Einstellung der Keimsuspensionsdichte erfolgt nach Bestimmung des Bakterienzellvolumens (BZV) im Hämatokritröhrchen nach Hamburger (OKA 0,04 ml) durch nachfolgende Verdünnung mit Nährmedium auf ein BZV von ca. 1 mm^3/ml Keimsuspension (entspricht einem Bakterienfeuchtgewicht von ca. 1,1 mg/ml).

Herstellung der Test-Lösungen

Lösung a = stabile Phosphatlösung (7,5 g K_2HPO_4 in 100 ml Aqua dest.); Lösung b = Aqua dest. (enthält 0,1% Methanol p.A.); Lösung c = Rifampizin-Lösung. Die entsprechende Rifampizin-Menge (Reinsubstanz oder Substanz aus Rifoldin-Kapseln der Fa. Lepetit, Mailand[2] wird in 10 ml Methanol p.A. gelöst, mit Aqua dest. auf 100 ml aufgefüllt, im Verhältnis 1:100 mit Aqua dest. verdünnt und im Gegensatz zu den Lösungen a) und b), die autoklaviert werden, über eine G 5-Glasfilternutsche steril filtriert.

[1] Herrn Dr. Käppler (Bakteriologisch-serologische Abteilung des Forschungsinstitutes für Tuberkulose und Lungenkrankheiten Berlin-Buch) sei für die Bereitstellung und Anzucht der Teststämme herzlichst gedankt.
[2] Für die Bereitstellung der Rifampizin-Reinsubstanz durch die Fa. Lepetit, Mailand, sei hiermit bestens gedankt.

Inkubations-Ansätze

Die Inkubation der 3 ml-Ansätze (oder Vielfache davon) erfolgt in 25 ml Erlenmeyerkölbchen (oder Vielfache davon) mittels Schüttelkultur bei 37 °C. Sie setzen sich wie folgt zusammen: Zu jeweils 2 ml der eingestellten ^{32}P-haltigen Keimsuspension werden 1 ml der Lösung a (zur Ermittlung der Anfangsaktivität = AA-Ansatz) bzw. 1 ml der Lösung b (zur Ermittlung der Einbaurate des Kontroll-Ansatzes) bzw. 1 ml der Lösung c (zur Ermittlung der Einbaurate des Rifampizin-Ansatzes) gegeben.

Aufarbeitung der inkubierten Keime

Nach beendeter Inkubation werden die Bakterien von den jeweiligen Ansätzen, um ein keimfreies Kulturfiltrat zu erhalten, durch kombinierte Zentrifugation/Filtration (unter Einsatz von 12 G5-Glasfilternutschen) abgetrennt.
Parallel dazu werden bei bestimmten Fragestellungen die Veränderungen des Bakterienzellvolumens während der Proliferation erfaßt. Dies geschieht, indem 1 ml des Ansatzes im Hämatokritröhrchen bei 2500–3000 U/min zentrifugiert wird. Die abgelesenen Einheiten werden auf mm^3 BZV umgerechnet.

Messung der ^{32}P-Aktivität

Aliquote Mengen der Kulturfiltrate aus AA-Ansatz, Kontroll-Ansatz und Rp-Ansatz werden auf jeweils 2 Polystyrolschälchen aufgetragen und als Trockenpräparate mit Hilfe eines Kernstrahlungsmeßgerätes (FH 49, Friesecke & Höpfner) in Kombination mit Probenwechsler und Zeitdrucker doppelt gemessen.

Berechnung der ^{32}P-Einbauraten

Die vom Zeitdrucker für das jeweilige Kulturfiltrat bei festgelegter Impulsvorwahl ausgedruckten vier Meßzeiten werden gemittelt und auf gemessene Radioaktivität pro Zeiteinheit und Volumenanteil (Imp./min · ml) umgerechnet. Aus diesen Werten lassen sich die Einbauraten (in die Bakterien eingebaute ^{32}P-Aktivität) für den Kontroll-Ansatz bzw. Rp-Ansatz durch Differenzbildung mit den Werten des AA-Ansatzes bestimmen. Die ^{32}P-Einbaurate des Rp-Ansatzes ausgedrückt in % zur Einbaurate des Kontroll-Ansatzes ermöglicht die Beurteilung der Inhibitorwirkung des Rifampizins auf den Phosphatstoffwechsel der Bakterien.

Ergebnisse

Untersucht man den ^{32}P-Einbau proliferierender Keime von M. tuberculosis H37Ra in Abhängigkeit von der Rp-Konzentration, um die minimale Hemmkonzentration des Mittels zu testen, so zeigt sich, daß bei einer Inkubationszeit von 5 Tagen bereits 0,07 μgRp/ml den Einbau auf 25% gegenüber dem Kontroll-Ansatz erniedrigen und 0,08 μg Rp/ml ihn praktisch gänzlich unterdrücken (vgl. Abb. 1). Dieser Wert erhöht sich bei Einsatz von H37Rv-Keimen nur unwesentlich auf 0,1 μg. Niedrigere MIK-Werte werden erhalten, wenn statt des Rifampizins aus Rifoldin-Kapseln Rifampizin-Reinsubstanz getestet wird. Die entsprechenden Werte liegen bei 0,04 bzw. 0,07 μg Rp/ml.
Werden Bakterienzellvolumen und ^{32}P-Einbauraten unter dem Einfluß von 0,4 μg Rp/ml in Abhängigkeit von der Inkubationszeit untersucht, so ist zu beobachten, daß der Inhibitoreffekt sich bei Messung des BZV erst nach 48 Std. bemerkbar macht. Dagegen ist, wie aus den Werten der eingebauten

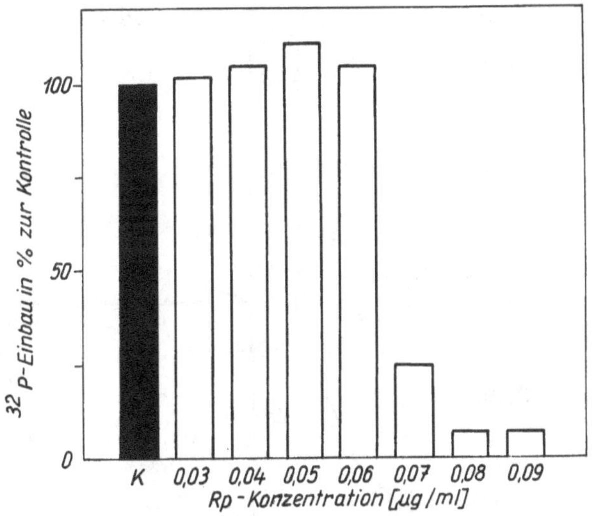

Abb. 1. Testung der MIK für Rifampizin (Rifoldin-Kapseln) bei M. tuberculosis H37Ra mit Hilfe der ^{32}P-Einbauraten

^{32}P-Radioaktivität hervorgeht, der Phosphatstoffwechsel der Keime bereits am ersten Tag gestört. Bei dem Versuch, den Hemmeffekt des Mittels auf den ^{32}P-Einbau durch Vorinkubation der Keime zu verstärken (dabei erfolgt die Zugabe des radioaktiven Isotops erst 24 Std. bzw. 48 Std. nach der Rifampizinzugabe und damit nach Inkubationsbeginn), werden nur relativ geringfügig erhöhte Einbau-Differenzen zwischen Kontroll-Ansatz und Rp-Ansatz erhalten (vgl. Abb. 2). Das erklärt sich daraus, daß die ab 4. Tag der Inkubation stark vermehrte Phosphataufnahme aus dem Nährmedium nach dem 8. Tag, relativ gesehen, geringer wird. Die Differenzen in den BZV-Werten dagegen lassen deutlich den Einfluß der Vorinkubation erkennen. Sie steigen nach einer Markierungszeit von 7 Tagen von 18 bei 0stündiger auf 33 Einheiten bei 48stündiger Vorinkubation an, da durch die Vorinkubation die Gesamtinkubationszeit auf 9 Tage erhöht und damit anteilmäßig mehr von der eigentlichen Proliferationsphase erfaßt wird.
Werden auf Rp-haltigem Löwenstein-Jensen-Medium (100 µg Rp/ml) angezüchtete resistente Keime nach einer Subkultur auf Rp-freiem Nährboden in die Untersuchungen einbezogen, so zeigt sich, daß der ^{32}P-Einbau bei der resistenten Variante bei gleicher Einsaat absolut gesehen niedriger liegt. Andererseits ist, wie aus den Einbauraten der Tab. 1 hervorgeht, die Inkorporation des Isotops selbst unter dem Einfluß der 64fachen MIK bei den resistenten Keimen nach 8tägiger Inkubation nicht inhibiert, sondern sogar leicht stimuliert.
Die Ergebnisse der vorstehenden Untersuchungen lassen erkennen, daß sowohl aus den unter Rp-Einfluß gegenüber der Kontrolle veränderten Bakterienzellvolumina als auch den ^{32}P-Einbauraten Rückschlüsse auf das

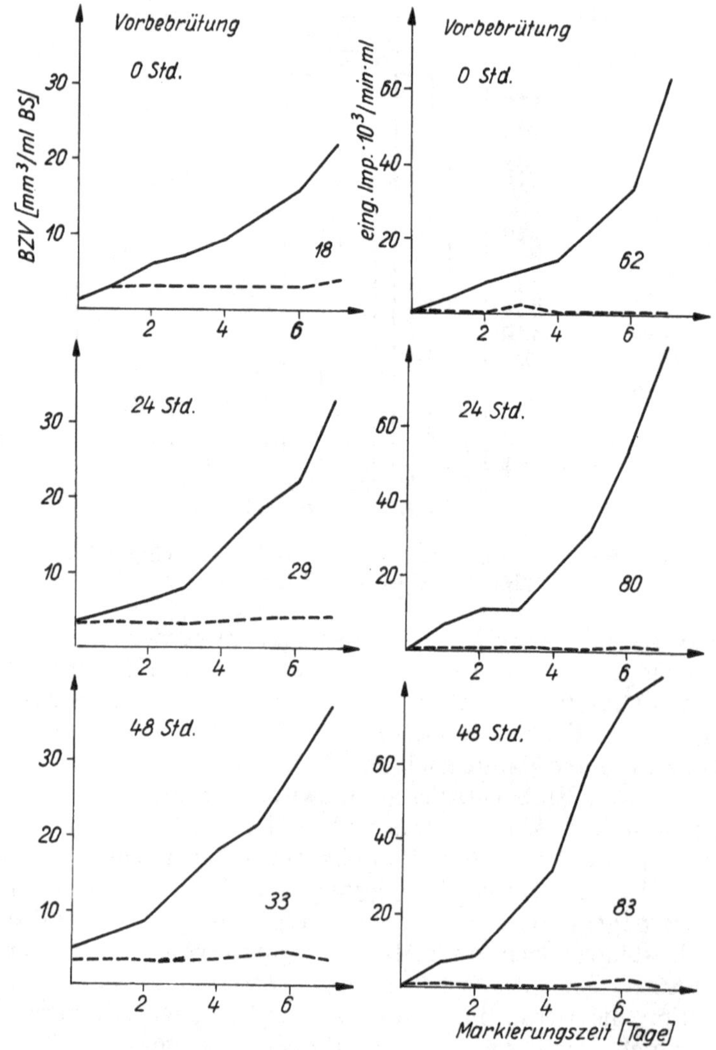

Abb. 2. Vergleich der unter Rp-Einfluß erhaltenen BZV- und ^{32}P-Einbauwerte in Abhängigkeit von der Markierungs- bzw. Vorbebrütungszeit.
——— Kontrolle; - - - - - - Rp-Konzentration 0,4 µg/ml

Resistenzverhalten eines Stammes gezogen werden können. Bei relativ kurzen Inkubationszeiten — und nur solche sind in diesem Fall diskutabel — ist aber auf Grund der erhaltenen Differenzen, der Meßgenauigkeit und Empfindlichkeit der Methode nur eine Differenzierung über die ^{32}P-Einbauraten — im folgenden kurz ^{32}P-Test genannt — aussichtsreich. Das umsomehr, als eine Resistenzbestimmung nur dann sinnvoll ist, wenn sie auch Aussagen hinsichtlich geringer Anteile an resistenten Keimen in der Gesamtpopulation erlaubt.

Dabei muß natürlich geklärt werden, inwieweit die Erfassung eines Stoffwechselvorganges unter Einsatz eines meßtechnisch leicht zu handhabenden Isotops — in diesem Falle also ^{32}P — bei entsprechender Standardisierung des Verfahrens reproduzierbar ist. Zur Überprüfung der Aussagekraft des ^{32}P-Testes wird deshalb die Streubreite des Verfahrens an jeweils 5 Parallel-Ansätzen (AA-, Kontroll- und Rp-Ansatz) bei einem Rp-sensiblen Patientenstamm orientierend ermittelt.

Wie aus den Ergebnissen der Tab. 2 ersichtlich ist, beträgt die mittlere Abweichung vom Mittelwert der erhaltenen Radioaktivitätswerte im Kulturfiltrat bei den AA-Ansätzen ±0,9%, bei den Rp-Ansätzen ±0,8% und bei den Kontroll-Ansätzen ±4,9%. Das bedeutet also, daß die relativ große Streubreite bei den letzteren vor allem für die Schwankungen in den ^{32}P-Einbauraten des Rp-Ansatzes in % zur Kontrolle verantwortlich sind.

Werden der Berechnung der Inhibitorwirkung die jeweiligen Mittelwerte zugrunde gelegt, beträgt der Einbau 6,4%. Bei Kombination der entsprechenden Extremwerte ergeben sich maximal 11,7% und minimal 2,4%.

Um Aussagen über die Empfindlichkeit der Methode machen zu können, wird die Erfassungsgrenze der resistenten Keime in Mischpopulationen getestet. Dazu werden Rp-sensible und -resistente Keimsuspensionen gleicher BZV-Dichte von M. tuberculosis H37Ra in bestimmten Verhältnissen gemischt und die daraus resultierenden 6 Populationen unter dem Einfluß von 0,4 µg Rp/ml über 8 Tage inkubiert.

In Abb. 3 sind die Ergebnisse dieser Untersuchungen dargestellt. Danach steigt der ^{32}P-Einbau bei den jeweiligen Kontroll-Ansätzen (schwarze Säulen) mit abnehmendem Gehalt an resistenten Keimen, gleichbedeutend mit einer Zunahme an sensiblen Keimen, auf Grund der höheren Stoffwechselaktivität der letzteren, wie zu erwarten, an. Da in der jeweiligen Gesamtpopulation unter Rp-Einfluß die ^{32}P-Aufnahme der sensiblen Keime bis auf einen geringen Resteinbau unterdrückt wird, ist die erhaltene Einbaurate ein Gradmesser für den Anteil an resistenten Keimen in der Population. Dementsprechend sinken die ^{32}P-Einbauraten — wenn auch nicht in linearer Abhängigkeit — mit abnehmendem Gehalt an resistenten Keimen in den Mischpopulationen ab.

Selbst ein Anteil von 1,2% resistenter Keime in der Population (Einbaurate in % zur Kontrolle = 19) läßt sich noch von der vollsensiblen Population (Einbaurate in % zur Kontrolle = 9) abgrenzen. Damit entspricht der Test hinsichtlich der Erfassungsgrenze in etwa den Anforderungen, die auch an bakteriologische Untersuchungsmethoden gestellt werden.

Um die Aussagen des ^{32}P-Testes mit den Ergebnissen bakteriologischer Verfahren vergleichen zu können, werden im Blindversuch 32 bzw. 30 Stämme (M. tuberculosis H37Rv und Patientenstämme) mit dem Vertikal-Diffusions-Test bzw. der Proportionsmethode parallel, d. h. von der gleichen Subkultur

Tabelle 1

Einfluß verschiedener Rp-Konzentrationen auf die ^{32}P-Einbauraten bei Rp-sensiblen und -resistenten Keimen von M. tuberculosis H37Ra

	^{32}P-Einbauraten in % zur Kontrolle bei Einsatz der				
	–	einfachen	4fachen	16fachen	64fachen MIK
sensible Keime	100	8	8	7	7
resistente Keime	100	92	106	120	132

Tabelle 2

Orientierende Ermittlung der Streubreite der ^{32}P-Methode und ihr Einfluß auf die Aussage des Testes bei einem Rp-sensiblen Patientenstamm (Rp-Ansätze mit der 10fachen MIK angesetzt)

Parallel-Ansatz	Radioaktivität (Imp./min · ml) AA-Ansatz	Kontroll-Ansatz		Rp-Ansatz		^{32}P-Einbau des Rp-Ansatzes in % zur Kontrolle
	im Kultur-filtrat	im Kultur-filtrat	in den Bak-terien	im Kultur-filtrat	in den Bak-terien	
1	44160	20410		41390		
2	43520	18180		42270		
3	42890	18620		41960		
4	43840	18640		42270		
5	43200	17240		41660		
Mittelwerte	43522	18618	24904	41910	1612	6,4
mittlere Abweichung	±0,9%	±4,9%		±0,8%		
Maximalwerte	44160	20410		42270		
Abweichung v. Mittelwert	+1,4%	+9,8%		+1%		
Minimalwerte	42890	17240		41390		
Abweichung v. Mittelwert	−1,6%	−7,4%		−1,2%		
Testergebnisse bei Kombination der Extremwerte						
	Maximal-wert	Maximal-wert		Minimal-wert		
	44160	20410	23750	41390	2770	11,7
	Minimal-wert	Minimal-wert		Maximal-wert		
	42890	17240	25650	42270	620	2,4

ausgehend, unter Einsatz der 8fachen MIK getestet.[1] Dabei wird ein vereinfachtes Bewertungsschema zugrunde gelegt. Es bedeutet im bakteriologischen Test:

S = die Population ist vollsensibel;
R = die Population enthält mehr als 1% resistente Keime;
RS = der Ausfall des Testes ist nicht eindeutig.

Auf Grund von Voruntersuchungen ergibt sich folgendes Bewertungskriterium für den ^{32}P-Test (^{32}P-Einbau in % zur Kontrolle):

S $\lesseqgtr$ 15;
R $\gtreqless$ 30;
RS $>$ 15 und $<$ 30.

Die Resistenz-Ergebnisse des ^{32}P-Testes und des Vertikal-Diffusions-Testes sind in Tab. 3 vergleichend dargestellt. Bei 25 von 32 Stämmen stimmen die Ergebnisse überein. In 4 Fällen ergeben sich Differenzen hinsichtlich einer Eingruppierung zwischen R und RS, in einem Fall zwischen RS und S und nur bei zwei Stämmen zwischen R und S. In allen 7 Fällen, in denen die Ergebnisse nicht identisch sind, ergibt sich eine Verschiebung in der Aussage für den Diffusions-Test in Richtung sensibel.

Aus Tab. 4 sind die Ergebnisse des Vergleiches mit der Proportionsmethode zu ersehen. Bei 28 von 30 Stämmen ist das Ergebnis identisch und nur in 2 Fällen ist die Bewertung unterschiedlich. In keinem Fall ergibt sich eine Differenz in der Eingruppierung zwischen R und S.

Um festzustellen, inwieweit die eingesetzte Rifampizin-Konzentration das Resistenz-Ergebnis beeinflußt, werden ausgesuchte Stämme, d. h. solche, die bei Einsatz der 8fachen MIK im bakteriologischen Test und auch ^{32}P-

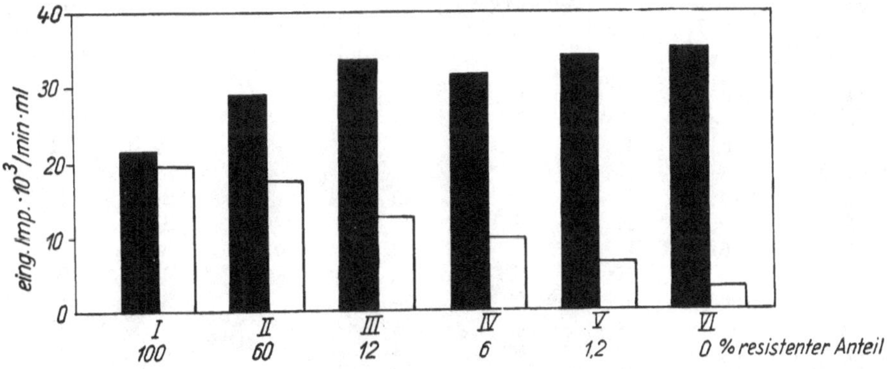

Abb. 3. Abhängigkeit der ^{32}P-Einbauraten vom Anteil der resistenten Keime in den Mischpopulationen (M. tuberculosis H37Ra, Rp-sensibel- und -resistent)

[1] Frau Dr. KALICH (Bakteriologisch-serologische Abteilung des Forschungsinstitutes für Tuberkulose und Lungenkrankheiten Berlin-Buch) sei auch an dieser Stelle für die Durchführung der bakteriologischen Untersuchungen bestens gedankt.

Tabelle 3

Vergleich der Resistenzergebnisse des ^{32}P-Testes und des Vertikal-Diffusions-Testes bei M. tuberculosis für das Mittel Rifampizin (unter Einsatz der 8fachen MIK)

Stamm-Nr.	^{32}P-Einbau in % z. Kontr.	Ergebnis ^{32}P-Test	Ergebnis Diff.-Test	Stamm-Nr.	^{32}P-Einbau in % z. Kontr.	Ergebnis ^{32}P-Test	Ergebnis Diff.-Test
1	60	R	R	17	102	R	R
2	6	S	S	18	2	S	S
3	2	S	S	19	12	S	S
4	17	RS	S	20	8	S	S
5	119	R	R	21	313	R	R
6	117	R	R	22	2	S	S
7	8	S	S	23	86	R	R
8	91	R	R	24	64	R	R
9	108	R	R	25	25	RS	RS
10	97	R	R	26	100	R	RS
11	107	R	R	27	98	R	S
12	80	R	RS	28	73	R	RS
13	44	R	R	29	87	R	RS
14	12	S	S	30	103	R	S
15	7	S	S	31	9	S	S
16	120	R	R	32	84	R	R

Tabelle 4

Vergleich der mit Hilfe des ^{32}P-Testes und der Proportionsmethode (Economic-Test) für das Mittel Rifampizin erhaltenen Resistenzergebnisse bei M. tuberculosis (unter Einsatz der 8fachen MIK)

Stamm-Nr.	^{32}P-Einbau in % z. Kontr.	Ergebnis ^{32}P-Test	Ergebnis Proportions-Methode*	Stamm-Nr.	^{32}P-Einbau in % z. Kontr.	Ergebnis ^{32}P-Test	Ergebnis Proportions-Methode*
1	260	R	R	16	10	S	S
2	3	S	S	17	100	R	R
3	40	R	R	18	86	R	R
4	3	S	S	19	4	S	S
5	212	R	R	20	13	S	S
6	83	R	R	21	5	S	S
7	6	S	S	22	97	R	R
8	90	R	R	23	0	S	S
9	106	R	R	24	4	S	S
10	92	R	R	25	100	R	R
11	104	R	R	26	81	R	R
12	48	R	R	27	11	S	S
13	13	S	S	28	24	RS	R
14	14	S	S	29	5	S	S
15	18	RS	S	30	8	S	S

* bei Stamm 1–12 häufigstes Ergebnis aus 18 Paralleltestungen
bei Stamm 13–30 häufigstes Ergebnis aus 12 Paralleltestungen

Tabelle 5

Einfluß der getesteten Rifampizin-Konzentration auf das Ergebnis des ^{32}P-Testes bei Rifampizin-sensiblen und -resistenten Patientenstämmen

Stamm-Nr.	bakt. Befund	Rp-Konz. [µg/ml]	eingebaute Radioaktiv. [Imp./min]	^{32}P-Einbau in % z. Kontr.	Ergebnis ^{32}P-Test
1	R	Kontr.	16670	–	–
		0,16	6670	40	R
		0,64	7260	44	R
2	R	Kontr.	6700	–	–
		0,16	8310	128	R
		0,64	5540	83	R
3	R	Kontr.	13800	–	–
		0,16	6140	45	R
		0,64	6590	48	R
4	R	Kontr.	5790	–	–
		0,16	6030	104	R
		0,64	6140	106	R
5	RS	Kontr.	34240	–	–
		0,16	8980	26	RS
		0,64	3510	10	S
6	S	Kontr.	16290	–	–
		0,16	1580	10	S
		0,64	520	3	S
7	S	Kontr.	16780	–	–
		0,16	2120	13	S
		0,64	520	3	S
8	S	Kontr.	8530	–	–
		0,16	1910	22	RS
		0,64	520	6	S

Test in den Befunden übereinstimmen, mit der 4- bzw. 16fachen MIK getestet. Wie aus Tab. 5 hervorgeht, werden die laut bakteriologischem Befund resistenten Stämme auch im ^{32}P-Test als resistent gefunden, unabhängig davon, ob mit der 4-, 8- oder 16fachen MIK getestet wird. Bei den mit RS bzw. S bewerteten Stämmen ist bei Einsatz der 16fachen MIK das Ergebnis des ^{32}P-Testes in allen Fällen S. Bei Einsatz der 4fachen MIK werden dagegen in jeweils 2 Fällen RS bzw. S gefunden.

Diskussion

Die Untersuchungen zum Phosphatstoffwechsel Rp-sensibler und -resistenter Keime wurden mit modifiziertem Sauton als Nährmedium durchgeführt. Auf Grund seines geringen Phosphatgehaltes waren relativ hohe Einbauraten für das zugesetzte ^{32}P zu erwarten, die aus meßtechnischen Erwägungen von Vorteil sind.

Beim Einsatz dieses Nährmediums wurde bewußt — trotz der damit verbundenen Nachteile — auf den Zusatz von Serum mit seinen nicht eindeutig standardisierbaren N-Quellen verzichtet, um unkontrollierbare Aktivitätsverluste des Rifampizins während der Inkubation zu vermeiden. Wie eingangs bereits erwähnt, sind diese Aktivitätsverluste vor allem für die Schwankungen der MIK-Werte verantwortlich.
So betragen die MIK-Werte im bakteriologischen Test für M. tuberculosis bei Einsatz von flüssigem Dubos (mit Tween) 0,01 μg Rp/ml [6], schwanken bei Herrold-Medium [16] und Löwenstein-Jensen-Medium [5, 6] zwischen 0,1 und 1 μg Rp/ml und werden bei modifiziertem Löwenstein-Jensen-Medium [22, 26] mit maximal 5 μg Rp/ml bzw. bei höheren Einsaaten für Wildstämme sogar mit 8 μg Rp/ml angegeben [27].
Die Inaktivierung des Rifampizins erstreckt sich über einen Zeitraum von 3—4 Wochen [22] und beträgt z. B. nach 21tägiger Inkubation bei Einsatz von Löwenstein-Jensen- bzw. Herrold-Medium ca. 98% [16]. Ob die genannten Aktivitätsverluste beim Rifampizin durch eine Proteinbindung bedingt sind — bekanntlich ist nur die nichtgebundene Fraktion eines Chemotherapeutikums aktiv und die gebundene Fraktion hat eine Depot-Funktion [1, 14, 15] — ist noch nicht eindeutig geklärt [16, 23]. Die bei Einsatz des modifizierten Sauton-Mediums festgestellten Schwankungen bei der Ermittlung der MIK sind mit $\pm$ 20% sehr gering und deuten darauf hin, daß die während einer Inkubationszeit von 8 Tagen auftretenden Aktivitätsverluste praktisch beim ^{32}P-Test keine Rolle spielen.

Der bei der Messung des Phosphatstoffwechsels gegenüber dem Bakterienzellvolumen früher sichtbar werdende Inhibitoreffekt des Rifampizins (vgl. Abb. 2) ist darauf zurückzuführen, daß primär in der lag-Phase des bakteriellen Wachstums Energiereserven (unter Bildung von Polyphosphatgranula) geschaffen werden, die in der zeitlich später einsetzenden logarithmischen Wachstumsphase — erkenntlich an der deutlichen Zunahme des BZV — zugunsten einer verstärkten Eiweißsynthese eingeschmolzen werden [4]. Es besteht also offenbar ein unmittelbarer Zusammenhang zwischen der Rp-Wirkung und der verminderten Phosphataufnahme aus dem Nährmedium bzw. sich daran anschließende Phosphorylierungsvorgänge.

Betrachtet man die Ergebnisse der Empfindlichkeitstestung (vgl. Abb. 3), so fällt auf, daß die ^{32}P-Einbauraten unter Einfluß von Rifampizin nicht in gleichem Maße — also in linearer Weise — abfallen wie der Anteil an resistenten Keimen in den Mischpopulationen, d. h. es werden wider Erwarten höhere Einbauraten gemessen. Dieser Befund ist möglicherweise dadurch zu erklären, daß das synthetische Nährmedium auf Grund von Autolysevorgängen an den inhibierten sensiblen Keimen qualitative Verbesserungen erfährt, die die erhöhte Aktivität des Phosphatstoffwechsels der resistenten Keime bedingen.

Im allgemeinen zeigt sich eine recht gute Übereinstimmung hinsichtlich der Ergebnisse der Paralleluntersuchungen des ^{32}P-Testes und der Proportionsmethode, während der Vergleich mit den Ergebnissen des Vertikal-Diffusions-Testes nur zum Teil befriedigt. Dabei ist interessant, daß bei allen abweichenden Ergebnissen die Aussagen des Diffusions-Testes in Richtung „sensibel" verschoben sind. Diese Verschiebung ist möglicherweise darauf zurückzuführen, daß die für den ^{32}P-Test für das Mittel Rifampizin an H37Rv-Keimen ermittelte MIK nicht identisch ist mit der bei Wildstämmen. Eine höhere MIK für letztere würde die Verschiebung in Richtung resistent beim ^{32}P-Test erklären. Andererseits werden aber mit dem Vertikal-Diffusions-Test im Vergleich zur Proportionsmethode ebenfalls mehr sensible Stämme gefunden.

Nachfolgend werden einige Betrachtungen zur Problematik der Resistenzbestimmung in Nährmedien, die einen starken Aktivitätsverlust des Rifampizins in Abhängigkeit von der Inkubationszeit bewirken, angestellt. Definitionsgemäß stellt die MIK die Konzentration dar, die das Wachstum der Keime — auch bei zeitlich später in die Vermehrungsphase eintretende — über den gesamten Inkubationszeitraum vollständig inhibiert. Unter der Annahme, daß der Inaktivierungsvorgang des Rifampizins einer Exponentialfunktion gehorcht (die Ergebnisse von Manten et al. [16] sprechen dafür), bedeutet das aber, daß in den ersten Tagen der Inkubation Rifampizin-Konzentrationen auf die Keime einwirken, die die ermittelte MIK mehrfach übersteigen. Bei der Resistenzbestimmung könnten diese primär höheren Konzentrationen eine Hemmung niederer Resistenzstufen zur Folge haben, d. h. die Aussage würde ebenfalls in Richtung „sensibel" verschoben. Das angewendete Bewertungsschema für den ^{32}P-Test ermöglicht — soweit dies an Hand der relativ geringen Anzahl der getesteten Stämme schon beurteilt werden kann — einen zufriedenstellenden Vergleich mit den bakteriologischen Befunden. Die Reproduzierbarkeit des Testes ist, wie den Ergebnissen der orientierenden Untersuchungen an Parallelansätzen zu entnehmen ist (vgl. Tab. 2), recht gut. Sie wird in erster Linie bestimmt von der Relation Konzentration des stabilen Phosphats im Nährmedium zur Dichte der Bakterieneinsaat. Von dieser Relation ist die Einbaurate abhängig. Nur solche Meßergebnisse sind auf Grund der angewendeten Meß- und Bewertungstechnik sinnvoll, die von Einbauraten von > 10 und $< 90\%$ bei den Kontroll-Ansätzen ausgehen.

Zusammenfassend läßt sich sagen, daß der beschriebene ^{32}P-Test durch die quantitative Erfassung frühzeitig durch Rifampizin beeinflußter Stoffwechselprozesse in der Schüttelkultur in ungleich kürzerer Zeit (maximal 8 Tage) als mit bakteriologischen Methoden Resistenzergebnisse liefert, die in der Aussagekraft mit diesen vergleichbar sind. Zur Zeit wird eine andere Kultivierungstechnik erprobt, da in Schüttelkultur naturgemäß nur eine begrenzte Anzahl Stämme getestet werden kann und zum anderen die im Routinebetrieb anfallenden Bakterienmengen für diese Art der Kultivierung nicht immer ausreichend sind.

Die vorstehend beschriebene Testung unter Vermehrungsbedingungen hat gegenüber den früher unter endogenen Bedingungen [7, 8] und Einsatz anderer Tuberkulostatika angestellten Untersuchungen bei allerdings verlängerter Inkubationszeit entscheidende Vorteile. Es sind dies eine stark verringerte Einsaat, sehr niedrige Hemmstoffkonzentrationen und eine viel größere Empfindlichkeit hinsichtlich der Erfassungsgrenze des resistenten Anteiles einer Population.

Dem Strahlenmeßingenieur C. BERNHARDT und den chemisch-technischen Assistentinnen C. KEMSIES und G. HOINKIS möchte ich auch auf diesem Wege für ihre gewissenhafte Mitarbeit danken.

Literatur

[1] ANTON, A. H.: J. Pharmac. exp. Ther. **129**, 282 (1960)
[2] CANETTI, G., N. RIST u. J. GROSSET: Revue Tuberc. Pneumol. **27**, 217 (1963)
[3] Deutsches Zentralkomitee zur Bekämpfung der Tuberkulose: Tuberkulostatika-Resistenz. Dt. med. Wschr. **83**, 2148 (1958)
[4] DREWS, G.: Arch. Mikrobiol. **36**, 387 (1960)
[5] GRUMBACH, F. u. N. RIST: Revue Tuberc. Pneumol. **31**, 749 (1967)
[6] HENNEBERT, A.: Acta tuberc. belg. **60**, 348 (1969)
[7] IWAINSKY, H., H. REUTGEN u. R. KALICH: Naturwissenschaften **53**, 209 (1966)
[8] IWAINSKY, H., H. REUTGEN u. R. KALICH: Z. Naturf. **23**b, 211 (1968)
[9] IWAINSKY, H. u. H. REUTGEN: Nuclear-Med. Suppl. **4**, 7 (1967)
[10] IWAINSKY, H. u. H. REUTGEN: Z. Naturf. **23**b, 982 (1968)
[11] KÄPPLER, W.: Wiss. Z. Karl-Marx-Univ. Lpz., math.-naturwiss. R. **13**, 1164 (1964)
[12] KREBS, A.: Leitfaden für bakteriologische Untersuchungen bei Tuberkulose. 2. Aufl. Fischer Verlag, Jena 1964
[13] KREBS, A., R. KALICH, A. SCHMIEDEL u. W. GERLOFF: Beitr. Klin. Tuberk. **129**, 353 (1964)
[14] KRÜGER-THIEMER, E., W. DILLER, L. DETTLI, B. BÜNGER u. J. SEYDEL: Antibiotica Chemother. **12**, 171 (1964)
[15] KRÜGER-THIEMER, E.: Klin. Wschr. **40**, 153 (1962)
[16] MANTEN, A., L. J. VAN WIJNGAARDEN u. B. VAN KLINGEREN: Acta tuberc. belg. **60**, 329 (1969)
[17] MUFTIC, M. u. U. REDMANN: Beitr. Klin. Tuberk. **137**, 209 (1968)
[18] MUFTIC, M. u. U. REDMANN: Z. med. Mikrobiol. Immunol. **153**, 228 (1967)
[19] REUTGEN, H. u. H. IWAINSKY: Nuclear-Med. Suppl. **4**, 17 (1967)
[20] REUTGEN, H. u. H. IWAINSKY: Z. Naturf. **23**b, 976 (1968)
[21] SCHMIEDEL, A.: Z. Tuberk. **112**, 48 (1958)
[22] SCHRÖDER, K. H.: Acta tuberc. belg. **60**, 335 (1969)
[23] SEYDEL, J. K.: Antibiotica Chemother. **16**, 380 (1970)
[24] TINNE, J. E. u. I. C. HENDERSON: Lancet **1950**, 901
[25] TIRUNARAYANAN, M. O. u. W. A. VISCHER: Naturwissenschaften **43**, 476 (1956); **44**, 11 (1957)
[26] VERBIST, L. u. A. GYSELEN: Am. Rev. resp. Dis. **98**, 923 (1968)
[27] ZIERSKI, M., S. WOZNIAK u. L. TOMASZKIEWICZ: Acta tuberc. belg. **60**, 341 (1969)

Anschrift des Verfassers: Dr. H. REUTGEN, Forschungsinstitut für Tuberkulose und Lungenkrankheiten, Biochemische Abteilung, 1115 Berlin-Buch, Karowerstr. 11

Summary

H. Reutgen: A new method of determining the rifampicin resistance in Mycobacterium tuberculosis

Both proliferating sensible and rifampicin-resistent cultured germs of M. tuberculosis H 37Ra or H 37Rv show different metabolic behaviour under the influence of rifampicin in regard to phosphate uptake. These differences can be easily measured by using ^{32}P isotope as an indicator of metabolic events, and they are utilized for resistance studies in shake cultures (^{32}P test). After determining the limit of detection of rifampicin-resistent germs in miscellaneous populations, the reproducibillity is checked and the ^{32}P test is used for checking the resistance of patient strains. Comparative studies using the vertical diffusion test showed coincidence in 25 out of 32 strains and, using the proportion method (economic test), in 28 out of 30 strains. Possible causes of this discrepancy are discussed.

Acta biol. med. germ., Band 28, Seite 411—416 (1972)

Aus dem Institut für Pharmakologie und Toxikologie der Medizinischen Akademie „Carl Gustav Carus" Dresden (Direktor: Prof. Dr. sc. med. W. OELSZNER)

Zur Methode der Bestimmung von Azetylcholinfraktionen im Hirngewebe[1]

I. v. SCHWARZENFELD, H.-D. FISCHER, I. KUNKEL, CH. KAUTZLEBEN und W. OELSZNER

(Eingegangen am 28. 6. 1971)

Zusammenfassung

Es wird eine einfache Methode zur Berechnung der bei fraktionierter ACh-Extraktion aus Hirngewebe („frei", „labil" und „stabil gebunden") gewonnenen Ergebnisse beschrieben. Die Isolierung der „stabil gebundenen" ACh-Fraktion ergibt einen Anteil von 26,2% am Gesamt-ACh-Gehalt. Das 33000 × *g*-Sediment (30 min) ist zu einem Drittel für frei gelöstes ACh impermeabel. Die Abhängigkeit der Ergebnisse von methodischen Bedingungen wird diskutiert.

Einleitung

Bei schonender Aufbereitung lassen sich aus Hirngewebe drei Azetylcholin-(ACh)Fraktionen, sog. „freies", „labil gebundenes" und „stabil gebundenes" ACh [1, 2] isolieren. „Freies" ACh geht schon beim Homogenisieren in Gegenwart eines Esteraseinhibitors in Lösung, „labil gebundenes" läßt sich durch einen osmotischen Schock freisetzen. Das „stabil gebundene" ACh ist erst nach Proteindenaturierung zu bestimmen [3]. Nach den derzeitigen Kenntnissen über die subzelluläre Zuordnung dieser Fraktionen soll das „labil gebundene" ACh den zytoplasmatischen ACh-pool der Synaptosomen repräsentieren, während als morphologisches Korrelat des „stabil gebundenen" ACh die synaptischen Vesikel cholinerger Nervenendigungen angesehen werden [2, 4]. Das „freie" ACh ist ein auch bei schonender Homogenisierung auftretender Anteil, dessen Ursprung axoplasmatisches ACh darstellen soll [5, 6]. Nach WHITTAKER et al. und BEANI et al. [2, 6, 8, 9] umfaßt das „freie" ACh nur ca. ein Fünftel des Gesamt-ACh; das „gebundene" ACh verteilt sich jeweils zur Hälfte auf die beiden Fraktionen „labil" und „stabil gebunden", d. h. die Relation beträgt 1:2:2.

Die Angaben zur Methodik der Fraktionierung bzw. zur Berechnung der drei ACh-Fraktionen sind leider nicht eindeutig [6, 8]. Sie lassen nicht er-

[1] Die Arbeit wurde mit Mitteln des Ministeriums für Wissenschaft und Technik der DDR durchgeführt.

kennen, auf welches Volumen die Auswertung bezogen ist, aus der die ACh-Menge je g Hirngewebe hervorgeht.
Wir haben deshalb experimentell das Verteilungsvolumen des ACh im Rückstand erfaßt und mit drei von der Routinemethode abweichenden Varianten die tatsächlich vorhandene Menge an „stabil gebundenem" ACh bestimmt.

Methodik

Wir verwendeten adulte Wistarratten (Koloniezucht) beiderlei Geschlechts mit einem Gewicht von etwa 200 g. Die fraktionierte ACh-Extraktion führten wir in Abwandlung der von BEANI et al. [6] vorgeschlagenen Methode folgendermaßen durch: Nachdem die Tiere 30 sec einem Luft-Äther-Gemisch ausgesetzt waren, wurden sie dekapitiert, die Endhirne abgetrennt [10] und 1,5–2,0 g dieser Hirnteile in 4,5 ml eisgekühlte 0,32 M Saccharoselösung gebracht, die Eserin in einer Konzentration von 10^{-4} Mol/l zur Hemmung der Azetylcholinesterase (EC 3.1.1.7) enthielt. Wir homogenisierten in einem Glas-Teflon-Homogenisator nach ALDRIDGE et al. [11] bei 1000 U/min. Die Homogenisationszeit beschränkten wir auf 90 sec, um die Menge an „freiem" ACh, die während der ersten 2–3 min der Homogenisation stark ansteigt [12], möglichst niedrig zu halten.
Elektronenmikroskopische Kontrolluntersuchungen zeigten eine weitestgehende Zerstörung der Zellen bei erhaltener Integrität der einzelnen Kompartimente (Mitochondrien, Synaptosomen).
Das Homogenat wurde 30 min bei $33000 \times g$ in einer Kühlzentrifuge Typ Junior Universal III KS zentrifugiert. Der Überstand, mit 10%iger Trichloressigsäure auf *p*H 4 gebracht, enthielt das „freie" ACh. Das Präzipitat wurde mit eserinisiertem Aqua bidest. aufgeschwemmt (3 ml/g Einwaage), 20 min bei 0 °C stehengelassen und anschließend 30 min bei $33000 \times g$ zentrifugiert. Nach Dekantieren und Ansäuern (siehe oben) des Überstandes („labil gebundenes" ACh) wurde das „stabil gebundene" ACh aus dem Sediment mit Trichloressigsäure extrahiert.

Variante 1: Der nach dem osmotischen Schock und Dekantieren des Überstandes zurückbleibende Niederschlag wurde zweimal mit je 3 ml 0,32 M eserinisierter Saccharoselösung gewaschen.

Variante 2: Zum Auslösen des osmotischen Schocks verwendeten wir eserinisiertes (10^{-4} Mol/l) Aqua bidest. (15 ml/g Einwaage).

Variante 3: Als Schockmedium diente 0,1 M eserinisierte (10^{-4} Mol/l) Saccharoselösung (15 ml/g Einwaage).
Zur Bestimmung des für ACh impermeablen Volumenanteils in den Sedimenten des „gesamt-gebundenen" und des „stabil gebundenen" ACh verwendeten wir Ansätze mit je 6 g Endhirn als Einwaage. Einem Teil der Homogenate (Gesamtvolumen je 20 ml) setzten wir vor bzw. während des osmotischen Schocks 0,2 ml einer ACh-Lösung (Konzentration: $5 \cdot 10^{-5}$ g/ml) zu, um die Verteilung des exogenen ACh auf die Fraktionen „frei", „labil gebunden" und „stabil gebunden" zu ermitteln.
Die Bestimmung des ACh erfolgte biologisch am isolierten Meerschweinchendarm und am Rückenmuskel des Blutegels. Der Auswertung lag ein „four-point log dose response assay" [13] zugrunde.

Ergebnisse

Die Resultate aus den methodischen Varianten haben wir in Tab. 1 nur für das „stabil gebundene" ACh dargestellt, da die Veränderungen besonders diese Fraktion stark beeinflussen.

Tabelle 1
„Stabil gebundene" ACh-Fraktionen im Endhirn der Ratte unter verschiedenen Versuchsbedingungen; prozentualer Anteil am Gesamt-ACh

Variante 1 (Auswaschen)	28
Variante 2 (15 ml H_2O-Schock/g Gewebe)	21
Variante 3 (15 ml 0,1 M Saccharose-Schock/g Gewebe)	24

Die Versuche zur Bestimmung des für ACh impermeablen Volumenanteils in den Sedimenten ergaben, daß nur etwa $^2/_3$ der bei völlig gleichmäßiger Verteilung des zugefügten ACh erwarteten ACh-Menge in der „gebundenen" bzw. in der „stabil gebundenen" Fraktion wiedergefunden wurden. Da wir 0,2 ml einer ACh-Lösung mit der Konzentration von $5 \cdot 10^{-5}$ g/ml zu einem Homogenat von 20 ml Volumen gaben, hätte bei vollständiger Verteilung dieser Menge der endogene ACh-Anteil in Überstand und Sediment (Volumenverhältnis 1:1) jeweils um $5 \cdot 10^{-7}$ g/ml zunehmen müssen. Tatsächlich erhöhte sich jedoch die Menge an „gebundenem" bzw. an „stabil gebundenem" ACh nur von $6 \cdot 10^{-7}$ g/ml (endogenes ACh) auf $9 \cdot 10^{-7}$ g/ml, d. h. um $3 \cdot 10^{-7}$ g/ml oder rund $^2/_3$ des erwarteten Wertes. Die ACh-Zunahme im Überstand („freies" bzw. „labil gebundenes" ACh) überstieg dagegen den Erwartungswert um etwa $^1/_3$. Statt $5 \cdot 10^{-7}$ g/ml wurden gegenüber dem Normalansatz $6{,}5 \cdot 10^{-7}$ g/ml mehr bestimmt.

Diskussion

Die Ergebnisse der Tab. 1 lassen erkennen, daß durch relativ geringfügige Veränderungen der üblichen Fraktionierungstechnik für das „stabil gebundene" ACh Werte zu erhalten sind, die von dem von anderen Autoren angegebenen prozentualen Anteil der „stabil gebundenen" Fraktion am Gesamt-ACh [1, 2, 6] abweichen.

Durch zweimaliges Waschen des den „stabil gebundenen" ACh-Teil enthaltenden Sedimentes (Var. 1) wird eine etwa 75%ige Entfernung des „labil gebundenen" ACh-Restes erreicht. Bei Verwendung von 15 ml 0,1 M Saccharoselösung je g Einwaage als Schockmedium wird der Anteil an „labil gebundem" ACh im Sediment infolge des günstigeren Volumenverhältnisses auf etwa $^1/_9$ reduziert. Der osmotische Druck des Mediums gleicht bei diesem Versuch dem der normalen Fraktionierungsmethodik, so daß eine zusätzliche Beeinflussung der Ergebnisse durch eine stärker hypotone Umgebung ausgeschlossen ist. Daß dieser Faktor eine Rolle zu spielen schein, deutet Versuch Nr. 2 an und bestätigt damit die bereits von WHITTAKER [4] und MARCHBANKS [7] beschriebene nur relative osmotische Stabilität der Vesikel. In die weiteren Betrachtungen sind deshalb nur die Ergebnisse aus den Varianten Nr. 1 und 3 einzubeziehen. Das arithmetische Mittel dieser beiden Resultate ergibt für das „stabil gebundene" ACh einen Anteil am Gesamt-ACh von 26,2%. Dieser stimmt mit einem rechnerisch ermittelten Anteil von 29,8% gut überein, so daß die Voraussetzung unserer Berechnung — gleiche Konzentration an ACh in $^2/_3$ des Sedimentvolumens und Überstand — experimentell begründet erscheint.

Dieses Ergebnis ließen auch frühere eigene Befunde über den Trockengehalt des Rattenhirns erwarten [14], obgleich es natürlich nicht prinzipiell möglich ist, von solchen Werten auf den Volumenanteil zu schließen, der frei gelösten Substanzen als Lösungsraum zur Verfügung steht. Die Ergebnisse bieten eine experimentelle Grundlage für folgende Berechnung:

1. Die freie ACh-Menge ergibt sich aus der Konzentration des ersten Überstandes (c_1), bezogen auf die Volumina $u_1 + s_1'$ (s. Abb. 1 a).
2. Die Menge an „labil gebundenem" ACh errechnet sich aus der Konzentration im Überstand des zweiten Zentrifugates (c_2) und der Volumina $u_2 + s_2'$ (s. Abb. 1 b). Von diesem Wert muß der Anteil an „freiem" ACh abgezogen werden, der in $^2/_3$ des ersten Sediments enthalten ist ($c_1 \times s_1'$).
3. „Stabil gebundenes" ACh: Von der ACh-Menge ($c_3 \times e_3$) (Abb. 1 c) wird die in $^2/_3$ des zweiten Sediments verborgene Menge an „labil gebundenem" ACh abgezogen ($c_2 \times s_2'$).

Der aus dieser Berechnung resultierende ACh-Gehalt der einzelnen Fraktionen ist in Tab. 2 den Ergebnissen einer auf das Gesamtvolumen bzw. nur auf die Überstände bezogenen Auswertung gegenübergestellt.

Der Gesamt-ACh-Gehalt von 2,34 µg/g stimmt bei den Berechnungsmethoden II und III (s. Tab. 2) überein und entspricht dem von uns früher ermittelten Gesamt-ACh-Gehalt des Telenzephalons von 2,3 µg/g [15]. Jedoch differiert die prozentuale Verteilung der einzelnen Fraktionen in Abhängig-

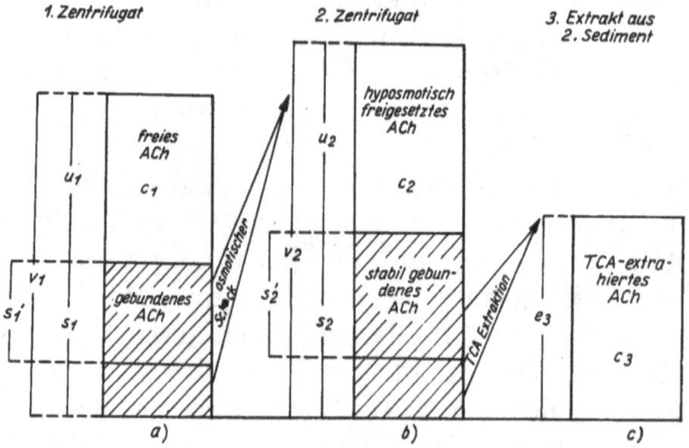

Abb. 1. Schematische Darstellung der fraktionierten ACh-Extraktion.
Symbole: c = Konzentration; v = Gesamtvolumen; u = Überstand; s = Sediment $s' = {}^2/_3$ des Sediments; e = Volumen nach Extraktion des TCA-löslichen ACh (TCA = Trichloressigsäure). Die Indizes 1—3 bezeichnen die Arbeitsgänge.
1 cm ≙ 2,5 ml

keit von der Auswertungsmethode erheblich. BEANI et al. [6] haben ihre Ergebnisse, die eine gute Übereinstimmung mit dem parallel erfaßten Gesamt-ACh-Gehalt zeigen, wahrscheinlich auf Grund der Überstandsvolumina berechnet. Ihre angegebenen prozentualen Anteile der Fraktionen am Gesamt-ACh-Gehalt (18 : 42 : 40) weichen jedoch von unseren bei entsprechender Berechnungsgrundlage erhaltenen Werten (14 : 35 : 52) (Tab. 2) ab. Da aus ihrer Darstellung das methodische Vorgehen nicht klar erkennbar ist, dürften sich diese Unterschiede auf methodische Differenzen — z. B. Veränderung des Umfangs des schockauslösenden Mediums — zurückführen lassen. Auf die Abhängigkeit der Menge des freigesetzten ACh vom Volumen des Schockmediums weist das Ergebnis unserer Versuchsvariante Nr. 2 hin.

Die von BEANI et al. [6] verwendete scharfe Zentrifugation (104000 × g, 1 Std.) verschiebt die Relationen Überstand : Sediment von etwa 1 : 1 zugunsten des Überstande auf 1,5 : 1. Dadurch reduziert sich der Anteil an „labil gebundenem" ACh im Sediment des „stabil gebundenen" ACh um ca. 20%. Das mit unserer Berechnungsmethode III (Tab. 2) angegebene Verhältnis von 2 : 5 : 3 wird dadurch jedoch nicht erreicht. Um die wahre Verteilung des ACh zu erfassen, erscheint deshalb selbst bei scharfer Zentrifugation eine Berücksichtigung des Verteilungsvolumens für frei gelöstes ACh notwendig.

Die Relationen für „freies", „labil gebundenes" und „stabil gebundenes" ACh sind von der angewandten Bestimmungsmethode abhängig. Durch ein geeignetes Vorgehen ist es möglich, die wahren Verhältnisse dieser Fraktionen exakt zu erfassen.

Den medizinisch-technischen Assistentinnen Frau I. KÜCHLER, Fräulein E. RUDOLPH, Fräulein A. HERRMANN, Frau K. ÖSTREICH und Fräulein K. SCHNEIDER danken wir für ihre Mitarbeit.

Tabelle 2
ACh-Fraktionen im Endhirn der Ratte

Fraktion	I: Berechnung auf Gesamtvolumen bezogen				II: Berechnung auf Überstand bezogen				III: Berechnung auf Überstand und $^2/_3$ Sediment bezogen			
	µg/g	$s_{\bar{x}}$	%	Formel	µg/g	$s_{\bar{x}}$	%	Formel	µg/g	$s_{\bar{x}}$	%	Formel
frei	0,54	±0,04	16	$c_1 \times v_1$	0,32	±0,03	14	$c_1 \times u_1$	0,45	±0,03	19	$c_1 \times [u_1 + s_1']$
labil gebunden	1,54	±0,09	47	$c_2 \times v_2$	0,81	±0,03	34	$c_2 \times u_2$	1,20	±0,05	51	$c_2 \times [u_2 + s_2'] - [c_1 \times s_1']$
stabil gebunden	1,21	±0,08	37	$c_3 \times e_3$	1,21	±0,08	52	$c_3 \times e_3$	0,70	±0,09	30	$[c_3 \times e_3] - [c_2 \times s_2']$
Gesamt	3,29		100		2,34		100		2,35		100	

Literatur

[1] WHITTAKER, V. P.: Biochem. J. **72**, 694 (1959)
[2] WHITTAKER, V. P., J. A. MICHAELSON, R. JESNETTE u. A. KIRKLAND: Biochem. J. **90**, 293 (1964)
[3] KEWITZ, H. u. O. PLEUL: Naunyn-Schmiedebergs Arch. Pharmak. exp. Path. **263**, 228 (1969)
[4] WHITTAKER, V. P.: Prog. Brain Res. **31**, 211 (1969)
[5] WHITTAKER, V. P.: Prog. Biophys. molek. Biol. **15**, 38 (1964)
[6] BEANI, L., C. BIANCHI, P. MEGGAZZINI, L. BALLOTTI u. G. BERNARDI: Biochem. Pharmac. **18**, 131 (1969)
[7] MARCHBANKS, R. M.: Biochem. J. **106**, 87 (1968)
[8] HEBB, C. O. u. V. P. WHITTAKER: J. Physiol., Lond. **142**, 187 (1958)
[9] JOHNSON, M. K. u. V. P. WHITTAKER: Biochem. J. **88**, 404 (1963)
[10] FISCHER, H.-D., W. OELSZNER, K. WESTERMANN, C. v. LITTROW u. I. v. SCHWARZENFELD: In Vorbereitung
[11] ALDRIDGE, W. N., R. S. EMERY u. B. W. STREET: Biochem. J. **77**, 326 (1960)
[12] CROSSLAND, J. u. P. SLATER: Br. J. Pharmac. Chemother. **33**, 42 (1968)
[13] COX, C. P.: J. pharm. Sci. **56**, 359 (1967)
[14] WESTERMANN, K., H.-D. FISCHER u. W. OELSZNER: Acta biol. med. germ. **25**, 855 (1970)
[15] FISCHER, H.-D., K. WESTERMANN u. W. OELSZNER: Acta biol. med. germ. **23**, 181 (1969)

Anschrift der Verfasser: Institut für Pharmakologie und Toxikologie der Medizinischen Akademie „Carl Gustav Carus" Dresden, 801 Dresden, Lingnerplatz 1

Summary

I. v. SCHWARZENFELD, H.-D. FISCHER, I. KUNKEL, CH. KAUTZLEBEN and W. OELSZNER: Method of determination of acetylcholine fractions in brain tissue

A simple method for evaluating the results obtained by fractionated acetylcholine extraction from brain tissues („free", „labile" and „stable bound") is described. Isolation of the „firmly bound" acetylcholine fraction yielded a 26.2% share in the overall acetylcholine content. The 33,000 × *g* sediment (30 min) by one third is impermeable for dissolved acetylcholine. The dependence of the results upon methodic conditions is discussed.

Acta biol. med. germ., Band 28, Seite 417—422 (1972)

From the Indian Institute of Experimental Medicine, Calcutta, and Department of Physical Chemistry, Jadavpur University, Calcutta/India

Amine-tetrazolium reductase and monoamine oxidase activities of rat liver mitochondria

S. R. Guha, P. S. Basu and K. K. Sen Gupta

(Received July 2, 1971)

Summary

Amine-tetrazolium reductase and monoamine oxidase (MAO) activities of partially purified rat liver mitochondria were studied. MAO activity was optimal at *p*H 7.0 whereas monoamine dehydrogenase (MADH) showed a peak at *p*H 7.5 followed by an elevation around *p*H 9.0—9.5. Oxidation of different amines varied with MAO and MADH systems. Tyramine and dopamine were best utilised by MAO while serotonin and tryptamine were most actively metabolised by MADH. High substrate concentrations inhibited MAO activity but MADH activity was not inhibited. K_m for MAO-tyramine and MADH-tryptamine reactions were found to be $4 \cdot 10^{-4}$ M and $2.8 \cdot 10^{-4}$ M respectively. The influence of temperature on both thereactions were studied in the range of 20°—37 °C and the activation energies were calculated to be 4.8 ± 0.5 kcals (for MAO-tyramine oxidation) and 10.7 ± 1.0 kcals (for MADH-tryptamine oxidation) per mole of substrate. The entropies of activation were −78.2 ± 3.0 e.u. and −57.9 ± 2.0 e.u. for MAO and MADH catalysed reactions respectively.

Introduction

Monoamine oxidase (MAO; monoamine:O_2 oxido-reductase (deaminating) E. C. 1.4.3.4) deaminates oxidatively monoamines but very little has been added to our knowledge of the reaction mechanism of the enzyme. Enzymatic reactions have been described using artificial electron acceptors like tetrazolium salts in the presence of monoamines which serves the basis of the histochemical assay procedure for MAO activity [1—3]. An enzyme system catalysing the dehydrogenation of amines has been detected in rat liver and brain suspensions by the use of tetrazolium salts as electron acceptors [4—7]. The existence of a tetrazolium reducing system in which monoamines play the role of substrate at once raises the question of the relationship of this system to MAO. It is not unlikely that the oxidase and the dehydrogenating system may have one enzyme in common but otherwise differ in the pathway of transfer of electrons. Davison [8] suggested a reaction mechanism for MAO consisting of a two-step oxidative deamination of monoamines in which amine dehydrogenase (MADH) acts in the first step and an oxidase acts in the second step. However, LAGNADO and SOURKES [4—6] made preliminary studies of amine-dehydrogenating activity of liver and brain tissues and faintly suggested a possible difference between MAO and MADH. Recently GUHA and GHOSH [7] reported certain differences in the nature of activities of these systems in rat brain which is difficult to explain on the basis of the reaction mechanism of MAO postulated by DAVISON [8]. On the basis of these observations some of the properties of partially purified MAO and MADH of rat liver mitochondria were investigated, an account of which is described in this communication.

Materials and methods

Rat liver mitochondria prepared in isotonic sucrose according to the method of HOGEBOOM and SCHNEIDER [9] were suspended in 0.001 M phosphate buffer, *p*H 7.0, and treated with 0.6 per cent (final concentration) Triton X-100 for 1 hr. The suspension was then centrifuged at 144000 × *g* for 1 hr and the resulting clear supernate was dialysed against phosphate buffer (0.001 M, *p*H 7.0) for 2 hrs. The dialysate showed no loss of activity for at least two weeks when stored in a deepfreeze and was used in the present study as the source of MAO and MADH.

The reaction mixture for MADH assay consisted of 0.02 M phosphate buffer, *p*H 7.5, 0.5 mg neo-tetrazolium chloride (NTC), 0.006 M tryptamine and 7.0 mg of enzyme protein in a final volume of 2 ml unless stated otherwise. Reduction of NTC was measured at 520 nm according to the method of SOURKES et al. [4] and the values of diformazan formed was calculated from a calibration curve obtained with a commercial product of NTC-diformazan of Nutritional Biochemical Corporation, U.S.A.

The reaction mixture for MAO assay contained 0.02 M phosphate buffer, *p*H 7.0, 0.0125 M semicarbazide hydrochloride adjusted to *p*H 7.0, 0.01 M tyramine and 3.5 mg of enzyme protein in a final volume of 2 ml unless stated otherwise. MAO activity was measured at 420 nm according to the method of GREEN and HAUGHTON [10] with slight modifications as described previously [11]. p-Hydroxyphenyl-acetaldehyde semicarbazone formed in the assay system was finally converted to the corresponding 2:4-dinitrophenyl hydrazone the values of which were calculated from a calibration curve obtained with a thrice crystallised 2:4-dinitro-phenylhydrazone derivative prepared according to RICHTER [12]. When amines other than tyramine were used actual optical density readings are also included, since the extinction of various 2:4-dinitrophenyl-hydrazone derivatives may differ from that of p-hydroxyphenyl-acetaldehyde-dinitrophenyl-hydrazone.

All incubations were carried out at 37 °C for 30 min using air as the gas phase. Protein concentration was measured by the method of LOWRY et al. [13] using bovine serum albumin as the standard.

Results and Discussion

The *p*H-activity curves (Fig. 1) indicated that while *p*H 7.0 is optimal for MAO activity, MADH activity exhibited a peak at *p*H 7.5 followed by an elevation in the region of *p*H 9.0—9.5. It was further noted that oxidation of different monoamines differed with MAO and MADH (Table 1). Serotonin and tryptamine were the best substrates for MADH followed by dopamine and adrenaline while tyramine was very little oxidised. Nonadrenaline, on the other hand was not oxidised by MADH. With MAO tyramine and dopamine were most actively metabolised followed by serotonin and tryptamine

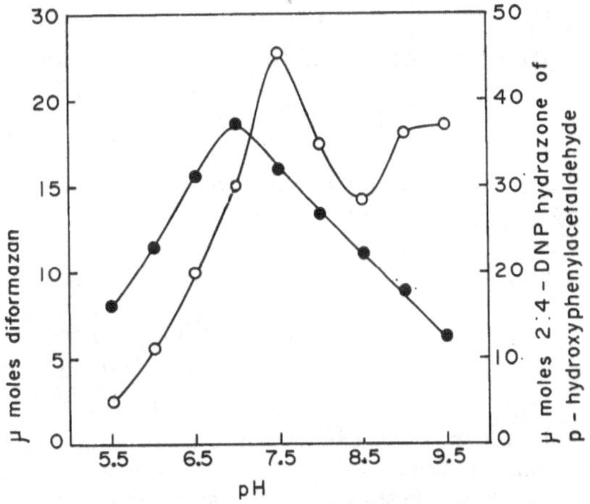

Fig. 1. *p*H-activity curves of partially purified MAO and MADH systems of rat liver mitochondria.
o——o MADH; ●——● MAO

while nor-adrenaline was very slowly attacked. Adrenaline, however was found to be a very poor substrate for MAO. These data are in agreement with the substrate activity pattern of MAO of rat liver homogenate observed by Popov et al. [14].

It was observed that high substrate concentrations failed to produce any inhibition of MADH activity (Table 2) although it is known that MAO of liver tissue is inhibited at high substrate concentration [15—16] which was also confirmed in these experiments. K_m values for MAO-tyramine and MADH-tryptamine reactions were calculated from the respective Lineweaver-Burk plots as shown in Fig. 2 and found to be $4 \cdot 10^{-4}$ M and $2.8 \cdot 10^{-4}$ M respectively. However the inhibition at higher substrate concentrations, as observed in the case of MAO may be explained on the basis that more than one substrate molecule is complexed with the enzyme in which one of the complexes appears to resist oxidation. Similar views have also been offered by Zeller [17] in explaining MAO inhibition by various benzylamine derivatives. On the other hand if all the complexes undergo oxidation, increased substrate concentration should increase the rate of reaction. This was however criticised by Kistiakowsky and Rosenberg [18] who proposed that ionic strength effects both the enzyme as well as the substrate which further complicates the interpretation of the reaction mechanism involved in enzyme inhibition at high substrate concentrations. When substrate concentration is very high and varied over a large range, the activity correction term may become important in explaining the reaction mechanism and therefore concentrations should actually be replaced by activities [19]. The fall in the rate of reaction at high urea concentrations during the urea-urease reaction has been attributed to the activity of the species in the system rather than changes in the mechanism [20].

Table 1
Substrate activity pattern of rat liver mitochondrial MAO and MADH systems

Substrates	MADH activity μmoles diformazan formed/30 min	MAO activity* E_{420}/30 min
Tryptamine	18.4	0.058 (9.7)
Tyramine	3.5	0.202 (33.7)
Serotonin	19.0	0.092 (15.4)
Dopamine	15.5	0.199 (33.3)
Noradrenaline	Nil	0.032 (5.4)
Adrenaline	8.9	0.004 (0.8)

* Figures in parentheses denote μmoles of aldehyde-dinitrophenyl-hydrazone formed calculated from the calibration curve obtained with thrice crystallised p-hydroxyphenyl-acetaldehyde 2:4-dinitrophenylhydrazone.
Experimental details are given in the text.

Table 2
Effect of varied substrate concentrations on MAO and MADH activities of rat liver mitochondria

Final substrate concentrations [M]	MADH activity with (μmoles diformazan formed/30 min)		MAO activity with (μmole dinitrophenyl hydrazone formed/30 min)
	Tryptamine	Tyramine	Tyramine
0.01	15.6	3.5	37.8
0.02	15.9	3.8	34.7
0.03	17.1	4.2	25.2
0.04	17.1	4.2	20.5

Experimental details are given in the text.

The influence of temperature on both the enzymes was studied in the range of 20°—37 °C and it was observed that incubation temperature above 37 °C and 40 °C caused inactivation of MAO and MADH respectively. The plots of log k vs. $^1/T$ (Fig. 3) gave straight lines from the slope of which the activation energies were calculated to be 4.8 ± 0.5 kcals and 10.7 ± 1.0 kcals per mole of substrate for MAO-tyramine and MADH-tryptamine oxidations respectively. The entropy of activation ΔS^* was calculated byequating the experimentally obtained value of the frequency factor ($1\ mol^{-1} \cdot sec^{-1}$) to $\frac{kT}{h} \cdot e^{\Delta S^*/R}$, where k and h are Boltzmann and Planck constants respectively and T is the absolute temperature. The values of ΔS^* so calculated were -78.2 ± 3.0 e. u and -57.9 ± 2.0 e. u for the respective cases of MAO and MADH catalysed reactions.

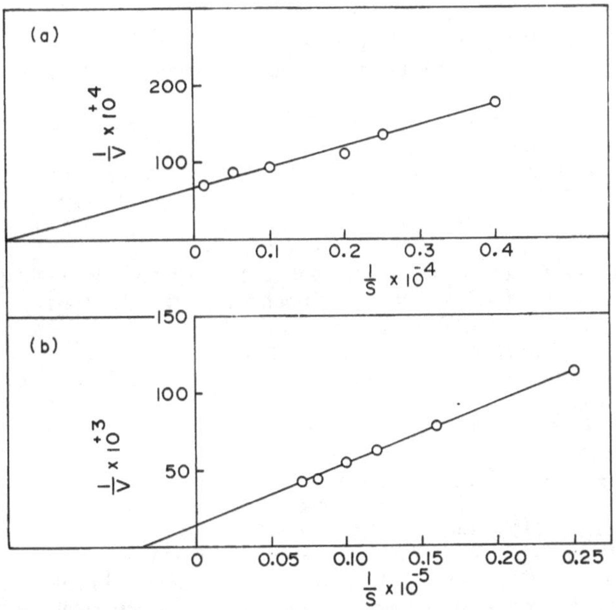

Fig. 2. Determination of Michaelis constants of partially purified MAO and MADH systems of rat liver mitochondria by Lineweaver-Burk reciprocal plot.
a. MAO-tyramine system; b. MADH-tryptamine system

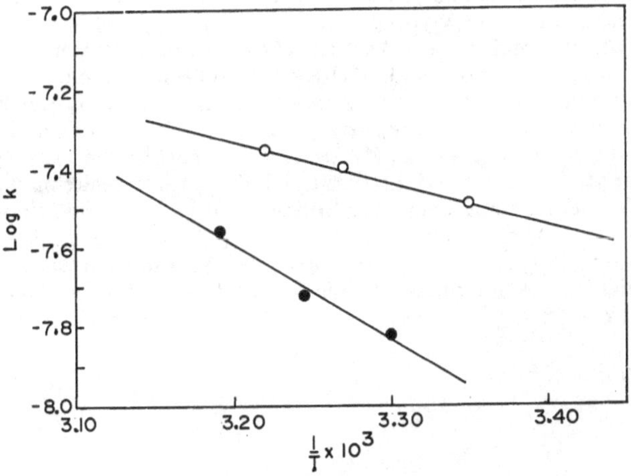

Fig. 3. Influence of temperature on MAO and MADH catalysed reaction rates.
○——○ MAO-tyramine system; ●——● MADH-tryptamine systems

References

[1] PHILPOT, F. J.: Biochem. J. **31**, 856 (1937)
[2] BLASCHKO, H. and F. J. PHILPOT: Unpublished experiments quoted in [3]
[3] BLASCHKO, H.: Pharmac. Rev. **4**, 415 (1952)
[4] SOURKES, T. L., J. R. LAGNADO and E. TOWNSEND: Proceedings of the Canadian Physiological Society, 19th Annual Meeting, Oct. 13–15, London, Ontario 1955
[5] LAGNADO, J. R. and T. L. SOURKES: Can. J. Biochem. Physiol. **34**, 1095 (1956)
[6] LAGNADO, J. R. and T. L. SOURKES: Experientia, **13**, 476 (1957)
[7] GUHA, S. R. and S. K. GHOSH: Biochem. Pharmac. **19**, 2929 (1970)
[8] DAVISON, A. N.: Physiol. Rev. **38**, 729 (1958)
[9] HOGEBOOM, G. H. and N. C. SCHNEIDER: J. biol. Chem. **197**, 611 (1952)
[10] GREEN, A. L. and T. M. HAUGHTON: Biochem. J. **78**, 173 (1961)
[11] GUHA, S. R.: Biochem. Pharmac. **15**, 161 (1966)
[12] RICHTER, D.: Biochem. J. **31**, 2022 (1937)
[13] LOWRY, O. H., N. J. ROSEBROUGH, A. L. FARR and R. J. RANDALL: J. biol. Chem. **193**, 265 (1951)
[14] POPOV, N., H. MATTHIES, W. LIETZ, CHR. THIEMANN and E. JASSMANN: Biochem. Pharmac. **19**, 2413 (1970)
[15] COTZIAS, G. C. and V. P. DOLE: J. biol. Chem. **190**, 665 (1951)
[16] GUHA, S. R.: Proceedings of the International Symposium on CNS Drugs, Hyderabad. CSIR Publication, India 1966, p. 214
[17] ZELLER, E. A.: Ann. N. Y. Acad. Sci. **107**, 811 (1963)
[18] KISTIAKOWSKY, G. B. and A. J. ROSENBERG: J. Am. chem. Soc. **74**, 5020 (1952)
[19] BENSON, S. W. and J. M. SEEHOF: J. Am. chem. Soc. **77**, 2579 (1955)
[20] BENSON, S. W.: The Foundation of Chemical Kinetics. McGraw-Hill Book Co., New York 1960, p. 657

Zusammenfassung

S. R. GUHA, P. S. BASU und K. K. SEN GUPTA: Aminotetrazolreduktase- und Monoaminoxydaseaktivität bei Rattenlebermitochondrien

Es wurde die Aminotetrazol- und Monoaminoxydaseaktivität (MAO) von teilweise gereinigten Rattenlebermitochondrien untersucht. Die optimale MAO-Aktivität lag bei *p*H 7,0, während Monoamindehydrogenase (MADH) bei *p*H 7,5 ein Maximum zeigte und zwischen *p*H 9,0 und 9,5 ein Anstieg folgte. Die Oxydation der verschiedenen Amine war für das MAO- und das MADH-System unterschiedlich. Tyramin und Dopamin wurden durch MAO am besten verwertet, während Serotonin und Tryptamin durch MADH am stärksten umgesetzt wurden. Hohe Substartkonzentrationen hemmten die MAO-, nicht aber die MADH-Aktivität. Für die MAO-Tyramin-Reaktion betrug der K_m-Wert $4 \cdot 10^{-4}$, für die MADH-Tryptaminreaktion $2{,}8 \cdot 10^{-4}$ M. Der Einfluß der Temperatur auf beide Reaktionen wurde im Bereich von 20 bis 37 °C untersucht und die Aktivierungsenergie zu $4{,}8 \pm 0{,}5$ kcal (für die MAO-Tyraminoxydation) und $10{,}7 \pm 1{,}0$ kcal (für die MADH-Tryptaminoxydation) pro Mol Substrat berechnet. Die Aktivierungsentropie für die MAO- und die MADH-katalysierte Reaktion betrug $-78{,}2 \pm 3{,}0$ bzw. $-57{,}9 \pm 2{,}0$ Entropie-Einheiten.

Acta biol. med. germ., Band 28, Seite 423—429 (1972)

Aus dem Physiologisch-chemischen Institut der Karl-Marx-Universität Leipzig
(Direktor: Prof. Dr. rer. nat. habil. E. HOFMANN)

Hefe-Phosphofruktokinase: Untersuchungen über substrat- und pH-abhängige Inaktivierung und Reaktivierung

ST. LIEBE, G. KOPPERSCHLÄGER, W. DIEZEL und E. HOFMANN

(Eingegangen am 5. 7. 1971)

Zusammenfassung

Es wird das Verhalten gelagerter und frisch präparierter Hefe-Phosphofruktokinase verglichen. Die enzymatische Aktivität gelagerter Hefe-Phosphofruktokinase nimmt in verdünnter Lösung stark ab. Diesem Inaktivierungsprozeß liegen offenbar zwei unterschiedliche Prozesse zugrunde. Der Aktivitätsverlust ist durch die Substrate ATP und Fruktose-6-phosphat teilweise reversibel. Der Reaktivierungsprozeß verläuft nach einer anderen Kinetik als der Inaktivierungsprozeß. Im Gegensatz dazu wird das frisch präparierte Enzym nicht oder wesentlich langsamer inaktiviert. Zwischen substratabhängiger Verdünnungsinaktivierung bzw. Reaktivierung und Enzymdissoziation besteht kein unmittelbarer Zusammenhang.

Einleitung

Hefe-Phosphofruktokinase weist in ihrem kinetischen Verhalten eine hohe Empfindlichkeit gegenüber Veränderungen des *p*H-Wertes sowie der Substrat- und Effektorkonzentrationen auf [1—4]. Von besonderem Interesse ist, daß im Verlauf der Aufbewahrung des Enzyms Änderungen der kinetischen Eigenschaften auftreten. Z. B. ist frisch präpariertes Enzym stärker durch ATP hemmbar und besitzt eine höhere Affinität zu Fru-6-P als das Enzym bei längerer Aufbewahrung.

Eine Veränderung des *p*H-Wertes führt bei gelagerter Hefe-Phosphofruktokinase zum Auftreten verschiedener molekularer Formen, die durch Fru-6-P und ATP in unterschiedlichem Ausmaß stabilisiert werden [5].

Es wurden Untersuchungen über das Verhalten von frisch präparierter und gelagerter Hefe-Phosphofruktokinase unter dem Einfluß verschiedener Substrate und Effektoren durchgeführt. Ferner wurde geprüft, ob zwischen den Aktivitätsänderungen und den substrat- bzw. effektorinduzierten Änderungen des Molekulargewichtes des Enzyms ein Zusammenhang besteht.

Abkürzungen: Fru-6-P: Fruktose-6-phosphat; Fru-1,6-P_2: Fruktose-1,6-diphosphat
PFK = Phosphofruktokinase

Material und Methodik

Es wurden zwei Phosphofruktokinase-Präparate aus Hefe verwendet: ein in unserem Institut hochgereinigtes Enzym aus Bäckerhefe (spez. Akt. 120) und Hefe-Phosphofruktokinase der Firma Boehringer, Mannheim (spez. Akt. 30–60). Alle anderen Enzyme und Chemikalien stammten ebenfalls von dieser Firma.
Die Messung der Phosphofruktokinase-Aktivität, die Saccharose-Dichtegradientenzentrifugation und die Aktivitätsmessungen der Referenzenzyme für die Molekulargewichtsbestimmung wurden, wie früher mitgeteilt, durchgeführt [5].
Für alle Experimente wurde 0,1 M Kalium-Phosphatpuffer mit 0,5 mM ÄDTA und 3 mM 2-Merkaptoäthanol (im folgenden als Verdünnungspuffer bezeichnet) verwendet. Der *p*H-Wert und andere Zusätze sind den Legenden der jeweiligen Abbildungen zu entnehmen.
Die analytische Ultrazentrifugation wurde mit einer Phywe U 60 L-Zentrifuge unter Verwendung einer 12 mm Doppelsektorzelle durchgeführt. Die Temperatur betrug 20,0 °C. Vor der Zentrifugation wurden die Proben 8–10 Std. bei 4 °C gegen den in den Legenden angegebenen Puffer dialysiert.

Ergebnisse

Inaktivierung und Reaktivierung von Hefe-Phosphofruktokinase in verdünnter und konzentrierter Lösung

Abb. 1 zeigt die Aktivitätsänderungen kommerzieller und frisch präparierter Phosphofruktokinase in konzentrierter Lösung (5 mg/ml) nach Dialyse gegen Verdünnungspuffer ohne und mit Zusatz von Fru-6-P (2 mM). Das frisch präparierte Enzym zeigte keine deutlichen Aktivitätsveränderungen bei Dialyse. Während bei Anwesenheit von Fru-6-P die Enzymaktivität des kommerziellen Enzyms nahezu konstant bleibt, sinkt sie im Fru-6-P-freien Medium auf etwa 50% ab. Der Aktivitätsverlust ist durch Redialyse gegen Fru-6-P-haltiges Medium teilweise reversibel. Zur näheren Untersuchung der Stabilisierung der Hefe-Phosphofruktokinase durch Fru-6-P wurden Sedimentationsuntersuchungen nach Dialyse gegen substratfreie und substrathaltige Medien durchgeführt. Wie aus Abb. 1 zu ersehen ist, treten im Sedimentationsverhalten der kommerziellen Hefe-PFK trotz deutlicher Unterschiede in der Enzymaktivität ohne und mit Fru-6-P keine Differenzen auf.
Nach 100facher Verdünnung (Endkonzentration 50 µg/ml) wird kommerzielle Hefe-Phosphofruktokinase noch stärker inaktiviert (Abb. 2). Das Enzym wurde dazu vor der Verdünnung 2 Std. gegen das 50000fache Volumen Verdünnungspuffer, *p*H 7,1, dialysiert. Dabei sank die Aktivität des kommerziellen Enzyms auf etwa 60% ab, während das frisch präparierte Enzym stabil blieb. Die schnelle Phase der Inaktivierung nach Verdünnung dauert etwa 2—4 Std. Danach nimmt die Aktivität nur noch langsam ab. Der Kurvenverlauf ist bei allen untersuchten *p*H-Werten (*p*H 6, 7 und 9) ziemlich gleich (Abb. 2a—2c). Frisch präpariertes Enzym wird im Gegensatz dazu in den ersten Stunden nach Verdünnung auf 50 µg/ml wesentlich langsamer inaktiviert. Bei *p*H 7,1 bleibt die Aktivität in den ersten 5 Std. konstant oder liegt sogar etwas über der Aktivität zum Zeitpunkt der Verdün-

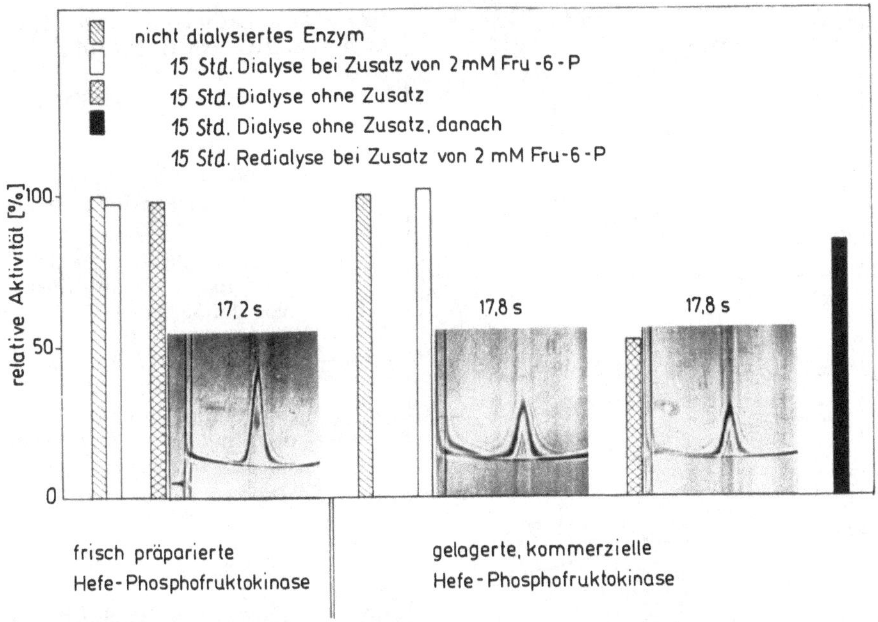

Abb. 1. Enzymaktivität und Sedimentation von Hefe-Phosphofruktokinase nach Dialyse.
Das Enzym wurde gegen das 50000fache Volumen Verdünnungspuffer, *p*H 7,0, dialysiert. Die Zusätze und die Dialysedauer sind der Abb. zu entnehmen.
Analytische Ultrazentrifugation: Proteinkonzentration 7,0 bzw. 5 mg/ml; 49000 Upm, Schlierenwinkel 17°. Temp. 20,0 °C. Die Aufnahmen wurden 25 min nach Erreichen der maximalen Drehzahl gemacht

nüng. Auch bei *p*H 6,0 ist die langsamere Aktivitätsabnahme innerhalb der ersten 5 Std. nach Verdünnung deutlich erkennbar.
In doppelt logarithmischer Auftragung ergibt die Kurve der Verdünnungsaktivierung annähernd zwei Geraden mit deutlich unterschiedlichem Anstieg (Abb. 3). Dies macht deutlich, daß der schnellen und langsamen Phase der Inaktivierung offenbar zwei unterschiedliche Prozesse zugrunde liegen. Setzt man dem Verdünnungspuffer Fru-6-P oder ATP in einer Konzentration von 2 mM zu, ändert sich der Kurvenverlauf grundlegend (Abb. 2). Bei *p*H 7,1 und 9,0 kommt es sowohl mit frischem als auch kommerziellem Enzym zu einer langsamen Aktivitätszunahme in den ersten 5 Std. Danach setzt eine langsame Aktivitätsabnahme ein. Bei *p*H 6,0 bleibt die Aktivität in den ersten 4 Std. etwa konstant. Die bei Verdünnung auftretende Inaktivierung läuft in Imidazol-HCl-Puffer und in Tris-HCl-Puffer wesentlich schneller ab als im Phosphatpuffer. Trotzdem ist auch in den erstgenannten Puffern bei Fru-6-P-Zusatz eine Aktivitätszunahme in den ersten Stunden nach Verdünnung nachweisbar. ITP, FDP und AMP zeigen keine oder nur sehr geringe Schutzwirkung vor der Inaktivierung nach Verdünnung.

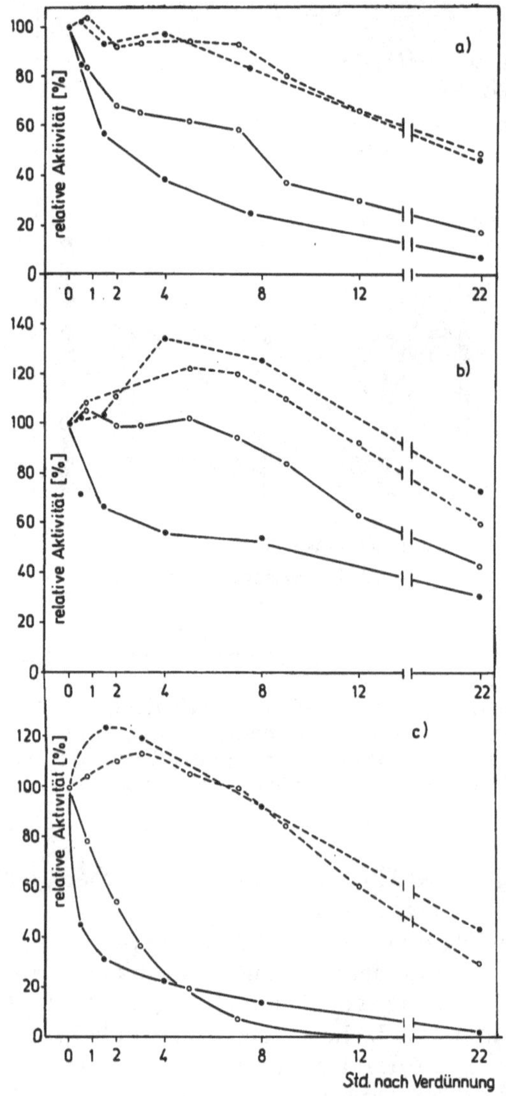

Abb. 2. Inaktivierung von Hefe-Phosphofruktokinase in verdünnter Lösung.
Die Endkonzentration des Enzyms betrug bei allen Verdünnungen 50µg/ml. Gelagerte, kommerzielle Hefe-Phosphofruktokinase ●----● und eigene Präparation ○----○
a) Verdünnungspuffer *p*H 6,0 —— ohne und ------ mit Zusatz von 2 mM Fru-6-P;
b) Verdünnungspuffer *p*H 7,1 —— ohne und ------ mit Zusatz von 2 mM Fru-6-P;
c) Verdünnungspuffer *p*H 9,0 —— ohne und ------ mit Zusatz von 2 mM ATP.

Wie Abb. 3 zeigt, verläuft die schnelle Phase der Inaktivierung mit steigender Temperatur rascher. Setzt man der verdünnten Enzymlösung erst nach 1,5 oder 4 Std. Fru-6-P zu, so kommt es auch dann noch zu einer deutlichen Aktivitätssteigerung innerhalb von etwa 2 Std. Allerdings wird die volle Ausgangsaktivität nicht wieder erreicht. Dieser Reaktivierungsprozeß zeigt keine deutliche Temperaturabhängigkeit, er verläuft bei 5, 15 und 25 °C etwa gleich.

Einfluß des pH-Wertes und der Substrate auf die Sedimentationsgeschwindigkeit frisch präparierter Hefe-Phosphofruktokinase

Es war von Interesse, festzustellen, ob bei beiden untersuchten Enzympräparaten zwischen substratabhängiger Verdünnungsinaktivierung bzw. Reaktivierung und Enzymdissoziation ein Zusammenhang besteht. Wie wir bereits zeigen konnten, lassen sich in Abhängigkeit vom *p*H-Wert des Mediums und von den beiden Substraten Fru-6-P und ATP bei gelagerter Hefe-Phosphofruktokinase verschiedene molekulare Formen stabilisieren

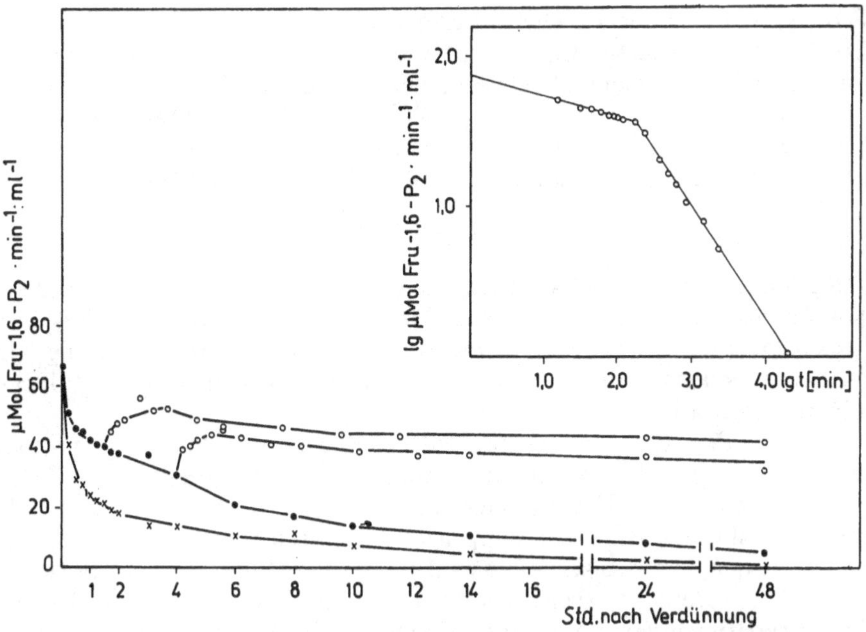

Abb. 3. Inaktivierung von gelagerter kommerzieller Hefe-Phosphofruktokinase bei verschiedenen Temperaturen.

Die Endkonzentration des Enzyms betrug bei allen Verdünnungen 50 µg/ml. Verdünnungspuffer *p*H 7,1, + 5 °C (●——●) und + 25 °C (×——×). Dem Verdünnungspuffer wurde nach 90 min und 4 Std. 2 mM Fru-6-P (○——○) zugesetzt. Innenbild: Meßpunkte der Verdünnungsinaktivierung bei + 5 °C in doppeltlogarithmischer Auftragung

Tabelle 1

Beeinflussung der Sedimentationsgeschwindigkeit von Hefe-Phosphofruktokinase verschiedener Herkunft durch *p*H-Wert und Substrate im Saccharose-Dichtegradienten

Puffer-Medium	*s*-Wert der Hefe-Phosphofruktokinase $\pm s \times 10^{-3}$ ($n = 6$)	
	gelagertes, kommerzielles Enzym	eigene Präparation
*p*H 6,0	14,5 ± 1,6	21,5
+ 2 mM Fru-6-P	18,5	18,5
+ 1 mM ATP	14,5	—
+ 6 mM ATP	18,5	21,5
*p*H 7,1	18,5 ± 1,9	18,5
+ 2 mM Fru-6-P	18,5	18,5
+ 2 mM ATP	18,5	18,5
*p*H 9,0	17,4 ± 1,8	18,5
+ 2 mM Fru-6-P	13,5 ± 1,5	18,5
+ 2 mM ATP	17,4 und 10,6	18,5

(Tab. 1). Wie aus der Tabelle weiter ersichtlich ist, läßt sich im Gegensatz dazu frisch präpariertes Enzym unter den gleichen Bedingungen nicht in Moleküle mit kleinerem Molekulargewicht spalten. Der bei der Dichtegradientenzentrifugation ermittelte *s*-Wert ist für alle Puffermedien mit Ausnahme bei *p*H 6 identisch. Der Anstieg des *s*-Wertes bei *p*H 6,0 stimmt mit der von uns früher schon mitgeteilten Beobachtung überein [6].

Diskussion

Eine Abnahme der enzymatischen Aktivität nach Verdünnung wurde an Phosphofruktokinasen verschiedener Herkunft beobachtet [4, 7, 8, 9]. Für Muskel-Phosphofruktokinase wurde als Ursache der Inaktivierung eine Desaggregation oder eine konformative Umwandlung aktiver zu inaktiven Molekülen diskutiert.

Hofer und Pette [8] fanden für Muskel-Phosphofruktokinase Inaktivierungskurven, die sich in doppeltlogarithmischer Auftragung als eine Gerade darstellen ließen. Die Kinetik folgt einer Reaktion 3. Ordnung. Unsere Inaktivierungskurven lassen bei doppeltlogarithmischer Auftragung zwei Prozesse erkennen, die der schnellen und langsamen Phase der Inaktivierung entsprechen. Beide Phasen gehorchen demnach einer anderen Kinetik. Frisch präpariertes Enzym zeigt im Gegensatz dazu keine oder eine wesentlich flacher verlaufende schnelle Inaktivierungsphase. Wie aus dem Vergleich der Inaktivierungsexperimente mit molekularen Untersuchungen ersichtlich ist, besteht jedoch zwischen molekularer Stabilität und Enzymaktivierung kein unmittelbarer Zusammenhang, da 1. auch in konzentrierter Lösung eine Abnahme der enzymatischen Aktivität gelagerter Hefe-Phosphofruktokinase bei Dialyse und eine Reaktivierung nach Fru-6-P-Zusatz beobachtet wird, obwohl in der analytischen Ultrazentrifuge beide Proben das gleiche Sedimentationsverhalten zeigen, und 2. bei Enzymverdünnung in Pufferlösungen von *p*H 9,0 mit ATP- oder Fru-6-P-Zusatz eine Aktivitätszunahme in den ersten Stunden nach Verdünnung beobachtet wird, während mittels Dichtegradientenzentrifugation unter den gleichen Milieubedingungen Molekülformen mit niedrigerem Molekulargewicht nachgewiesen wurden [5].

Der stabilisierenden und reaktivierenden Wirkung von Fru-6-P und ATP könnten mehrere Prozesse zugrunde liegen. Molekulare Umwandlungen mit deutlicher Molekulargewichtsverschiebung scheinen unter diesen Bedingungen für Hefe-Phosphofruktokinase unwahrscheinlich zu sein. Ob allerdings die Bindung von Fru-6-P an das Enzym direkt zur Aktivierung führt, oder dieser Ligand nur ein Gleichgewicht zwischen aktiven und inaktiven Formen der Phosphofruktokinase beeinflußt, läßt sich mit diesen Experimenten nicht entscheiden. Der Reaktivierungsprozeß verläuft bei Muskel-Phosphofruktokinase [8] nach einer anderen Kinetik als der Inaktivierungsprozeß. Auch unsere Reaktivierungskurven lassen sich in doppeltlogarithmischer Auftragung nicht als Gerade darstellen. Weiter spricht die unterschiedliche Temperaturabhängigkeit von Inaktivierung und Reaktivierung gegen das Vorliegen gleicher aber entgegengesetzt ablaufender Prozesse. Wir nehmen aus diesen Versuchen an, daß die schnellen Aktivitätsverluste in verdünnter und konzentrierter Lösung, sowie die Reaktivierung durch Fru-6-P nicht auf Dissoziations- und Reassoziationsvorgänge der Hefe-Phosphofruktokinase zurückzuführen sind. Die Ursache dafür sollte eher in Änderung des Konformationszustandes der Untereinheiten im Molekülverband zu suchen sein, wie es auch für Glutamatdehydrogenase angenommen wird [10]. Der Unterschied zwischen kommerzieller und frisch präparierter Hefe-Phosphofruktokinase könnte darin begründet sein, daß das frische Enzym in einer stabileren Quartärstruktur vorliegt. Es bleibt zu untersuchen, ob die Labilisierung der Quartärstruktur der Hefe-Phosphofruktokinase bei Lagerung auf die Anwesenheit von proteolytischen Enzymaktivitäten in der PFK-Präparation beruht, oder auf andere Ursachen zurückzuführen ist.

Literatur

[1] LINDELL, T. J. u. E. STELLWAGEN: J. biol. Chem. **243**, 907 (1968)
[2] ATZPODIEN, W. u. H. BODE: Eur. J. Biochem. **12**, 126 (1970)
[3] JAUCH, R., CH. RIEPERTINGER u. F. LYNEN: Hoppe-Seyler's Z. physiol. Chem. **351**, 74 (1970)
[4] FREYER, R., M. KUBEL u. E. HOFMANN: Eur. J. Biochem. **17**, 378 (1970)
[5] LIEBE, ST., W. DIEZEL, G. KOPPERSCHLÄGER u. E. HOFMANN: Acta biol. med. germ. **28**, 39 (1972)
[6] LIEBE, ST., G. KOPPERSCHLÄGER, W. DIEZEL, K. NISSLER, J. WOLF u. E. HOFMANN: FEBS Lett. **8**, 20 (1970)
[7] MANSOUR, T. E.: J. biol. Chem. **240**, 2165 (1965)
[8] HOFER, H. W. u. D. PETTE: Hoppe-Seyler's Z. physiol. Chem. **349**, 1105 (1968)
[9] PAETKAU, V. u. H. A. LARDY: J. biol. Chem. **242**, 2035 (1967)
[10] SUND, H.: FEBS Lett. **8**, 309 (1970)

Summary

ST. LIEBE, G. KOPPERSCHLAEGER, W. DIEZEL and E. HOFMANN: Yeast phosphofructokinase: Studies on substrate and *p*H-dependent inactivation and reactivation

The behaviour of stored and freshly prepared yeast phosphofructokinase is compared. The enzymatic activity of stored yeast phosphofructokinase strongly decreases in diluted solution. This process of inactivation obviously is determined by two different processes. The activity loss is partly reversible by the substrates ATP and Fru-6-P. The process of reactivation occurs along other lines than the process of inactivation. By contrast, the freshly prepared enzyme is inactivated not at all or considerably slower. No direct relation exists between the substrate-dependent dilution inactivation or reactivation and enzyme dissociation.

Acta biol. med. germ., Band 28, Seite 431—435 (1972)

Aus dem Institut für Physiologische und Biologische Chemie der Humboldt-Universität zu Berlin (Direktor: Prof. Dr. Dr. S. Rapoport), 104 Berlin, DDR

The reaction of ethylchloroformate with proteins. A method for the determination of histidine residues

H. J. Uhlig and P. Heitmann

(Received July 8, 1971)

Summary

The reaction of ethylchloroformate and ethoxyformic anhydride with amino acid derivatives has been studied. Both reagents possess very similar reactivities against the same kind of nucleophilic groups. The specificity of both reagents for the imidazole group is not so high as originally stated for ethoxyformic anhydride. At *p*H 5.5 the α-amino group is ethoxyformylated by both reagents at almost the same rate as the imidazole residue. The ε-amino group also shows reaction rates high enough to have to be considered in protein modification studies. The ethoxyformylation of the imidazole group is accompanied by striking changes in the ultraviolet absorption spectrum near 240 nm. On this basis a method has been developed for the determination of histidine residues in proteins by treatment with ethylchloroformate.

Introduction

Ethoxyformic anhydride (diethylpyrocarbonate) has been suggested as reagent for the modification of proteins [1—3]. This reagent was assumed to react specifically with histidine groups at *p*H values below 6 [2, 3]. However, it has been demonstrated that amino groups also react under the conditions of the modification experiments [4]. Ethylchloroformate ($ClCOOC_2H_5$) is a compound which also may be expected to ethoxyformylate proteins. In the present paper the suitability of this reagent for modification studies in protein chemistry is examined. Its reactions with model compounds and proteins are studied.

Materials and methods

The N^{α}-acetyl derivatives of L-histidine and L-tyrosine were prepared by acetylation of the corresponding amino acids with acetic anhydride [5]. N^{α}-acetyl-L-lysine was a product of Calbiochem, N-acetyl-L-cysteine, glycine and glycylglycine were purchased from VEB Berlin-Chemie. Bovine serum albumin and bovine ribonuclease A were obtained from Serva. Inorganic pyrophosphatase from baker's yeast was prepared according to the method of Kunitz [6] and further purified by chromatography on DEAE-cellulose. Ethylchloroformate and ethoxyformic anhydride were redistilled and used as 10% solutions in absolute ethanol; they were freshly prepared every day and stored in ice.

The reactions of the amino acid derivatives with ethylchloroformate and ethoxyformic anhydride were followed in a thermostated reaction vessel of a titration unit from Radiometer, Copenhagen (Titrator TTT 1a, Titrigraph SBR 2c). The reaction mixture (total volume 5 ml) contained the amino acid derivative in such an excess in comparison to the acylation reagent that pseudo first order kinetics were obeyed. The rate of hydrolysis of ethylchloroformate was small under the conditions of the experiments and had to be taken into account only in the cases of N^{α}-acetyl-L-lysine and N-acetyl-L-tyrosine.

Proteins were treated with ethylchloroformate at a concentration of about 1 mg per ml. Identical volumes of the protein solutions were placed in the sample cuvette and in the reference cuvette of the double-beam spectrophotometer Cary 14. After the adjustment of the zero line an appropiate amount of a 10% ethanolic solution of ethylchloroformate and the same volume of ethanol were added to the sample and the control, respectively. The difference spectrum in the range of 230–300 nm was recorded repeatedly until no further increase of the extinction at 240 nm could be detected. This took place at latest half an hour after the addition of the reagent.

For the determination of the total number of histidine residues the protein was dissolved in 6 M guanidine hydrochloride (dissolved in 0.2 M phosphate puffer, *p*H 6.0). The solution was kept for 4 hours at 40 °C and the guanidine hydrochloride was removed by gel filtration on Sephadex G 25. The eluate, the protein concentration of which was spectrophotometrically checked, was treated with ethylchloroformate as described above.

Results and discussion

The kinetic data of the ethoxyformylation of model compounds are presented in table 1. Two conclusions can be drawn from these results. First, both modifying reagents, ethylchloroformate and ethoxyformic anhydride, seem to possess very similar reactivities against the same kind of nucleophilic groups. Secondly, the specificity of both reagents is not so high as originally stated for ethoxyformic anhydride, which was assumed to react only with imidazole, possibly also with sulfhydryl groups at *p*H values below 6 [3, 7]. Our data indicate that the α-amino group is ethoxyformylated by both reagents at almost the same rate as the imidazole residue. The ε-amino group exhibits reaction rates, which are about one order of magnitude smaller than those of the α-amino group, but they are high enough to have to be considered in protein modification studies. This conclusion is in agreement with the observation of Melchior and Fahrney [4] that in proteins certain amino groups are able to react with ethoxyformic anhydride even at *p*H 4.

It is not quite clear, why N-acetyl-L-tyrosine has a significant, although relatively small effect on the rate of liberation of hydrogen ions in solutions containing ethylchloroformate, since it is known that ethoxyformic anhydride practically does not react with phenolic hydroxyl groups below *p*H 6 [3]. Using the spectrophotometric method described for proteins, no changes could be detected in the region of 280 nm after treatment of N-acetyl-L-tyrosine with ethyl-chloroformate at *p*H 6.0 (see fig. 1, curve b). This fact

Table 1
Ethoxyformylation of model compounds

	Halftimes (min)[1] of the reaction with	
	ethylchloroformate	ethoxyformic anhydride
N-Acetyl-L-histidine	8	8
Glycine	7	8
Glycylglycine	7	8
N^{α}-Acetyl-L-lysine	100	60
N-Acetyl-L-cysteine	27	—[2]
N-Acetyl-L-tyrosine	210	—[2]

[1] The values were obtained using the *p*H stat technique at 2° and *p*H 5.5 in 0.1 M NaCl. The concentration of the model compounds was 167 mM and that of the modification reagents 12 mM.
[2] Not measurable with the present technique, because the reaction is not accompanied by the liberation of hydrogen ions.

indicates that under the conditions applied for proteins ethylchloroformate also does not modify the phenolic hydroxyl group.

The action of ethylchloroformate on proteins at *p*H 6.0 causes striking changes in their ultraviolet absorption spectra. As is shown for native ribonuclease A in fig. 1 (curve c), after treatment with the reagent there appears a maximum in the difference spectrum, which is located near 240 nm and which is stable for several hours. An analogous difference spectrum was obtained, when N^{α}-acetyl-L-histidine was treated with ethylchloroformate (curve a). The treatment of the solution with Pauly reagent gave a negative result. Therefore, it is reasonable to assume that the spectral changes near 240 nm, which are obser-

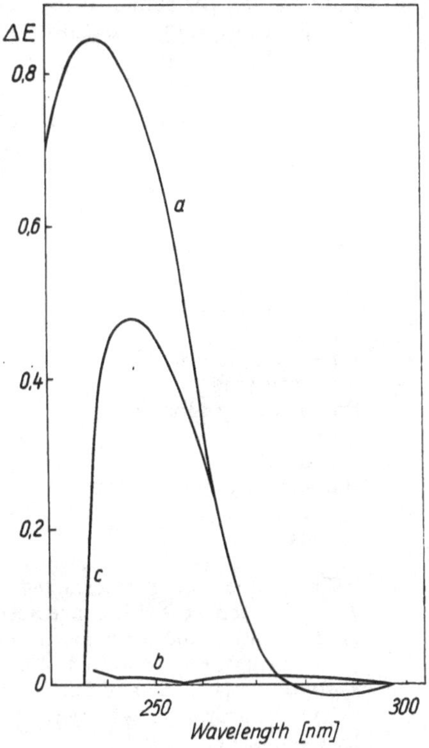

Fig. 1. Difference spectra of (a) 0.26 mM N^{α}-acetyl-L-histidine, (b) 0.20 mM N-acetyl-L-tyrosine, and (c) 0.05 mM ribonuclease A after treatment with 20 mM ethylchloroformate in 0.2 M phosphate buffer, *p*H 6.0, at 7 ± 2 °C

ved in proteins after the reaction with ethylchloroformate mainly reflect the transformation of imidazole groups to N-ethoxylformylimidazole groups. From the experiment with the model compound a difference molar extinction coefficient of 3200 $cm^{-1}M^{-1}$ was calculated for λ_{max}. These results correpond to those of OVÁDI et al. [2], who studied the modification of histidine residues in proteins with ethoxyformic anhydride.

The histidine content of several proteins was determined by treatment with ethylchloroformate using the difference molar extinction coefficient mentioned above. To ensure a complete reaction it was necessary to denature the proteins and to take a great excess of reagent. As the data in table 2 show, under these conditions the results are in a good agreement with the histidine contents determined by chromatographic amino acid analysis.

In native proteins, not all histidine residues are sufficiently reactive to become modified, even if a great excess of ethylchloroformate is applied. For instance, in ribonuclease A only three of the four histidine residues do react. This observation is in accordance with the results of other modification studies, which demonstrated that the fourth histidine residue of ribonuclease is much less reactive than the other three [4].

The results reported here provide evidence for the suitability of ethylchloroformate as a reagent for the determination of the total histidine content of denatured proteins. Furthermore, it can be used for the modification of native proteins. This possibility may be of value for the investigation

Table 2

Ethoxyformylation of proteins with ethylchloroformate

	Number of modified histidine residues[1]	Total number of histidine residues [Reference]
Ribonuclease A		4 [8]
native	3.1	
native	1.5[2]	
denatured[3]	4.0	
Bovine serum albumin		18 [9]
native	18.7	
denatured[3]	18.8	
Inorganic pyrophosphatase		10 [10], 9 [11]
native	7.1	
denatured[3]	10.2	

[1] The values were determined in 0.2 M phosphate buffer *p*H 6.0 at 7 ± 2 °C using the difference spectrophotometric technique. The molar excess of ethylchloroformate in relation to the expected histidine content amounted to about hundredfold.

[2] 20fold molar excess of ethylchloroformate.

[3] The denaturation was performed by treatment with 6 M guanidine hydrochloride.

of structure-function relationships in proteins, especially if one takes into account that a variety of esters of chloroformic acid can be readily synthesized from the corresponding alcohols and phosgene [12].

Acknowledgement

We wish to thank Professor Dr. S. M. Rapoport for his interest in this work and for critically reading an earlier version of the manuscript.

References

[1] Fedorcsák, I. and L. Ehrenberg: Acta chem. scand. **20**, 107 (1966)
[2] Ovádi, J., S. Libor and P. Elödi: Acta Biochim. Biophys. Acad. Sci. hung. **2**, 455 (1967)
[3] Mühlrád, A., G. Hegyi and G. Tóth: Acta Biochim. Biophys. Acad. Sci. hung. **2**, 19 (1967)
[4] Melchior, W. B. and D. Fahrney: Biochemistry **9**, 251 (1970)
[5] Greenstein, I. P. and M. Winitz: Chemistry of the Amino Acids. Vol. 3, pp. 1990, 2365. John Wiley and Sons, New York 1961
[6] Kunitz, M.: Archs Biochem. Biophys. **92**, 270 (1961)
[7] Larrouquère, J.: Bull. Soc. chim. France **1964**, 1543
[8] Hirs, C. H. W., W. H. Stein and S. Moore: J. biol. Chem. **211**, 941 (1954)
[9] Stein, W. H. and S. Moore: J. biol. Chem. **178**, 79 (1949)
[10] Hausmann, W.: J. Am. chem. Soc. **74**, 451 (1952)
[11] Eifler, R., R. Glaesmer and S. Rapoport: Acta biol. med. germ. **17**, 716 (1966)
[12] Müller, E. (Hrsg.): Methoden der organischen Chemie (Houben-Weyl), Vol. **8**, p. 101. Thieme, Stuttgart 1952

Zusammenfassung

H. J. Uhlig und P. Heitmann: Zur Reaktion von Chlorameisensäureäthylester mit Proteinen. Eine Methode zur Bestimmung von Histidinresten

Es wurde die Reaktion von Chlorameisensäureäthylester und Diäthylpyrokarbonat mit Aminosäurederivaten untersucht. Beide Reagenzien besitzen ein sehr ähnliches Reaktionsvermögen gegenüber gleichartigen nukleophilen Gruppen. Die Spezifität der beiden Reagenzien für Imidazolgruppen ist nicht so hoch, wie ursprünglich für Diäthylpyrokarbonat angegeben wurde. Bei *p*H 5,5 wird die α-Aminogruppe durch beide Reagenzien mit nahezu derselben Geschwindigkeit äthoxyformyliert wie der Imidazolrest. Die Reaktionsgeschwindigkeit der ε-Aminogruppe ist ebenfalls ziemlich groß und muß bei Proteinmodifizierungsstudien berücksichtigt werden. Die Äthoxyformylierung der Imidazolgruppe ist von auffallenden Veränderungen des UV-Absorptionsspektrums bei 240 nm begleitet. Auf dieser Grundlage wurde eine Methode zur Bestimmung der Histidinreste in Proteinen durch Behandlung mit Chlorameisensäureäthylester entwickelt.

Acta biol. med. germ., Band 28, Seite 437—443 (1972)

Aus dem Institut für Physiologische und Biologische Chemie der Humboldt-Universität zu Berlin (Direktor: Prof. Dr. Dr. S. RAPOPORT), 104 Berlin, DDR

A method for the determination of 1,3 diphosphoglycerate in red blood cells

CH. SCHEWE, G. JACOBASCH and S. RAPOPORT

(Received July 19, 1971)

Summary

A method for the determination of 1,3 DPG in red blood cell is described. Its principle includes a rapid gentle deproteinisation, a concentration step by precipitation with cold acetone and fluorometric estimation of the 1,3 DPG with the backward GAPD reaction in the presence of hydrazine. Excess of GAP and of inorganic phosphate do not interfere. The overall yield of 1,3 DPG is 80—85%. The concentration of 1,3 DPG in rabbit blood is 0,67 µmoles/l cells.

Introduction

1,3 diphosphoglycerate constitutes the branching point of the diphosphoglycerate cycle and the main pathway of glucose utilisation. An exact knowledge of the concentration of this substance under various conditions is necessary for an understanding of the control of the metabolism of the red cell. On the basis of thermodynamical considerations a concentration of 0,4—0,7 µM in the human erythrocyte was calculated [1]. These estimations were confirmed recently [2] experimentally with a method which is not free of interference by other metabolites.

The determination of 1,3 DPG is handicapped by the extreme lability and the low concentration of the compound. The success of a method for its determination is contingent on a procedure for rapid deproteinisation with a high and reproducible yield and highly sensitive measurement of 1,3 DPG in which the interference of other metabolites is avoided.

Such a procedure which permits the determination of 1,3 DPG under various experimental conditions is described here.

Abbreviations: Substrates: 1,3 DPG = 1,3-diphospho-D-glycerate; GAP = glyceraldehyde-3-phosphate; 3 PG = 3-phospho-D-glycerate; P_i = inorganic phosphate. Enzymes: GAPD = glyceraldehydephosphate dehydrogenase (EC 1.2.1.12); GDH = glycerol-1-phosphate dehydrogenase (EC 1.1.1.8); LDH = lactate dehydrogenase (EC 1.1.1.27); TIM = triosephosphate isomerase (EC 5.3.1.1.). Other abbreviations: TRA-HCl = triethanolamine hydrochloride; IU = international units.

Material and Methods

The barium salt of D,L GAP-diethyl acetal was prepared from acrolein via the acrolein-diethyl-acetal [3], the 2-chloro, 3-hydroxy propionic aldehyde diethyl-acetal and the epihydrin-aldehyde diethylacetal [4] by final phosphorolysis [5]. Free D,L-GAP was prepared from the barium salt by treatment with DOWEX 50 WX4 in H^+ form for 5 min in a boiling water bath [6].
The purity of the preparation, checked enzymatically [7] by phosphate analysis [8, 9] and by thin layer chromatography [10], was 90% with 3% contamination by inorganic phosphate and 7% by organic P-compounds.
The 1.3 DPG was prepared by modification of published procedures from D,L-GAP with GAPD [11, 12]. The NADH formed was reoxidised with pyruvate and LDH.
0.11 mmoles of D,L-GAP, 0.4 mmoles inorganic phosphate, 0.21 mmoles of potassium pyruvate, 0.08 mmoles NAD and 0.04 mmoles of EDTA in a volume of 40 ml were incubated for various periods of time with 4 IU of GAPD and 2 IU of LDH at 27 °C. (The enzymes were obtained from Fa. Boehringer & Söhne G.m.b.H., Mannheim.) The *p*H was 8.0. The reaction was stopped by the addition of 10 ml of 50% trichloro-acetic acid in an icebath. The mixture which had a *p*H of 1,8 was poured in 500 ml acetone held at a temperature of −15 °C. Most of the inorganic phosphate remained in the supernatant fluid. The precipitate was collected after 10 min by filtration on a G4 sintered glass filter crucible. After washing three times with cold acetone the acetone was removed by evacuation and the precipitate was dissolved in a small volume of 0.1 M TRA-HCl buffer of *p*H 8.0.
As may be seen from fig. 1 optimal yields of 1,3 DPG were formed after incubation periods of 15 min. The yield of 1,3 DPG amounted to about 80% of the D-GAP employed. The purity of the product was checked enzymatically [13], by phosphate analysis and by thin layer chromatography with a basic eluent (methanol/NH_3 (density of 0.9)/H_2O) (70:10:20 v/v) [14]. The main contaminants were L-GAP, 3 PG, NAD and inorganic phosphate.
The purification was performed by column chromatography on DEAE cellulose by stepwise elution with 0.05 and 0.1 M NaCl in 0.01 M glycyl-glycine buffer of *p*H 7.5 at 4 °C. By this procedure most of the inorganic phosphate and the acid stable organic phosphates could be removed. The yield of the purification step amounted to 75−80%.

Results

In experiments preliminary to the exploration of various procedures for the isolation and purification, the stability of 1,3 DPG was tested under various conditions. The decomposition in 0,1 M TRA-HCl buffer of *p*H 8,0 at 4° and 25 °C as well as in 0,3 N $HClO_4$ at 0° is presented in fig. 2. A comparison of the data with the literature [11, 2] (see table 1) shows good agreement of the activation energies of hydrolysis but our half-times of decomposition are somewhat shorter. Repeated freezing and thawing did not cause additional decomposition. 1,3 DPG was stable at −80 °C for at least 3 months without significant decomposition.

The deproteinisation of blood

The deproteinisation with one volume of 0,6 N $HClO_4$ or 20% tri-chloroacetic acid for one volume of a 50% suspension of red cells yielded protein supernatant fluids only after more than 10 min of standing. Addi-

Fig. 1. Time dependence of the yield of 1,3 DPG

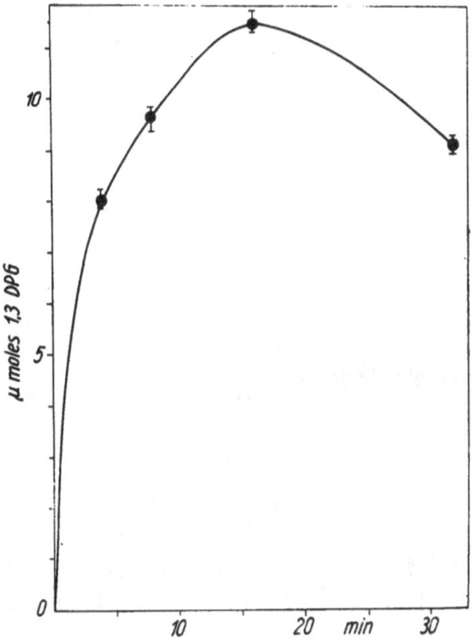

tion of chloroform shortened the period to less than one min, thereby the hydrolysis of 1,3 DPG is reduced to 5%. The precipitate was removed by centrifugation at less than —10 °C. The supernatant fluid was neutralised immediately with 1,3 M K_2CO_3 with strong mechanical agitation and cooling. The *p*H was checked during the neutralisation procedure with a glass electrode. The recovery of known amounts of 1,3 DPG added after perchloric acid to red cell suspensions amounted to 85%.

The concentration step

The low concentration of 1,3 DPG in blood makes a concentration step mandatory. Precipitation of the neutralised perchloric acid extract with ten volumes of acetone at —15 °C led to a tenfold concentration without significant losses. Added amounts of 1,3 DPG were recovered to the extent of 95—100%.

The estimation of 1.3 DPG

In the literature two methods for the determination of 1,3 DPG have been described [2, 13, 15]. Both utilise the backward GAPD-reaction. In one

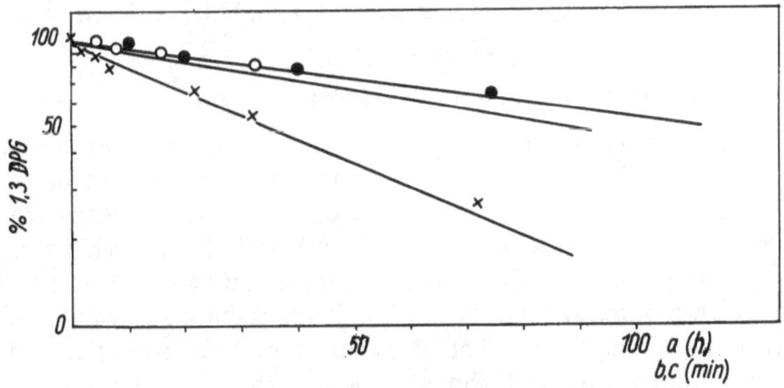

Fig. 2. Stability of 1,3 DPG.
×——× in 0.1 M TRA-HCl buffer, *p*H 8.0, at 4 °C (a); ●——● in 0.1 M TRA-HCl buffer, *p*H 8.0, at 25 °C (b); ○——○ in 0.3 N $HClO_4$ at 0 °C (c)

Table 1
Stability of 1,3 DPG solutions at different temperatures

Author	Medium	Temp. [°C]	$t_{0.5}$ [min]	K [sec^{-1}]	Activ. energy [kcal/mole]
	0.1 M TRA-HCl	4	2100	$5.50 \cdot 10^{-6}$	22.8
	*p*H 7.5	25	110	$1.05 \cdot 10^{-4}$	
	0.3 N $HClO_4$	0	90	$1.29 \cdot 10^{-4}$	
NEGELEIN and BRÖMEL [11]	*p*H 7.0	38	26	$4.45 \cdot 10^{-4}$	
ROSE and WARMS [2]	*p*H 7.5—8.5	25	180	$6.41 \cdot 10^{-5}$	22.7
		37	40	$2.89 \cdot 10^{-4}$	

the resulting decrease of NADH is measured directly [13, 15] in the other [2] a coupled GDH-TIM System is employed, whereby the consumption of NADH is doubled. The measurement of the decrease of fluorescence of NADH is two orders of magnitude more sensitive than the spectrophotometric procedure. Their lower limit is at about $3—4 \cdot 10^{-10}$ moles per sample (see reference curve in fig. 3). While both methods are applicable in pure solutions of 1,3 DPG, it turned out that both inorganic phosphate and GAP interfered so much that they had to be removed. The GAP was best removed by addition of hydrazine with formation of hydrazone or azine of the GAP. As seen in table 2 1,3 DPG may be fully recovered from blood extracts in presence of hydrazine, provided that the time of reaction with the hydrazine does not exceed 2 min (table 3). After longer periods formation of the hydrazide of 3-phosphoglycerate causes significant losses. Based on these experiences the following definitive procedure was evolved.

Definitive procedure for the determination of 1,3 DPG in blood and red cell suspensions

Preparation of the protein-free extract

All operations are carried out at 0°, unless other temperatures are specified. All glass ware as well as the acetone and the chloroform are to be precooled at —15 °C. In a precooled centrifuge tube of 70—100 ml volume with 20 ml chloroform 20 ml of icecold 0,6 N $HClO_4$ are added followed immediately by the dropwise addition with mechanical agitation of 10 ml blood or of cell suspension with a hematocrit of about 50. The mixture is centrifuged immediately at —15 °C for 1 min. The denatured protein forms a solid layer between the chloroform and the aqueous phase. The aqueous phase is collected by siphoning and is filtered through a G4 sintered glass filter crucible. The filtrate is neutralised in an ice bath with about 0,3 volumes of

Table 2
The effect of hydrazine on the interference of GAP and inorganic phosphate on the 1,3 DPG determination

Hydrazine	—	+		
P_i [mM]	5	5	5	—
GAP [mM]	5	5	7.9	—
1,3 DPG [mM]	0.055	0.055	0.055	0.055
Hydrazine [mM]	—	40	40	40
E_{366}	0.000	0.180	0.185	0.180

Table 3
The time course of hydrazinolysis of 1,3 DPG

Time [min]	1,3 DPG recovery [%]
0	100
1	98
2	88
4	59

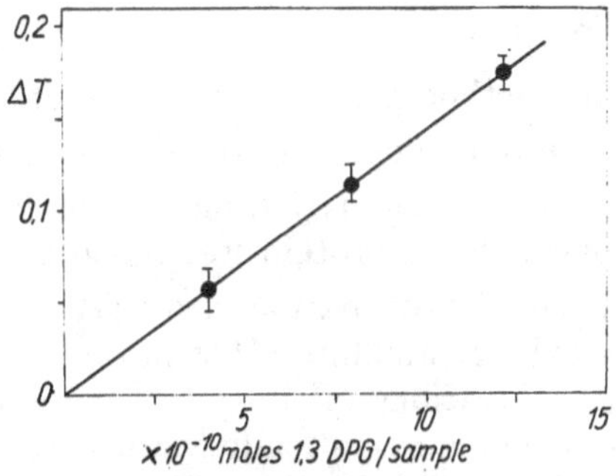

Fig. 3. Calibration curve of 1,3 DPG. Fluorescence spectrophotometer Eppendorf with fluorescence adapter 1030 and registration adapter 2134. Primary filter 366 nm; secondary filter 420—3000 nm

1,3 M K_2CO_3 to *p*H 7,5—8,0 with mechanical stirring. The neutralisation is followed with a glass electrode. The time from precipitation to neutralisation should not exceed 5 min. The precipitated potassium perchlorate is removed by centrifugation and the supernatant fluid, about 45 ml, is poured into the tenfold volume of acetone. The mixture is allowed to stand at —15 °C for 15 min. Then the precipate is collected on a G4 sintered glass filter crucible and is washed twice with 1—2 ml of acetone, airdried and dissolved with small portions of 0,1 M TRA-HCl buffer of *p*H 7,5 to a final volume of 1,5—2,5 ml.

Enzymatic determination of 1,3 DPG

Solutions: 0,1 M TRA-HCl buffer, *p*H 7,5; 0,4 M hydrazine solution, freshly prepared (1,04 gm hydrazine sulfate is dissolved in about 10 ml water and neutralised to *p*H 7,5 with N NaOH and brought to a volume of 20 ml); $1{,}7 \cdot 10^{-5}$ M aqueous NADH solution; GAPD solution (10 mg/ml).

x ml of test solution are added to spectrophotometric cuvette of 2,5—3,0 ml volume, which contains 0,10 ml NADH and 1,70 — × ml TRA-HCl buffer, and is then thermostated at 25 °C. After temperature equilibrium is reached 0,2 ml hydrazine solution are added.
After exactly 2 min the reaction is started with 0,005 ml of GAPD. After the final value of fluorescence decrease is reached, which corresponds to the 1,3 DPG content of the test solution, a known amount of 1,3 DPG is added and the assay system is checked. The assay is performed with a recording fluorescence spectrophotometer with a primary filter of 366 nm and a secondary of 420—3000 nm. The measurements were carried out at 25 °C with 10 mm light path. All solutions have to be absolutely dustfree.

Discussion

The method here described presents the following advantages:

1. Only one enzyme, the GAPD is required.
2. The determination may be performed without separation steps from the concentrated protein-free blood extract.
3. The determination of 1,3 DPG is possible even at high GAP levels, such as exist at alkaline *p*H values of blood (*p*H 8,2) and in the presence of high concentrations of phosphate. In another method described [2] the GAP is removed enzymatically via the combined GDH-TIM reaction and removal of the pyridine nucleotides by treatment with activated charcoal. This method is applicable only at low values of triose phosphates of approx. 10^{-5} M. With values of 10^{-3} M such as are found in alkaline blood the treatment with enzymes and activated coal has to be repeated several times. Thereby the losses of 1,3 DPG mount considerably.

Results obtained with the method described in whole blood and red cell suspension of rabbits are summarized in table 4. The value of 0,67 μM for whole blood is comparable to that of 0,52 μM for human blood with the other method [2]. The *p*H dependence of the 1,3 DPG tested at *p*H values of 7.2 and 8.2 appears to be considerably less than that of the hexose and triose phosphates [16]. Studies on the control of the 1,3 DPG level will be the subject of a separate communication.

Table 4
The 1,3 DPG concentration in red cells of rabbits

Sample	[μM] mean	SE_{mean}	*n*
Whole blood	0.67	0.07	4
Cell suspension, *p*H 7.2	0.49	0.07	2
Cell suspension, *p*H 8.2	0.30	0.03	5

The cell suspensions were incubated in isotonic TRIS-HCl buffer in presence of 20 mM glucose for 1 hour at 37 °C.

References

[1] MINAKAMI, S. and H. YOSHIKAWA: Biochem. biophys. Res. Commun. **18**, 345 (1965)
[2] ROSE, J. A. and J. V. B. WARMS: J. biol. Chem. **245**, 4009 (1970)
[3] VANALLAN, J. A. in: Organic Syntheses. **4**, 21. N. R. RABJOHN (Ed.). John Wiley & Sons Inc., New York, London 1963
[4] WEISBLAT, D. J., B. J. MAGERLEIN, D. R. MYERS, A. R. HANZE, E. I. FAIRBURN and S. T. ROLFSON: J. Am. chem. Soc. **75**, 5895 (1953)
[5] GOLD, J.: U.S. 3070620 (1958)
[6] RACKER, E., V. KLYBAS and M. SCHRAMM: J. biol. Chem. **234**, 2510 (1959)
[7] SCHEUCH, D. and S. RAPOPORT: Klin. Wschr. **38**, 757 (1960)
[8] FISKE, C. H. and Y. SUBBAROW: J. biol. Chem. **66**, 375 (1925)
[9] BARTLETT, G. R.: J. biol. Chem. **234**, 466 (1959)
[10] WARNING, P. P. and Z. Z. ZIPORIN: J. Chromat. **15**, 168 (1964)
[11] NEGELEIN, E. and H. BRÖMEL: Biochem. Z. **303**, 132 (1939)
[12] ROSE, Z. B.: J. biol. Chem. **243**, 4810 (1968)
[13] NEGELEIN, E. in: Methoden der enzymatischen Analyse. H. U. BERGMEYER (Ed.). Verlag Chemie, Weinheim/Bergstr. 1962, p. 234
[14] DAVIDSON, J. W. F. and W. G. DREW: J. Chromat. **21**, 319 (1966)
[15] GREENGARD, P. in: Methoden der enzymatischen Analyse. H. U. BERGMEYER (Ed.). Verlag Chemie, Weinheim/Bergstr. 1962, p. 551
[16] RAPOPORT, S. in: Essays in Biochemistry. **4**, p. 69. P. N. CAMPBELL u. G. D. GREVILLE (Ed.). Academic Press, London, New York 1968

Zusammenfassung

CH. SCHEWE, G. JACOBASCH und S. RAPOPORT: Eine Methode zur Bestimmung von 1,3-Diphosphoglyzerat in roten Blutzellen

Es wird eine Methode zur Bestimmung von 1,3 DPG in roten Blutzellen beschrieben. Die Methode umfaßt eine schnelle, schonende Enteiweißung und die Konzentrierung der Metabolite durch Azetonfällung. Die Ausbeute an 1,3 DPG beträgt 80–85%. Die enzymatische Bestimmungsmethode erfolgt fluorimetrisch über die Rückwärtsreaktion der GAPD in Gegenwart von Hydrazin. GAP und anorganisches Phosphat stören unter diesen Bedingungen nicht. Die 1,3 DPG-Konzentration in Kaninchenblut beträgt 0,67 μmol/l Zellen.

Acta biol. med. germ., Band 28, Seite 445—450 (1972)

Aus dem Institut für Zellphysiologie der Deutschen Akademie der Wissenschaften zu Berlin (Direktor: Prof. Dr. H. Bielka), 1115 Berlin-Buch

Untersuchungen über Proteine tierischer Ribosomen

X. Antigeneigenschaften von Split-Proteinen und Core-Partikeln aus Rattenleberribosomen

I. Junghahn

(Eingegangen am 14. 7. 1971/5. 8. 1971)

Zusammenfassung

Kaninchen-Antiseren gegen Rattenleberribosomen sowie daraus durch Behandlung mit 0,4 M LiCl gewonnene Core-Partikel und Split-Proteine wurden mit Ribosomen, Core-Partikeln und Split-Proteinen mittels Präzipitationstest, passiver Hämagglutination sowie passivem Hämagglutinations-Hemmtest im homologen und im Kreuzversuch geprüft. Es konnten keine qualitativen antigenen Differenzen der drei untersuchten Fraktionen bzw. Partikel festgestellt werden.
Durch Absättigungsversuche mit unterschiedlichen Antigenmengen wurden jedoch quantitative antigene Differenzen der untersuchten Fraktionen gefunden. Split-Proteine sind im Vergleich zu Core-Partikeln bevorzugt immunogen und antigen wirksam.

Einleitung

Für die Untersuchungen über die Lokalisation von Proteinen im Ribosom und die Funktion ribosomaler Proteine im Prozeß der Eiweißsynthese am Ribosom erscheinen neben biochemischen Methoden immunologische Untersuchungen erfolgversprechend [1—4].
Aus Ribosomen können durch monovalente Kationen (CsCl, LiCl) in höheren Konzentrationen distinkte Proteine abgespalten werden (Split-Proteine = Sp); die verbleibenden proteinsyntheseinaktiven Ribonukleoproteid-Partikel werden als Core-Partikel (= C) bezeichnet. Wie in früheren Versuchen [5] gezeigt wurde, lassen sich Rattenleberribosomen mittels 0,4 M LiCl in Core-Partikel und Split-Proteine aufspalten. Die Split-Protein-Fraktion ist durch das Vorkommen von ca. acht, in der Disk-Elektrophorese schnell wandernden Proteinbanden charakterisiert, die u. a. die

Abkürzungen: Rib = Ribosomen; C = Core-Partikel; Sp = Split-Protein; rProt = ribosomales Gesamt-Protein; AS[Rib] = Antiserum gegen Ribosomen; As[C] = Antiserum gegen Core-Partikel; AS[Sp] = Antiserum gegen Split-Protein; PT = Präzipitationstest; PHA = passive Hämagglutination; AG = Antigen.

Tabelle 1
Proteingehalt, Dichte und Sedimentationswerte von Rattenleberribosomen und Core-Partikeln. (Nach GRUMMT und BIELKA [5])

	Ribosomen	Core-Partikel
Proteingehalt [%]	48,6	41,1
Dichte [g/cm³]	1,61	1,64
$S^{\circ}_{20,w}$ [S]	79,4	73,6

Transferase I und II enthalten. Einige Eigenschaften der Ribosomen sowie der proteinverarmten Core-Partikel sind in Tab. 1 aufgeführt. Nachfolgend werden die Ergebnisse von Untersuchungen über die Immunogenität und Antigenität von Ribosomen, Core-Partikeln und Split-Proteinen beschrieben.

Material und Methodik

Die *Präparation von Ribosomen, Core-Partikeln, Split-Proteinen und ribosomalem Gesamt-Protein* aus Rattenleber wurde in früheren Publikationen [5, 6] ausführlich beschrieben.

Für die *Herstellung der Antiseren* wurden jeweils drei Kaninchen mit einer Gesamtdosis von 100 mg Ribosomen bzw. 100 mg Core-Partikeln oder 12 mg Split-Proteinen (entsprechend der Menge dieser Proteinfraktion aus 100 mg Ribosomen) immunisiert. Die Gesamtdosis an Ribosomen und Core-Partikeln wurde innerhalb von 3 Wochen in Intervallen von 2—3 Tagen ohne Adjuvans verabreicht. Die Split-Proteine wurden in komplettem Freunds Adjuvans innerhalb von 6 Wochen injiziert.

Immunologische Methoden

Die Methode der quantitativen Präzipitation (PT) wurde von NOLL und BIELKA [7, 8] ausführlich dargestellt.

Die passive Hämagglutination (PHA) wurde nach STAVITSKY [9] mit formalinbehandelten Schafserythrozyten durchgeführt. Einzelheiten dieser Methode sind in einer früheren Publikation [8] beschrieben.

Zur Durchführung des passiven Hämagglutinations-Hemmtests (PHA-Hemmtest) wurden 0,5 ml der Antiseren verschiedener Verdünnungen mit Antigen im Überschuß (Ribosomen und Core-Partikel jeweils 2 mg, Split-Proteine = 100 µg) für 1 Std. bei Zimmertemperatur inkubiert. Zu jeder Probe wurden dann 0,05 ml einer 3%igen, mit Antigen gekoppelten Erythrozytensuspension gegeben und danach 18 Std. bei 4 °C inkubiert. Anschließend erfolgte die Ablesung der Hämagglutinationsmuster.

Zur quantitativen Bestimmung der Antikörper im Antiserum wurden 0,5 ml einer konstanten Antiserumverdünnung jeweils mit steigenden Mengen Antigen 1 Std. bei Zimmertemperatur vorinkubiert und anschließend mit an Erythrozyten gekoppeltem Antigen, wie oben beschrieben, getestet. Mit dieser Methode konnte die Antigenmenge ermittelt werden, welche die Antikörper im jeweiligen Antiserum gerade abbindet.

Zur Absättigung von Antikörpern wurden die Antiseren mit Antigen im Überschuß vorinkubiert und das Immunpräzipitat sowie nicht gebundenes Antigen (Ribosomen und Core-Partikel) abzentrifugiert (Spinco L2, Rotor 40, 2 Std., 38000 U/min, 0 °C). Anschließend wurde das abgesättigte Antiserum in der PHA getestet.

Ergebnisse und Diskussion

Sowohl die Ergebnisse des PT, der PHA als auch des PHA-Hemmtests zeigen, daß Ribosomen, Core-Partikel und Split-Proteine z. T. identische immunologische Eigenschaften aufweisen, d. h. die drei Fraktionen enthalten Antigene, die qualitativ identische Antikörper erzeugen, sich jedoch in ihrer immunogenen Wirksamkeit unterscheiden.
Werden Antiseren gegen Ribosomen (AS [Rib]) und Antiseren gegen Core-Partikel (AS [C]) im PT untersucht, so ergeben sich für beide Antiseren, getestet mit Ribosomen und Core-Partikeln, Heidelberger-Kurven, die in Abb. 1 dargestellt sind. Aus diesen Kurven ist ersichtlich, daß Ribosomen stärker als Core-Partikel immunogen wirksam sind. Noch stärker immunogen als Ribosomen wirken die Split-Proteine, wie aus den in Tab. 2 dargestellten Titern der PHA hervorgeht. Weiterhin zeigen diese Ergebnisse, daß alle untersuchten Fraktionen identische antigene Determinanten enthalten. Daher müßte nach Vorinkubation der Antiseren mit Überschuß an Antigen auch im Kreuzversuch eine vollständige Hemmung der Agglutination erwartet werden. Die in Tab. 3 dargestellten Ergebnisse dieser Untersuchungen bestätigen diese Annahme.
Diese Befunde ergeben jedoch keine Aussage über quantitative Verteilungen der erfaßbaren antigenen Determinanten im Ribosom bzw. Core-Partikel.

Die vorausgehend dargestellten Befunde lassen drei alternative Schlüsse zu:

1. Durch die mit 0,4 M LiCl abgespaltenen Split-Proteine wird die Immunogenität der verbliebenen Core-Partikel im Vergleich zu den Ribosomen gering und die Antigenität nicht verändert. Zur Immunogenität und Antigenität der Split-Proteine sagt dieses Ergebnis nichts aus.

2. Gleiche Molekültypen sind mehrfach im Ribosom vorhanden, jedoch unterschiedlich fest gebunden oder an verschiedenen Orten des Ribosoms lokalisiert und damit nicht in gleichem Maße abspaltbar, so daß sie im Ribosom und im Core-Partikel vorhanden sind.

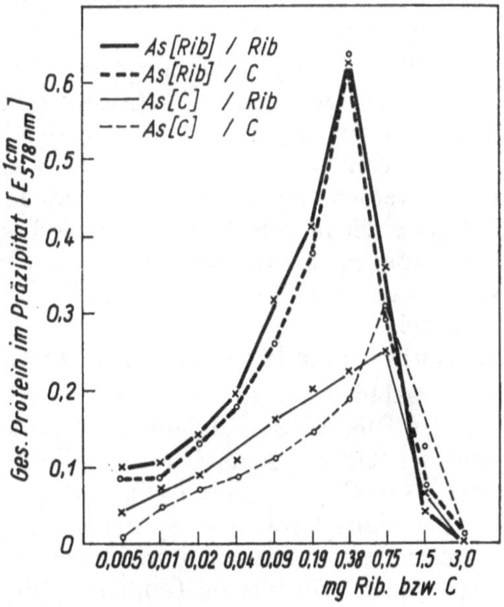

Abb. 1. Quantitative Präzipitation von AS[Rib] und AS[C], getestet mit Ribosomen [Rib] und Core-Partikeln [C]

Tabelle 2

Ergebnisse der PHA eines AS[Rib], eines AS[C] und eines AS[Sp], getestet mit Ribosomen und Core-Partikeln. Dargestellt sind die Antiserumverdünnungen, die gerade noch eine Agglutination ergeben

Antigen	AS[C]	AS[Rib]	AS[Sp]
Ribosomen	1:2560	1:10240	1:40960
Core-Partikel	1:1280	1: 5120	1:10240

Tabelle 3

Ergebnisse eines PHA-Hemmtests. Dargestellt sind die Antiserumverdünnungen, die gerade noch eine Agglutination ergeben

vorinkubiert mit	AS[C]		AS[Rib]		AS[Sp]	
	Erythrozyten beladen mit					
	Rib	C	Rib	C	Rib	C
–	1:2560	1:1280	1:10240	1:5120	1:40960	1:10240
Ribosomen	0	0	0	0	0	0
Core-Partikel	0	0	0	0	0	0
Split-Protein	0	0	0	0	0	0

3. Das Ribosom enthält unterschiedliche Molekültypen, die jedoch in den für die Immunogenität verantwortlichen Sequenzen bzw. der Konformation übereinstimmen, so daß eine Kreuzreaktion zwischen verschiedenen Proteinmolekülen möglich ist.

Durch die nachfolgend beschriebenen Versuche konnte die Möglichkeit, daß die Split-Proteine schwach antigen wirksam sind, ausgeschlossen werden. Weiterhin konnten mit den folgenden Experimenten Aussagen über die quantitativen Verhältnisse der nachweisbaren Antigene im Ribosom gemacht werden, indem die Antigenmengen ermittelt wurden, die zur Absättigung der in den Antiseren einer bestimmten Verdünnung enthaltenen Antikörper notwendig sind. Dazu wurden die Antiseren einer bestimmten Verdünnung in Gegenwart steigender Mengen Antigen mit an Erythrozyten gekoppeltem Antigen (Rib, C, Sp) getestet. Die Mengen an Antigen, die alle Antikörper abbinden, sind in Tab. 4 dargestellt.

Die Ergebnisse dieser Versuche zeigen, daß für die vollständige Bindung der mit Ribosomen reagierenden Antikörper im AS [Rib] (Serumverdünnung 1 : 120) ca. 20 μg Ribosomen erforderlich sind, jedoch etwa doppelt soviel (50—60 μg) Core-Partikel. Dagegen werden diese Antikörper bereits durch geringe Mengen an Split-Protein (ca. 5 μg) und durch ca. 10 μg ribosomales Gesamt-Protein (entsprechend ca. 20 μg Ribosomen) vollständig abgebunden. Die gleiche Tendenz ergibt sich bei Absättigung der mit Ribo-

Tabelle 4
Ergebnisse des PHA-Hemmtests zur Absättigung der Antikörper. (Mittelwerte aus 4–6 Einzelbestimmungen)

Antiserum vorinkubiert mit	Getestet mit Erythrozyten, beladen mit	AS[Rib] 1:120 Sättigung		AS[C] 1:120 Sättigung		AS[Sp] 1:120 Sättigung	
		μg AG	rel. Menge	μg AG	rel. Menge	μg AG	rel. Menge
Rib	Ribosomen	22	1,0	17	1,0	68	1,0
C		54	2,4	33	1,9	109	1,6
Sp		5	0,23	4	0,23	6	0,1
rProt		10	0,45	10	0,59	20	0,34
Rib	Core-Partikeln	16	1,0	18	1	10	1,0
C		20	1,2	18	1	12	1,2
Sp		3	0,19	2	0,11	6	0,6
rProt		7	0,44	2	0,11	8	0,8
Rib	Split-Proteinen	30	1,0	21	1,0	73	1,0
C		73	2,4	45	2,1	109	1,5
Sp		4	0,13	4	0,19	6	0,1
rProt		12	0,40	10	0,48	21	0,3

somen reagierenden Antikörper im AS [C] und im AS [Sp]. Im Gegensatz zu den Split-Proteinen, welche bereits in kleinen Mengen alle Antikörper abbinden, sind für die Absättigung der gleichen Antikörpermenge größere Mengen Core-Partikel erforderlich.

Entsprechende Ergebnisse wurden auch für die mit Split-Proteinen reagierenden Antikörper in den untersuchten Seren gefunden (Tab. 4).

Daraus folgt, daß die im Ribosom nachweisbaren antigenen Determinanten im wesentlichen in der Split-Protein-Fraktion lokalisiert sind. Weiterhin spricht dafür, daß die relative Menge Antigen, die für die Bindung der mit Split-Protein reagierenden Antikörper im Antiserum gegen Ribosomen und im Antiserum gegen Split-Protein benötigt wird, etwa gleich groß ist.

Weit geringere Mengen Antigen werden jedoch für die Bindung der mit Core-Partikeln reagierenden Antikörper im Antiserum gegen Ribosomen und im Antiserum gegen Split-Protein benötigt; das zeigt ebenfalls an, daß bevorzugt die Split-Protein-Fraktion der Ribosomen antigen wirksam ist. Da durch 0,4 M LiCl vermutlich bevorzugt oberflächlich lokalisierte Proteine des Ribosoms abgespalten werden, lassen die Ergebnisse den Schluß zu, daß die Ribosomen wahrscheinlich als ganze Partikel in die immunkompetenten Zellen gelangen und daß damit bevorzugt Antikörper gegen diese Proteine gebildet werden, die qualitativ das gesamte Antigenmuster der Ribosomen repräsentieren.

Qualitative Unterschiede in der Antigenität der untersuchten Partikel und Fraktionen können an Hand dieser Experimente ausgeschlossen werden, da die Core-Partikel bindenden Antikörper in allen drei untersuchten Antiseren durch Ribosomen, Core-Partikel und Split-Proteine sowie auch durch ribosomales Gesamt-Protein vollständig abgebunden werden. Es handelt sich hierbei ausschließlich um quantitative Unterschiede, wobei die immunogene und antigene Wirksamkeit der Ribosomen im wesentlichen auf die Proteine der Split-Protein-Fraktion zurückgeführt werden kann. Dafür spricht auch, daß für die Absättigung der Antikörper im AS [Rib], bezogen auf die hierfür notwendige Menge an Ribosomen (= 1), etwa 0,5 Mengenteile ribosomales Gesamt-Protein, aber nur ca. 0,2 Mengenteile Split-Proteine benötigt werden.

Ob für die Kreuzreaktion zwischen Core-Partikeln und Split-Proteinen gleiche, mehrfach im Ribosom vorkommende Molekültypen oder unterschiedliche Molekülspezies mit identischen antigenen Determinanten verantwortlich sind, ist aus den vorliegenden Ergebnissen noch nicht zu entscheiden. Diese Frage kann erst durch immunologische Experimente mit reinen ribosomalen Proteinen geklärt werden, die z. Z. durchgeführt werden.

Für die Deutung dieser Ergebnisse muß allerdings auch noch in Erwägung gezogen werden, daß die Anwesenheit identisch reagierender antigener Gruppen in der Split-Protein- und der Core-Partikel-Fraktion z. T. auf eine gewisse Heterogenität der durch 0,4 M LiCl abgespaltenen Split-Proteine und damit ebenfalls der Core-Partikel-Fraktion zurückzuführen ist.

Frl. I. Scholz möchte ich für fleißige Mitarbeit, Prof. H. Bielka, Dr. G. Pasternak und Dr. F. Noll für wertvolle kritische Hinweise bei der Anfertigung des Manuskripts danken.

Literatur

[1] Panijel, J. u. M. C. Delanney: Biochem. biophys. Res. Commun. **29**, 158 (1967)
[2] Frey, J. R., A. van der Decken u. T. Hultin: Expl Cell Res. **53**, 615 (1968)
[3] Friedman, D. J., A. D. Wolfe u. J. G. Olenick: J. molec. Biol. **41**, 305 (1969)
[4] Friedman, D. J., J. G. Olenick u. F. E. Hahn: J. molec. Biol. **32**, 579 (1968)
[5] Grummt, F. u. H. Bielka: Biochim. biophys. Acta **199**, 540 (1970)
[6] Welfle, H. u. H. Bielka: Z. Naturf. **23**b, 690 (1968)
[7] Noll, F. u. H. Bielka: Arch. Geschwulstforsch. **35**, 338 (1970)
[8] Noll, F. u. H. Bielka: Molec. gen. Genet. **106**, 106 (1970)
[9] Stavitsky, A. B. in: Immunological methods. J. F. Ackroyd (Hrsg.). Blackwell Sci. Publ., Oxford 1964, S. 363

Summary

I. Junghahn: Studies on proteins of animal ribosomes. X. Antigenic properties of split proteins and core particles from rat liver ribosomes

Rabbit antisera against rat liver ribosomes and core particles and split proteins obtained from ribosomes by treatment with 0.4 M LiCl were studied with precipitation test, passive hemagglutination and passive hemagglutination inhibition test both in homologous and cross reactions. No qualitative antigenic differences of the three fractions have been detected.

However, saturation experiments with different quantities of the antigen allowed to demonstrate quantitative antigenic differences of the fractions studied. Split proteins, as compared with core particles, show preferential immunogenic and antigenic action.

Acta biol. med. germ., Band 28, Seite 451–457 (1972)

Aus dem Institut für Zellphysiologie der Deutschen Akademie der Wissenschaften zu Berlin (Direktor: Prof. Dr. H. Bielka), 1115 Berlin-Buch

Some properties of rat liver ribosomal subunits prepared by EDTA- and by Puromycin-KCl-treatment

J. Stahl, H. Welfle, K. Dressler and H. Bielka

(Received October 6, 1971)

Summary

In amino acid incorporation experiments it is shown that EDTA treatment inactivates large ribosomal subunits completely, whereas the small subunits remain active in polyU-dependent polyphenylalanine synthesis.
In low ionic strength buffer the large KCl- and EDTA-subunits sediment with similar sedimentation coefficients of 56 S and 55 S, respectively, whereas small EDTA- and KCl-subunits sediment differently with 30 S and as dimers of 56 S, respectively.
Twodimensional protein pattern of the various subunits gave no evidence for qualitative differences in the protein compositions of the corresponding subunits.
By polyacrylamide agarose composite gel electrophoresis 5 S RNA was confirmed to be released by EDTA treatment from ribosomes or large KCl-subunits.

Introduction

Dissociation of animal ribosomes into subunits can be accomplished by complete removal of magnesium ions, for example by addition of a sufficient amount of EDTA [1]. The subunits obtained by this treatment (EDTA-subunits) do not reassociate to particles active in protein synthesis [2]. However, active particles can be reconstituted from subunits prepared by incubation of animal ribosomes with puromycin in the presence of high concentrations of KCl (KCl-subunits) [3].
This paper describes some properties of the EDTA- and the KCl-subunits. The methods applied in this study were polyU-dependent polyphenylalanine synthesis (polyphe synthesis), analytical ultracentrifugation, sucrose density gradient centrifugation, twodimensional polyacrylamide gel electrophoresis (twodimensional electrophoresis) of ribosomal proteins, and agarose polyacrylamide composite gel electrophoresis of RNA.

Material and Methods

Preparation of ribosomes

Ribosomes of rat liver were prepared after sodium deoxycholate treatment of mitochondria-free homogenates in 250 mM sucrose – 50 mM tris/HCl (*p*H 7.8) – 5 mM $MgCl_2$ – 25 mM KCl by centrifugation at 105000 × *g*. The ribosomes were resuspended in TKM buffer (5 mM tris/HCl (*p*H 7.8) — 50 mM KCl — 1.5 mM $MgCl_2$ — 5 mM 2-mercaptoethanol), precipitated by addition of $MgCl_2$ to 50 mM according to TAKANAMI [4] and dialysed versus TKM buffer as described earlier in more detail [5, 6].

Preparation of subunits

The preparation of EDTA-subunits was achieved by treatment of ribosomes with 0.8 µmoles EDTA per mg ribosomes plus 1.5 µmoles EDTA per ml suspension (in order to compensate for the magnesium content of ribosomes and the medium). The ribosome concentration was about 10 mg per ml. The EDTA treated particles were centrifuged for 15 min at 105000×*g* to remove fast sedimenting material, if any. 4 to 5 ml of the supernatant were applied onto linear gradients of 10 to 20% (w/v) sucrose in 5 mM tris (*p*H 7.5) — 50 mM KCl — 0.01 mM $MgCl_2$ — 5 mM 2-mercaptoethanol. The gradients were run in rotor SW 25.2 of a Spinco L2-50 for 17 hours at 25000 r.p.m. at 0 °C and then pumped through a flow-cell device attached to the Unicam SP 700 registrating spectrophotometer. The main portion of the large subunit was spun down to the bottom of the tube, and the small subunit remained in the gradient.

KCl subunits were prepared essentially according to MARTIN and WOOL [3]. After preincubation with puromycin in a complete system for protein synthesis, ribosomes in a concentration of 2 mg per ml were spun through 0.5 M sucrose in TKM buffer. The pellets were resuspended to about 10 mg per ml in medium B (880 mM KCl — 50 mM tris/HCl (*p*H 7.8) — 12.5 mM $MgCl_2$ — 250 mM sucrose — 20 mM 2-mercaptoethanol), incubated for 10 min at 37 °C and centrifuged for 15 min at 105000×*g* in order to remove fast sedimenting material. About 4 ml of the supernatant were layered onto gradients of 15 to 30% sucrose in medium B and centrifugation was for 17 hours at 25000 r.p.m. at 28 °C in rotor SW 25.2 in a preparative ultracentrifuge Spinco model L2-50.

Purity of ribosomal subunits was checked by applying about 0.3 mg subunits onto gradients of 10 to 20% sucrose in 5 mM tris/HCl (*p*H 7.8) — 25 mM KCl — 0.1 mM EDTA in rotor SW 50.1 and was found better than 95%.

Sedimentation coefficients of the various ribosomal particles were determined after dialysis versus two changes of at least 100 volumes of TKM buffer at 0 °C. Samples of about 50 µg subunits per ml were run at 20 °C and at 35000 to 40000 r.p.m. in a 12 mm Filled epon double sector cell of an analytical ultracentrifuge Spinco model E equipped with UV absorption optics and automatic scanning device. The sedimentation coefficients were calculated from the 50% points of the photoelectric scans and corrected for water as solvent and temperature.

Amino acid incorporation in vitro

Protein synthetic activity of subunits was determined according to WOOL and CAVICCHI [7]. The particles were incubated for 20 min at 37 °C in a system containing 36 and 14 µg of the large and the small subunit, respectively, ^{14}C phenylalanine-tRNA (10 nmoles per test tube) of a specific activity of 0.45 mC per mmoles and 100 µg polyU. The incubation was stopped by adding 1 ml 10% TCA per 1 ml sample in the cold. After 20 min at 90 °C the precipitates were filtered onto glass fibre filters Whatman GF/A, washed with 5% TCA and then with propanol/ether 1:1. After drying at 80 °C for 15 min the filters were counted in toluene scintillation fluid (0.1 g POPOP and 4.0 g PPO per litre) by means of a Nuclear Chicago Scintillation Spectrometer. The counting efficiency was better than 80%.

Protein preparation and analysis

For isolation of ribosomal proteins the pooled fractions were treated with 66% (v/v) acetic acid containing 5 mM 2-mercaptoethanol and 50 mM $MgCl_2$. Then, the protein solutions were freeze-dried after intensive dialysis against 66% (v/v) acetic acid, 5% (v/v) acetic acid and water, each medium containing 1 mM 2-mercaptoethanol. Twodimensional polyacrylamide gel electrophoresis of rat liver ribosomal proteins was carried out in the first dimension in 5% gels at *p*H values of 8.9 in the gel and 8.3 in the buffer at 160 V for 15 hours, and in the second dimension in 15% gels at *p*H values of 4.5 in the gel and 2.0 in the buffer at 40 V for 48 hours. More details are reported elsewhere [8].

RNA preparation and analysis

Preparation of RNA from various samples was performed after deproteinization by the sodium dodecylsulfate-phenol method as described in detail earlier [9]. Analysis of RNA was performed on agarose polyacrylamide composite gels according to Peacock and Dingman [10].

Results and Discussion

Functional properties

The proteosynthetic activity of EDTA- and KCl-subunits was determined by means of polyU-dependent polyphenylalanine synthesis. It becomes evident from the data given in table 1 that mixing large and small KCl-subunits results in reassociated particles active in polyphe synthesis. A remarkable activity within the large subunit preparation is due to somewhat incomplete dissociation and subsequent contamination of this fraction.
In contrast, EDTA-subunits neither alone nor mixed with each other show any incorporation activity.
When large KCl-subunits were mixed with small EDTA-subunits polyphe synthesis also could be achieved, reaching up to about 50% of the activity of the KCl-subunit couple. The pair of large EDTA-subunit and small KCl-subunit was always inactive. These results are in agreement with those of Terao and Ogata [11].

Table 1
Amino acid incorporation of EDTA- and KCl-subunits

EDTA-subunits		KCl-subunits		pmoles ^{14}C-Phe incorporated	
large	small	large	small	measured	corrected*
+	–	–	–	0	
–	+	–	–	0	
–	–	+	–	102	
–	–	–	+	6	
+	+	–	–	0	0
–	–	+	+	574	466
–	+	+	–	332	230
+	–	–	+	37	31
Ribosomes				648	

* These values were obtained by subtracting the incorporation rate of the used subunit preparations from that of the corresponding couples

Sedimentation behaviour

EDTA- and KCl-subunits are reported to have different sedimentation coefficients under different ionic conditions reflecting different stages of conformation. For example, in 30 mM KCl – 1 mM potassium phosphate (*p*H 7.0) — 0.2 mM $MgCl_2$ the EDTA-subunits have $s^{\circ}_{20,w}$ – values of 50 S and 29 S [12]. On the other hand, in 50 mM tris/HCl (*p*H 7.6) — 80 mM KCl — 10 mM $MgCl_2$ $s^{\circ}_{20,w}$—values of KCl-subunits were estimated as to 60 S and 40 S [13].
In order to elucidate the differences between EDTA- and KCl-subunits we dialysed both kinds of subunits under identical conditions against TKM buffer. The data given in table 2 indicate that the sedimentation coefficients of the large subunits approximate each other. From this it can be concluded that there is no evidence for different conformations of the large EDTA- and KCl-subunits under the chosen conditions of identical media, as far as can be drawn from the sedimentation properties.

Table 2
Sedimentation coefficients ($s^{\circ}_{20,w}$) of small and large EDTA- and KCl-subunits after dialysis versus TKM buffer analyzed in a Spinco model E analytical ultracentrifuge

	large subunit	small subunit
EDTA-subunit	54.8 (3)*	29.6 (6)
KCl-subunit	56.0 (4)	56.0** (12)

* The number of runs is given in brackets
** Representing dimers

In case of the small subunits a striking difference between the sedimentation coefficients of 30 S for EDTA-subunits and of 56 S for KCl-subunits was always found. These 56 S-particles were shown to be dimers of the small subunit dissociable into monomers of about 30 S by adding EDTA or by increasing the KCl concentration to 0.5 M. The reason why small KCl-subunits dimerize under conditions under which small EDTA-subunits remain as singles is not clear yet, but it does not seem to be important for the proteosynthetic activity of the particles. However, the identically sedimenting large subunits must be different in some other way because of their opposite behaviour in protein synthesis. Therefore we performed two-dimensional gel electrophoresis of proteins and polyacrylamide agarose gel electrophoresis of RNA components of the ribosomal subunits.

Protein pattern

Figure 1 shows the protein pattern of the small EDTA- and KCl-subunits. Despite of a somewhat greater aggregation tendency and minor variations with respect to some weak spots significant differences between the protein patterns of the small subunits could not be observed. So far, the different

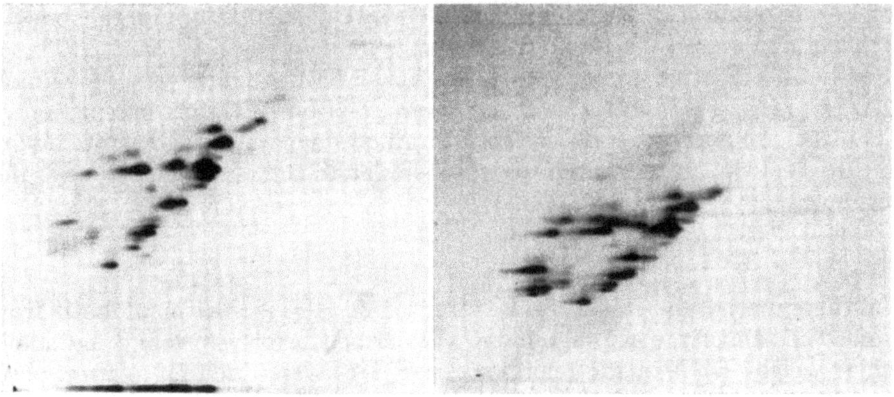

Fig. 1. Protein pattern of small ribosomal subunits.
a) EDTA-subunit, b) KCl-subunit

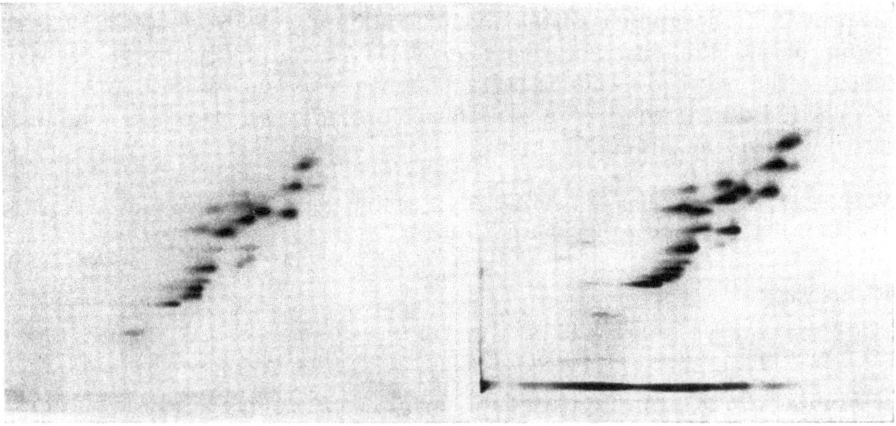

Fig. 2. Protein pattern of large ribosomal subunits.
a) EDTA-subunit, b) KCl-subunit

aggregation behaviour of the small EDTA- and KCl-subunits cannot be explained by differences in their protein constituents.

The protein patterns of the large EDTA- and KCl-subunits are very similar (Fig. 2). There is no evidence in the protein composition of the large subunits which could be made responsible for the different behaviour of the large subunits in polyphe synthesis.

In order to confirm these results we tried to identify the protein being released from the ribosomes during the isolation procedure with EDTA [12]. After extensive dialysis against acetic acid of the upper fractions of the gradients on which the subunits had been prepared we were able to prepare small amounts of protein with disc electrophoretic patterns similar to those of total ribosomal protein. Thus, these protein seem to originate from degraded ribosomes rather than from a specific splitting process.

Furthermore, after treating isolated large KCl-subunits with 1.0 μmole EDTA per mg subunit the supernatant fraction of a subsequent centrifugation of 4 hours at 40000 r.p.m. contained small amounts of protein with a disc electrophoretic protein pattern similar to the pattern of the subunit protein.

Ribosomal RNA

In the supernatant fractions prepared after EDTA treatment both from ribosomes and large KCl-subunits as described before we found low molecular weight RNA in the region of 5 S-RNA as analysed on agarose polyacrylamide composite gels, confirming results of HAMILTON and RUTH [12]. The high molecular RNA of the isolated subunits shows some degree of degradation on these gels. This is preferably true for EDTA-subunits.

Altogether, the EDTA- and KCl-subunits are similar in protein composition as proved by twodimensional polyacrylamide gel electrophoresis. The explanation for the difference between EDTA- and KCl-subunits with respect to the polyU dependent polyphe synthesis seems to be that 5 S RNA is removed during the EDTA preparation procedure whereas this component is still part of the large KCl-subunit.

We are grateful to Miss G. LITTMANN for skilful technical assistance and to Mr. W. KUHN for performing the Spinco E runs.

References

[1] PETERMANN, M. L.: The Physical and Chemical Properties of Ribosomes. Elsevier Publishing House, Amsterdam, London, New York 1964
[2] TASHIRO, Y. and T. MORIMOTO: Biochim. biophys. Acta **123**, 523 (1960)
[3] MARTIN, T. E. and I. G. WOOL: Proc. natn. Acad. Sci. U.S.A. **60**, 569 (1968)
[4] TAKANAMI, M.: Biochim. biophys. Acta **39**, 318 (1960)
[5] WELFLE, H. and H. BIELKA: Z. Naturf. **23**b, 690 (1968)
[6] WESTERMANN, P., H. BIELKA and M. BÖTTGER: Molec. gen. Genet. **104**, 157 (1969)
[7] WOOL, I. G. and P. CAVICCHI: Biochemistry **8**, 1231 (1967)
[8] WELFLE, H.: Acta biol. med. germ. **27**, 211 (1971)
[9] BIELKA, H., A. HENSKE, M. BÖTTGER and W. FÖRSTER: Acta biol. med. germ. **19**, K5 (1967)
[10] PEACOCK, A. C. and C. W. DINGMAN: Biochemistry **7**, 668 (1968)
[11] TERAO, K. and K. OGATA: Biochem. biophys. Res. Commun. **38**, 80 (1970)
[12] HAMILTON, M. G. and M. E. RUTH: Biochemistry **8**, 851 (1969)
[13] MARTIN, T. E. and I. G. WOOL: J. molec. Biol. **43**, 151 (1969)

Zusammenfassung

J. STAHL, H. WELFLE, K. DRESSLER und H. BIELKA: Einige Eigenschaften durch ÄDTA- und durch Puromycin-KCl-Behandlung hergestellter Ribosomenuntereinheiten aus Rattenleber

In Versuchen zur PolyU-abhängigen Polyphenylalanin-Synthese wurde gezeigt, daß ÄDTA-Behandlung die große Ribosomenuntereinheit vollständig inaktiviert, während die kleine Untereinheit aktiv bleibt.
In Puffer niedriger Ionenstärke sedimentieren die großen KCl- und ÄDTA-Untereinheiten mit Sedimentationskoeffizienten von 56 S bzw. 55 S, während die kleinen ÄDTA-Untereinheiten unterschiedlich mit 30 S bzw. als Dimere mit 56 S sedimentieren.
Die Proteinmuster der verschiedenen Untereinheiten, die mittels zweidimensionaler Elektrophorese in Polyakrylamidgelen erhalten werden, geben keinen Hinweis auf qualitative Unterschiede in der Proteinzusammensetzung der entsprechenden Untereinheiten. Durch Polyakrylamid-Agarose-Kompositgel-Elektrophorese wurde gezeigt, daß bei der ÄDTA-Behandlung aus Ribosomen oder großen KCl-Untereinheiten 5 S-RNS freigesetzt wird.

Acta biol. med. germ., Band 28, Seite 459—463 (1972)

Aus dem Institut für Physiologische Chemie (Direktor: Prof. Dr. H. FRUNDER)
und der Urologischen Klinik (Direktor: Prof. Dr. E. HIENZSCH)
der Friedrich-Schiller-Universität Jena

Biochemische und klinische Aspekte des Pyrophosphatstoffwechsels

V. Die Aktivität der anorganischen Pyrophosphatase (E.C. 3.6.1.1) in der Niere von Mensch und Ratte bei unterschiedlicher Orthophosphataufnahme

M. SCHULZE, D. HÖRENZ[1], B. RHINOW[1], H. G. WASMUND, H.-J. SCHNEIDER
und K. THIELMANN

(Eingegangen am 18. 6. 1971; nach Revision am 2. 9. 1971)

Zusammenfassung

1. Therapeutisch verwendete Orthophosphatmengen haben keinen Einfluß auf die Maximalaktivität der anorganischen Pyrophosphatase der Niere in menschlichem Biopsiematerial. Höhere Phosphatmengen in der Nahrung lassen im Tierversuch eine Reprimierbarkeit des Enzyms erkennen, jedoch in geringerem Grade, als dies bei der alkalischen Phosphatase der Fall ist.
2. Nach Injektion von Aktinomyzin C geht die Aktivität der alkalischen Phosphatase in der Rattenniere innerhalb von 2 Tagen auf eine minimale Restaktivität zurück. Die anorganische Pyrophosphatase ändert ihr Aktivitätsniveau jedoch nicht. Im Nierengewebe von Ratten sind daher die Aktivitäten von alkalischer Phosphatase und von anorganischer Pyrophosphatase getrennten Enzymindividuen mit unterschiedlicher Halbwertszeit zuzuordnen.

Einleitung

In einer vorangehenden Mitteilung ist gezeigt worden, daß die renale Pyrophosphatase durch Orthophosphat in jenem Konzentrationsbereich gehemmt wird, der bei der Phosphatprophylaxe der Urolithiasis im Nierengewebe erreicht wird [1]. Es ist naheliegend, hierin einen Mechanismus für die Steigerung der Pyrophosphatausscheidung bei erhöhtem Orthophosphatangebot zu sehen [2]. Pyrophosphat wirkt als Lösungsvermittler für Kalziumphosphat und Kalziumoxalat [3—6] und wirkt auf diesem Wege der Neubildung von Harnsteinen entgegen [7].
Die vorliegende Arbeit beschäftigt sich mit der Frage, ob Orthophosphat neben einer direkten Hemmung der Pyrophosphatase bei prolongierter Applikation auch eine Repression dieses Enzyms auf dem Niveau der Neusynthese bewirkt, wie dies für die alkalische Phosphatase beschrieben worden ist [8].

[1] Das experimentelle Material dieser Arbeit ist Bestandteil einer von D. HÖRENZ und R. RHINOW vorgelegten Dissertationsarbeit.

Die Untersuchungen wurden an Versuchstieren durchgeführt, denen mit dem Futter unterschiedliche Phosphatmengen gegeben wurden, sowie an Harnsteinträgern und Kontrollpersonen nach Behandlung mit dem Orthophosphatpräparat REDUCTO®, von denen Biopsiematerial der Nieren zur Untersuchung kam.

Material und Methodik

Als Versuchstiere wurden Albinoratten mit einem durchschnittlichen Gewicht von 152 g verwendet. Sie wurden in drei Gruppen gehalten und 5 Tage lang mit Diäten unterschiedlichen Phosphatgehaltes ernährt. Tab. 1 zeigt neben dem Phosphatgehalt des Futters auch die Netto-Phosphataufnahme pro Tier, die an Stichproben von je 5 Tieren bestimmt wurde.

Die Tiere der Gruppen I und II erhielten eine Grundnahrung bestehend aus 25% Eialbumin, 65% Dextrin, 5% Sonnenblumenöl, 5% Salze und Vitamine, der entsprechende Phosphatmengen in Form von tertiärem Natriumphosphat zugesetzt wurden. Die Tiere nahmen pro Tag 15—20 g Futter auf. Alle Diäten wurden gut vertragen. Während der fünftägigen Versuchszeit kam es zu keinen nennenswerten Veränderungen des Körpergewichtes.

Tabelle 1

Orthophosphatgehalt der Nahrung und tägliche Orthophosphataufnahme von Ratten (mMol/kg, Mittelwerte für je 5 Tiere) in drei Versuchsgruppen mit phosphatarmer, phosphatreicher und Standard-Diät

Diät		P_a-Konzentration [µMol/g Futter]	P_a-Aufnahme [mMol/Tag und kg KG]
Phosphatarme Diät	I	0,43	0,05
Phosphatreiche Diät	II	365,0	37,5
Standardfutter	III	55,5	7,2

Zur Blockierung der Proteinsynthese wurde in einigen Versuchen Aktinomyzin C verwendet und hierzu 3 Tage nach Beginn der Versuchsperiode und 2 Tage vor der Tötung den Tieren je 60 µg pro 100 g Körpergewicht in 15%iger alkoholischer Lösung i.p. injiziert. Die Kontrolltiere erhielten gleiche Volumina 0,9%ige NaCl-Lösung. Nach Ablauf der Fütterungsperiode wurden jedem Tier etwa 200—300 mg Nierengewebe entnommen und in 4 ml eiskaltem Medium folgender Zusammensetzung (Endkonzentrationen) homogenisiert: 300 mM Rohrzucker, 2 mM ÄDTA, 10 mM Triäthanolaminpuffer, *p*H 7,4 [9]. In diesem Homogenat wurden die alkalische Phosphatase mit p-Nitrophenylphosphat als Substrat nach den von MELANI und GUERRITORE [9] empfohlenen Bedingungen und die anorganische Pyrophosphatase in Anlehnung an HORN et al. [10] gemessen.

Menschliches Nierengewebe wurde bei der Operation von Harnsteinträgern und als Kontrollen von Nephropttosepatienten gewonnen. Beide Patientengruppen hatten vor der Operation 6 Tage lang 3mal 3 Dragees REDUCTO pro Tag erhalten, was einer Phosphataufnahme von 1,8 g Phosphor in Form von Kalium- und Natriumphosphat, d. h. etwa 1 mMol Phosphat/kg Körpergewicht und Tag entspricht.

Ergebnisse

Aktivitäten von Pyrophosphatase und alkalischer Phosphatase im Tierversuch

In Tab. 2 sind die Aktivitäten der anorganischen Pyrophosphatase und der alkalischen Phosphatase in der Rattenniere nach Behandlung der Tiere mit

Diäten unterschiedlichen Phosphatgehaltes zusammengestellt. In prinzipieller Übereinstimmung mit den Ergebnissen von MELANI et al. [8] ist die Aktivität der alkalischen Phosphatase bei phosphatreicher Diät signifikant niedriger als unter Standardbedingungen. Bei phosphatarmer Diät ist sie hingegen höher. Ein ähnliches Verhalten zeigt die anorganische Pyrophosphatase. Ihre Aktivität ist bei phosphatreicher Diät ebenfalls signifikant niedriger als unter phosphatarmer Diät oder Standardbedingungen.
Unter der Wirkung von Aktinomyzin C wird die alkalische Phosphatase in allen Versuchsgruppen bis auf eine geringe Restaktivität reduziert (Tab. 3). Die vorher beobachteten diätabhängigen Unterschiede bleiben aus (es zeigt sich sogar ein zu Tab. 2 gegensinniges Verhalten, das jedoch statistisch nicht signifikant ist). Auch bei der anorganischen Pyrophosphatase sind die in Tab. 2 erkennbaren diätabhängigen Unterschiede aufgehoben. Hier bleibt jedoch das Aktivitätsniveau erhalten. Die durch die Phosphatzufuhr regelbaren Aktivitätsänderungen benötigen somit eine intakte Proteinsynthese und sind im Sinne einer Repression der Enzymneubildung durch anorganisches Phosphat zu verstehen. Die sehr viel geringere Reduzierung des Aktivitätsniveaus der Pyrophosphatase gegenüber der alkalischen Phosphatase unter der Wirkung von Aktinomyzin C weist eine geringere Umsatzgeschwindigkeit der Pyrophosphatase nach.

Tabelle 2

Aktivitäten der alkalischen Phosphatase und der anorganischen Pyrophosphatase in Rattennierenhomogenat (μMol Substratumsatz/g Nierenfrischgewebe und min) nach einer fünftägigen Behandlung mit Diäten unterschiedlichen Phosphatgehaltes (vgl. Tab. 1)
Mittelwerte $\pm s$, N = Zahl der Versuchstiere

Diät		N	Alkalische Phosphatase	$p <$	Anorganische Pyrophosphatase	$p <$
Phosphatarm	I	24	15,4 ± 6,5	0,001	19,5 ± 4,4	0,001
Phosphatreich	II	20	5,6 ± 1,8	0,001	13,3 ± 2,0	0,001
Standardfutter	III	22	10,3 ± 5,0		18,5 ± 4,2	

Tabelle 3

Aktivitäten der alkalischen Phosphatase und der anorganischen Pyrophosphatase in Rattennierenhomogenat (μMol Substratumsatz/g Nierenfrischgewebe und min) nach einer fünftägigen Behandlung mit Diäten unterschiedlichen Phosphatgehaltes und einer Injektion von 60 μg Aktinomyzin C/100 g Körpergewicht 2 Tage vor der Tötung der Tiere
Mittelwerte $\pm s$. N = Zahl der Versuchstiere

Diät		N	Alkalische Phosphatase	Anorganische Pyrophosphatase
Phosphatarm	I	3	1,6 ± 1,8	14,2 ± 2,0
Phosphatreich	II	3	3,7 ± 0,4	17,6 ± 2,6
Standardfutter	III	3	2,4 ± 1,1	15,8 ± 1,3

Tabelle 4
Aktivität der anorganischen Pyrophosphatase im Nierengewebe (µMol Substratspaltung/g Frischgewebe und min) bei Gesunden und bei Steinträgern mit und ohne REDUCTO-Behandlung.
N = Zahl der untersuchten Biopsieproben

	Nach REDUCTO-Behandlung	N	Kontrollen	N
Gesunde Nieren	26,7 ± 4,2	3	31,9 ± 1,8	4
Steinnieren	20,3 ± 8,4	11	22,9 ± 3,4	8

Aktivität der Pyrophosphatase in menschlichem Nierengewebe nach REDUCTO-Behandlung

Nach einer 6 Tage dauernden Behandlung mit insgesamt 11 g P in Form von REDUCTO (Kalium- und Natriumphosphat) ändert sich die Aktivität der anorganischen Pyrophosphatase im Nierengewebe weder bei Gesunden noch bei Steinträgern (Tab. 4). Die Enzymaktivität in den Steinnieren ist signifikant niedriger als normal, wie dies schon in einer früheren Veröffentlichung mitgeteilt wurde [1].

Diskussion

Die Ergebnisse der Versuche mit Aktinomyzin C zeigen eindeutig, daß alkalische Phosphatase- und anorganische Pyrophosphatase-Aktivitäten im Nierengewebe zwei verschiedenen Enzymindividuen zuzuordnen sind und nicht einem einzigen, wie vielfach diskutiert [11]. Aktinomyzin C in der hier verwendeten Dosierung reduziert innerhalb von 2 Tagen die alkalische Phosphatase in drastischer Weise, während die Aktivität der anorganischen Pyrophosphatase praktisch unverändert bleibt. Danach kann kein Zweifel darüber bestehen, daß im Rattennierenhomogenat neben der alkalischen Phosphatase (mit kurzer Halbwertzeit) eine anorganische Pyrophosphatase (mit langer Halbwertszeit) als getrenntes Enzym vorkommt.
Beide Enzyme spalten Pyrophosphat und beide bieten prinzipiell Voraussetzungen für eine Regulierung der Pyrophosphatausscheidung im Harn. Die Steuerung kann auf dem Niveau der Neusynthese von Enzymprotein und im Sinne einer feedback-Regulation durch direkte Beeinflussung der Enzymaktivität erfolgen. Eine Regulation der Neusynthese durch Orthophosphat ist für die alkalische Phosphatase von Melani et al. [8] nachgewiesen und in der vorliegenden Arbeit bestätigt worden. Die Neusynthese der Pyrophosphatase läßt sich durch therapeutisch wirksame Phosphatmengen nicht reprimieren, wie dies die REDUCTO-Versuche zeigen. Erst bei sehr viel größeren Phosphatmengen, wie sie in den Tierversuchen gegeben wurden, wird eine Reprimierbarkeit der Pyrophosphatase durch Orthophosphat erkennbar. Sie ist weniger drastisch als bei der alkalischen Phosphatase. Es läßt sich darüber hinaus nicht mit Sicherheit ausschließen, daß

das gleichsinnige Verhalten der Pyrophosphatase zur alkalischen Phosphatase bei den verschiedenen Phosphatdiäten auf ein Mitreagieren der alkalischen Phosphatase im Pyrophosphatasetest zurückzuführen ist. Die Nivellierung der Pyrophosphatasewerte bei Ausschaltung der alkalischen Phosphatase durch Aktinomyzin C kann ebenfalls in diesem Sinne gedeutet werden. Andererseits wäre eine genetische Regulation eines Enzyms mit derartig langer Halbwertszeit regulatorisch nur wenig wirksam.

Es ist gegenwärtig nicht möglich sicher abzugrenzen, welchem der beiden prominenten Mechanismen, der feedback-Hemmung der Pyrophosphatase, die in einer früheren Mitteilung beschrieben wurde [12], oder der Repression der alkalischen Phosphatase durch Orthophosphat, die entscheidendere Rolle für die Regulation der Pyrophosphatausscheidung zukommt. Schneller und empfindlicher reagiert auf Grund des direkten Hemmechanismus zweifellos die Pyrophosphatase. Ihr Anteil an der zellulären Pyrophosphatspaltung dürfte beim physiologischen *p*H außerdem bedeutsamer sein als derjenige der alkalischen Phosphatase.

Literatur

[1] STACHURA, G., K. THIELMANN, M. SCHULZE u. H. J. SCHNEIDER: Urol. Int. **25**, 26 (1970)

[2] RUSSELL, R. G. G., N. A. EDWARDS u. A. HODGKINSON: Lancet **1964**/I, 1446

[3] GOLDSMITH, R. S. u. S. H. INGBAR: New Engl. J. Med. **274**, 1 (1966)

[4] FLEISCH, H. u. S. BISAZ: Z. Urol. Nephrol. **59**, 785 (1966)

[5] MILLER, G. H.: Invest. Urol. **5**, 321 (1967)

[6] SOMMER-TSILENSIS, E., O. FENNER, G. KALLISTRATOS u. A. TIMMERMANN: Münch. med. Wschr. **109**, 1971 (1967)

[7] FLEISCH, H.: Praxis **55**, 150 (1966)

[8] MELANI, F., G. RAMPONI, M. FARNARARO, E. COCUCCI u. A. GUERRITORE: Biochim. biophys. Acta **138**, 411 (1967)

[9] MELANI, F. u. A. GUERRITORE: Experientia **20**, 464 (1964)

[10] HORN, A., H. BÖRNIG u. G. THIELE: Eur. J. Biochem. **2**, 243 (1967)

[11] MELANI, F. u. M. FARNARARO: Biochim. biophys. Acta **178**, 93 (1969)

[12] THIELMANN, K., M. SCHULZE, S. SIEGMUND u. H. H. HOEPPENER: Acta biol. med. germ. **22**, 687 (1969)

Anschrift der Autoren: Physiologisch-chemisches Institut der Friedrich-Schiller-Universität Jena, DDR 69 Jena, Zentraler Platz

Summary

M. SCHULZE, D. HOERENZ, B. RHINOW, H. G. WASMUND, H.-J. SCHNEIDER and K. THIELMANN: Biochemical and clinical aspects of pyrophosphate metabolism.
V. The activity of inorganic pyrophosphatase (E. C. 3.6.1.1) in human and rat kidney feeding different orthosphosphate amounts

1. Therapeutically applied amounts of orthophosphate do not alter the maximal activity of inorganic pyrophosphatase in bioptic material of human kidney. Higher phosphate dosage causes a repression of this enzyme, to a slighter extent, however, than of alkaline phosphatase.

2. After injection of actinomycin C the activity of alkaline phosphatase in rat kidney is reduced drastically within two days, while inorganic pyrophosphatase maintains its activity range. In rat kidney, thus, alkaline phosphatase and inorganic pyrophosphatase are separate enzymes with widely differing half-life periods.

Acta biol. med. germ., Band 28, Seite 465—479 (1972)

Aus der Forschungsgruppe Mikrobengenetik der Sektion Biologie der Universität Rostock

Induktion lysogener HCR^+- und HCR^--Bakterien durch kombinierte Einwirkung physikalischer und chemischer Noxen

M. THEILE, S. SCHERNECK und E. GEISSLER[1]

(Eingegangen am 6. 1. 1971; nach Revision am 1. 10. 1971)

Zusammenfassung

Lysogene E. coli K12 (λ) HCR^+ und HCR^--Zellen wurden zur Erzeugung von DNS-Einzelstrangbrüchen mit Röntgenstrahlen oder mit Äthylmethansulfonat behandelt und anschließend durch Einwirkung von Mitomyzin C oder UV-Licht induziert.

Folgende Ergebnisse wurden erhalten:

1. Bei HCR^--Zellen ist der Induktionseffekt einer kombinierten Einwirkung von Röntgenstrahlung und MC bzw. Röntgenstrahlung und UV größer als die Summe der Induktionseffekte nach entsprechender Einzelbehandlung der Zellen.
2. Im Gegensatz dazu ist bei HCR^+-Zellen eine solche Induktionszunahme nicht feststellbar.
3. E. coli K12 (λ)-Zellen sind durch EMS schwach induzierbar. HCR^+- und HCR^--Zellen werden etwa gleich stark induziert.
4. Bei kombinierter Einwirkung von EMS und MC oder EMS und UV wird der MC- bzw. der UV-Induktionseffekt sowohl bei HCR^+-Zellen als auch bei HCR^--Zellen herabgesetzt. Dabei zeigen HCR^--Zellen eine größere Induktionsabnahme als HCR^+-Zellen.

Die Ergebnisse werden diskutiert und stehen im Einklang mit unserer Hypothese, nach der die Prophageninduktion eine Folge der Reparatur von DNS-Schäden ist.

Einleitung

Nach einer von uns vorgeschlagenen Hypothese [1] ist die Induktion der Prophagen lysogener Bakterien eine Folge der Dunkelreparatur bestimmter Schäden, die durch induzierende Agenzien (UV-Strahlung, Mitomyzin C u. a.) in der DNS dieser Zellen erzeugt werden. Dabei nehmen wir an, daß die bei der Exzisionsreparatur (vgl. [2, 3]) aus der DNS „ausgeschnittenen" Oligonukleotide oder die bei der Nach-Replikations-Reparatur [4] von der

[1] Gegenwärtige Adresse: Forschungszentrum für Molekularbiologie und Medizin, Abt. somatische Zellgenetik, 1115 Berlin-Buch, Lindenberger Weg 70

Abkürzungen: EMS = Äthylmethansulfonat; MC = Mitomyzin

Matrize abgelösten Einzelstrangfragmente für eine Neutralisierung der Phagenrepressoren verantwortlich sind, indem die Operator-Bindungsstellen der Repressoren von Operator-ähnlichen Sequenzen der Reparaturprodukte besetzt werden. In der vorliegenden Arbeit werden Untersuchungen beschrieben, in denen induzierende Behandlungen von lysogenen Zellen mit anderen, eine Reparatur auslösenden Schädigungen kombiniert wurden. Dabei stehen Versuche im Mittelpunkt, in denen mit Röntgenstrahlen vorbestrahlte Zellen mit Mitomyzin C bzw. UV-Licht induziert wurden.
Ausgangspunkt für unsere Überlegungen war die Tatsache, daß die UV-sensiblen E. coli K12-Mutanten *hcrA*, *hcrB* und *hcrC* [5] hinsichtlich des ersten Schrittes der Exzisionsreparatur defektiv zu sein scheinen, der vermutlich in der Erzeugung von Einzelstrangbrüchen in den geschädigten DNS-Regionen besteht [2]. Da eine Behandlung mit Röntgen- oder mit γ-Strahlung u. a. Einzelstrangbrüche verursacht, sollten solche Noxen nach unserer Hypothese die Induktion von HCR^--Zellen durch UV oder Mitomyzin C stimulieren können.

Material und Methodik

Bakterienstämme

E. coli K12 S (λ) hcr^+ (prototroph), zur Exzisionsreparatur von UV- und MC-Schäden fähig, im folgenden als HCR^+-Zellen bezeichnet.
E. coli K12 S (λ) *hcrB* (prototroph), zur Exzisionsreparatur von UV- und MC-Schäden unfähig, im folgenden als HCR^--Zellen bezeichnet. Zur Verfügung gestellt von W. Harm.
E. coli K12 C600 ($thr^- leu^- B_1^- \lambda^s$) als Indikatorbakterien, zur Verfügung gestellt von R. Benzinger.

Medien

Die für Vermehrung, Verdünnung und Bestrahlung der Bakterien verwendeten Medien wurden bereits an anderer Stelle beschrieben [6].

Versuchskulturen

Je 1 ml von 12 Std.-Kulturen der Bakterien wurde 1:50 in frischem synthetischem Nährmedium verdünnt und bis Mitte der logarithmischen Wachstumsphase (etwa $2{,}5 \cdot 10^8$ Zellen/ml) gezüchtet. Anschließend wurden die Zellen abzentrifugiert, einmal gewaschen und in Salzlösung aufgenommen. Vor Beginn des jeweiligen Versuches blieben die Zellen für 1 Std. bei 37 °C ohne Nährmedium.

Behandlung mit Mitomyzin C

a) Bei Induktion durch Mitomyzin C allein: Die in Salzlösung befindlichen Zellen wurden 1:10 in synthetischer Nährlösung verdünnt, die mit Mitomyzin C (N.B.C. Research Biochemicals, Cleveland, Ohio) versetzt worden war (Endkonzentration: 5 µg/ml). Nach verschiedenen Inkubationszeiten in Mitomyzin C-Anwesenheit wurden jeweils 0,5 ml entnommen, sofort in Salzlösung verdünnt und anschließend plattiert.
b) In den Versuchen mit kombinierter Einwirkung von Mitomyzin C und Röntgenstrahlung oder Äthylmethansulfonat wurde jeweils nur eine bestimmte Mitomyzin C-Dosis verwendet, und zwar bei Kombination mit Röntgenstrahlung 5 µg/ml Mitomyzin C bei 120 sec Einwirkungszeit sowie 10 µg/ml Mitomyzin C bei 6 min und 15 min Einwirkungszeit und bei Kombination mit Äthylmethansulfonat 5 µg/ml Mitomyzin C bei 6 min Einwirkungszeit.

UV-Bestrahlung

UV-Strahlungsquelle und Bestrahlungsanordnung wurden bereits an anderer Stelle beschrieben [6]. Die Dosisleistung am Bestrahlungsort betrug etwa 1,0 erg · mm^{-2} · sec^{-1}. Die HCR^+-Zellen wurden 40 sec, die HCR^--Zellen 4 sec lang bestrahlt.

Röntgenbestrahlung

Zur Röntgenbestrahlung wurde ein Therapie-Gerät mit Weichstrahlröhre (bei 60 KV, 8 mA, 0,3 mm Al-Filter) benutzt. Die Dosisleistung am Bestrahlungsort betrug 3000 R/min. Es wurden Dosen von 0 bis 5 kR verwendet, so daß Bestrahlungszeiten bis zu etwa 17 min erforderlich waren. Die Bestrahlung erfolgte in kleinen Messinggefäßen (2 cm Durchmesser) unmittelbar unter einem geeigneten Tubus des Therapiegerätes. Es wurde jeweils 1 ml der Zellsuspension (in Salzlösung) bestrahlt.

Behandlung mit Äthylmethansulfonat

Die in Salzlösung befindlichen Zellen wurden abzentrifugiert und in N/15 Phosphatpuffer, *p*H 7, aufgenommen. Anschließend wurde Äthylmethansulfonat zugesetzt (Endkonzentration = 0,25 M). Zu verschiedenen Zeiten danach wurden Proben entnommen, in Salzlösung verdünnt und plattiert oder mit Mitomyzin C oder UV weiter behandelt.

Messung der Induktion

Den Anteil induzierter Zellen in den Versuchsproben ermittelten wir durch Zählen von Lyseplaques: Die Bakterien wurden sofort nach der induzierenden Behandlung verdünnt, mit Indikatorbakterien auf Nährbouillon-Agar ausplattiert und 18 Std. bei 37 °C bebrütet. Anschließend wurden die Platten ausgezählt. Die jeweils in der lysogenen Population vorhandenen freien Phagen wurden durch Behandlung mit λ-Antiserum und geeignete Plattierung mit Streptomyzin bestimmt und bei der Auswertung berücksichtigt [7]. Um eine unkontrollierte Photoreaktivierung zu vermeiden, wurden alle Experimente im verdunkelten Raum bei gelbem Licht ausgeführt. Die in den Abbildungen dargestellten Ergebnisse sind repräsentativ für jeweils mindestens 6 unabhängige Versuche und statistisch gesichert (vgl. [8]).

Ergebnisse

1. *Induktion lysogener Zellen durch Mitomyzin C*

Die Beantwortung der in der Einleitung skizzierten Frage nach einer möglichen bestimmten Abhängigkeit der Mitomyzin C-Induktion lysogener Zellen von einer vorherigen Röntgenbestrahlung macht es zunächst erforderlich, das Verhalten des von uns benutzten Systems gegenüber alleiniger Mitomyzin-Einwirkung bzw. Röntgenbestrahlung (s. unter 2) zu beschreiben. Insbesondere ist hierbei der Einfluß der Reparaturkapazität der lysogenen Zellen auf das Induktionsvermögen von Interesse. Reparable Mitomyzin C-Schäden (Intra-Strang-cross-links) werden offenbar durch die gleichen Enzyme aus der DNS entfernt wie UV-induzierte Thymindimere [5, 9].
Früher hatten wir bereits festgestellt [10], daß die Mitomyzin C-Induktion als solche im Gegensatz zur Inaktivierung der Koloniebildungsfähigkeit durch Mitomyzin C nicht der Dunkelreparatur unterliegt, da sich bei einer Mitomyzin C-Konzentration von 10 μg/ml lysogene HCR^--Zellen nicht stärker induzieren ließen als entsprechende HCR^+-Zellen. Da bei derartigen, besonders im Falle der HCR^--Zellen bereits stark inaktivierenden Dosen die Möglichkeit einer Prophagen-Inaktivierung besteht, was eine geringere Induzierbarkeit der HCR^--Zellen vortäuschen würde, verfolgten wir die Induktionsraten von E. coli K12 (λ) HCR^+- und HCR^--Zellen bei niedrigen Dosen von Mitomyzin C.

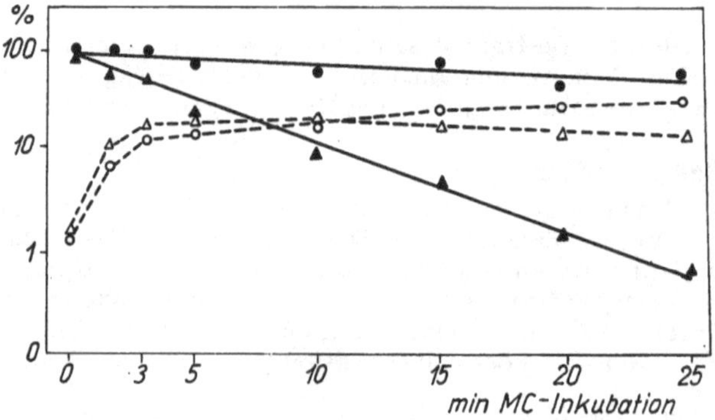

Abb. 1. Mitomycin C-Induktion von HCR⁺- und HCR⁻-Zellen.
Die in Salzlösung befindlichen lysogenen Zellen ($2 \cdot 10^8$/ml) wurden 1:10 in synthetischer Nährlösung verdünnt, der vorher Mitomyzin C zugesetzt worden war (Endkonzentration 5 µg/ml). Nach verschiedenen Inkubationszeiten wurden Proben entnommen, verdünnt und plattiert.
———: überlebende Zellen; - - - - -: induzierte Zellen; ●○: HCR^+-Zellen; △▲: HCR^--Zellen

Wie Abb. 1 zeigt, lassen sich der Wildtyp und die zur Exzision unfähige Mutante bei einer Mitomyzin C-Konzentration von 5 µg/ml und Inkubationszeiten bis zu 10 min im gleichen Ausmaß induzieren. Bei längerer Inkubationszeit nimmt — wie erwartet — die Induktionsrate des HCR^--Stammes ab, während diejenige des Wildtyps noch weiter ansteigt. Es liegen also auch hier Verhältnisse vor, die denen bei UV-Behandlung analog sind. Bei kürzeren Inkubationszeiten, bei denen eine Prophagenschädigung kaum in Betracht kommt, sind allerdings HCR^--Zellen etwas stärker induzierbar als HCR^+-Zellen, was wiederum seine Analogie in dem steileren Anstieg der UV-Induktionskurve bei HCR^--Zellen haben dürfte. Der letztere Effekt wird uns im folgenden noch beschäftigen.

2. *Induktion lysogener Zellen durch Röntgenstrahlen*

Röntgenbestrahlte Bakterienzelle nunterliegen im allgemeinen einer Reparatur [11, 12], deren Prozesse in mindestens einem Schritt den Reparaturprozessen zur Beseitigung von UV-Schäden zu entsprechen scheinen. Zwar sind alle HCR^--Mutanten für Röntgenstrahlen nicht sensibler als der Wildtyp, dagegen weisen aber alle bisher bekannten röntgensensiblen EXR-Mutanten eine erhöhte UV-Sensibilität auf [3]. Röntgenschäden sind jedoch in geringerem Maße reparabel als UV-Schäden [11, 13]. Einer Reparatur unterliegen lediglich bestimmte, durch die Röntgenstrahlen verursachte Basenschäden und Einzelstrangbrüche [14].

Wie in Abb. 2 (gestrichelte Linien) dargestellt ist, unterscheiden sich in dem benutzten Dosisbereich die Inaktivierungskurven von HCR^+- und HCR^--Zellen nur geringfügig, wobei HCR^--Zellen etwas sensibler sind. Dagegen ist die Anzahl der induzierten Zellen im Vergleich zur Inaktivierung relativ gering und scheint auch bei höheren als den benutzten Röntgendosen nicht

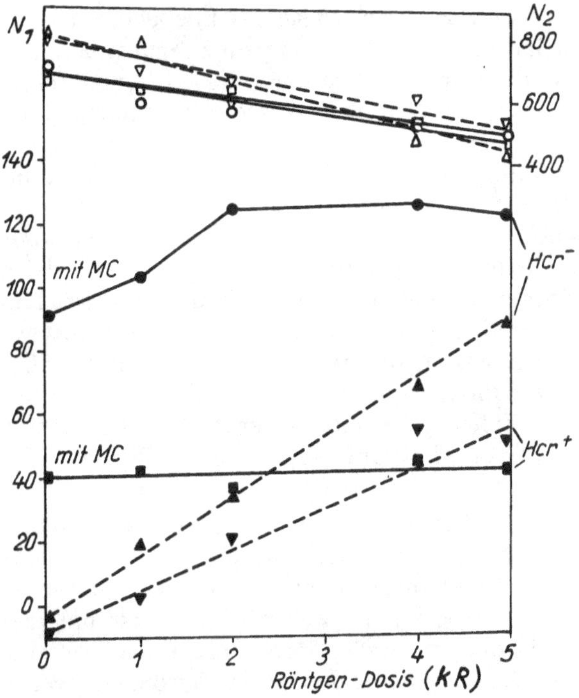

Abb. 2. Kombinierte Röntgenstrahlen-Mitomyzin C-Induktion von HCR^+- und HCR^--Zellen bei niedriger Mitomyzin C-Dosis. Die in Salzlösung befindlichen lysogenen Zellen ($2 \cdot 10^8$/ml) wurden mit verschiedenen Röntgenstrahlendosen bestrahlt. Anschließend wurden die einzelnen Proben 1:10 in synthetischer Nährlösung verdünnt, die mit Mitomyzin C versetzt worden war (Endkonzentration 5 µg/ml). Nach einer Inkubationszeit von 120 sec wurden die Proben verdünnt und plattiert.

———: Röntgenbestrahlung allein; - - - - -: Röntgenbestrahlung und Mitomyzin C-Behandlung. N_1 ($\cdot 2{,}5 \cdot 10^5$/ml): Zahl der induzierten Zellen (geschlossene Symbole); N_2($\cdot 2{,}5 \cdot 10^5$/ml): Zahl der überlebenden Zellen (offene Symbole)

mehr wesentlich zuzunehmen (s. Abb. 5 und 6, jeweils untere Kurven). Interessanterweise konnten wir aber eine unterschiedliche Induktion von HCR^+- und HCR^--Zellen beobachten, wobei wiederum HCR^--Zellen signifikant stärker induziert werden als HCR^+-Bakterien.

3. *Mitomyzin C-Induktion von röntgenbestrahlten lysogenen Zellen*

a) Kombinierte Röntgenstrahlen- und Mitomyzin C-Induktion bei niedriger Mitomyzin C-Konzentration

Zur Untersuchung der möglichen Stimulation einer durch Reparatur von DNS-Schäden bewirkten Prophagen-Induktion durch Röntgenstrahlen setzten wir lysogene E. coli K12 (λ) HCR^+- und HCR^--Zellen verschiedenen

Röntgendosen aus und behandelten sie anschließend mit Mitomyzin C. Um die Zellen möglichst nicht durch Mitomyzin zu inaktivieren und um weitere Nebeneffekte (s. u.) weitgehend auszuschließen, wurde eine sehr niedrige Mitomyzin-Dosis benutzt (5 μg/ml, 120 sec Einwirkungszeit). Das Ergebnis ist in Abb. 2 dargestellt.

Zunächst ist auffällig, daß sich die induzierenden Wirkungen von Mitomyzin C und Röntgenstrahlen offenbar nicht addieren, da sich die Mitomyzin C-Induktion von HCR$^+$-Zellen, die bei der benutzten Dosis etwa ebenso groß ist wie die Röntgeninduktion bei 5 R, durch gleichzeitige Applikation von Röntgenstrahlen nicht oder kaum steigern läßt. Dieser bemerkenswerte Befund, der in Abschnitt 3b näher erörtert wird, dürfte auf eine gewisse Interferenz in der Wirkung von Mitomyzin C und Röntgenstrahlen zurückzuführen sein, da auch die Inaktivierungskurven von HCR$^+$- und HCR$^-$-Zellen bei kombinierter Röntgenstrahlen- und Mitomyzin C-Einwirkung weniger steil abfallen als bei alleiniger Röntgenbestrahlung.

Ein völlig anderes Bild ergibt sich dagegen bei der Induktion von HCR$^-$-Zellen: Zunächst ist die Mitomyzin C-Induktion in Übereinstimmung mit den unter 1. beschriebenen Ergebnissen bei der Röntgenstrahlendosis 0 beträchtlich höher als bei HCR$^+$-Zellen. Ferner ist hier bei der gleichen Mitomyzin C-Dosis mit steigender Röntgenstrahlendosis eine zunehmende Induktion beobachtbar. Dieser Effekt ist besonders wegen des Fehlens einer einfachen additiven Wirkung von Mitomyzin C- und Röntgenstrahlenschäden beachtlich.

b) Kombinierte Röntgenstrahlen- und Mitomyzin C-Induktion bei hohen Mitomyzin C-Konzentrationen

Zur Überprüfung dieser Befunde wiederholten wir die unter 3a beschriebenen Experimente unter Verwendung von Mitomyzin C-Dosen, die drastischere Effekte zur Folge haben: Zellen wurden 6 bzw. 15 min mit Mitomyzin C bei einer Konzentration von 10 μg/ml inkubiert. Wie Abb. 3 zeigt, werden die HCR$^+$-Zellen dadurch entsprechend stark inaktiviert. Interessanterweise werden die röntgenvorbestrahlten Zellen aber mit zunehmender Strahlendosis relativ und auch absolut immer weniger durch Mitomyzin C inaktiviert. Dagegen nimmt die Anzahl der durch Mitomyzin C induzierten HCR$^+$-Zellen mit zunehmender Röntgenstrahlendosis ab.

HCR$^-$-Zellen werden bei den gleichen Mitomyzin-C-Dosen entsprechend stärker inaktiviert. Bei ihnen zeigt sich der gleiche Hemmeffekt der Röntgenstrahlenvorbestrahlung auf die Inaktivierung (Abb. 4). Die Anzahl der durch Mitomyzin induzierten Zellen ist gering, da bereits nicht reparierbare Prophagenschädigungen vorliegen dürften. Dennoch ist wie bei Behandlung mit niedrigeren Mitomyzin-Dosen durch Röntgenstrahlenvorbestrahlung eine drastische Steigerung der Induktion zu verzeichnen.

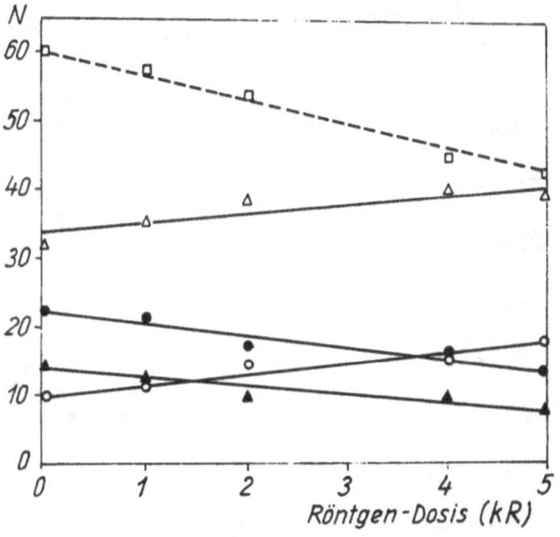

Abb. 3

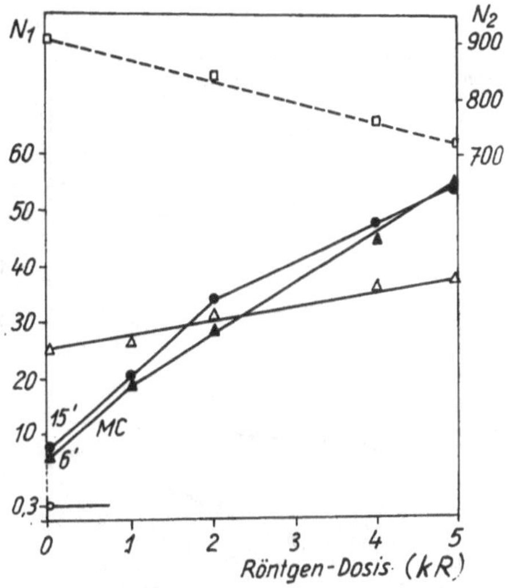

Abb. 4

Abb. 3. Kombinierte Röntgenstrahlen-Mitomyzin C-Induktion von HCR$^+$-Zellen bei hoher Mitomyzin C-Dosis.
Experimentelle Durchführung analog zu dem in Abb. 2 beschriebenen Versuch. Mitomyzin C-Einwirkung: 6 bzw. 15 min bei einer Endkonzentration von 10 μg/ml. - - - -: Röntgenbestrahlung allein; ———: Röntgenbestrahlung und Mitomyzin C-Behandlung. ▲, △: 6 min MC-Inkubation. ●, ○ 15 min MC-Inkubation. N($\cdot 2{,}5 \cdot 10^6$/ml): Zahl der überlebenden Zellen (offene Symbole), bzw. Zahl der induzierten Zellen (geschlossene Symbole)

Abb. 4. Kombinierte Röntgenstrahlen-Mitomyzin C-Induktion von HCR$^-$-Zellen bei hoher Mitomyzin C-Dosis.
Text wie Abb. 3, außer: N_1($\cdot$ 2,5 $\cdot$ 10^5/ml): Zahl der induzierten Zellen (geschlossene Symbole), N_2($\cdot$ 2,5 $\cdot$ 10^5/ml): Zahl der überlebenden Zellen (offene Symbole)

4. UV-Induktion röntgenvorbestrahlter lysogener Zellen

Nach den im Vorangegangenen beschriebenen Ergebnissen und den obendargelegten Analogien zwischen der Mitomyzin C- und der UV-Induktion ist zu erwarten, daß die UV-Induktion lysogener HCR$^-$-Zellen durch eine vorherige Behandlung mit Röntgenstrahlen in ähnlicher Weise erhöht wird. In den hier dargestellten Experimenten bestrahlten wir daher lysogene E. coli K12 (λ) HCR$^+$- und entsprechende HCR$^-$-Zellen, die mit steigenden Röntgendosen vorbehandelt worden waren, mit UV-Licht. Um eine Induktionssteigerung mit Sicherheit nachweisen oder ausschließen zu können, wurden die UV-Dosen jeweils so gewählt, daß die Zellen nicht schon bei der Röntgendosis 0 optimal UV-induziert wurden. Die Ergebnisse sind in Abb. 5 und 6 dargestellt. Im Gegensatz zu den mit Mitomyzin C erhaltenen Befunden scheint bei kombinierter Röntgen- und UV-Bestrahlung kein Interferenz-Effekt aufzutreten. Wie aus den Abbildungen ersichtlich ist,

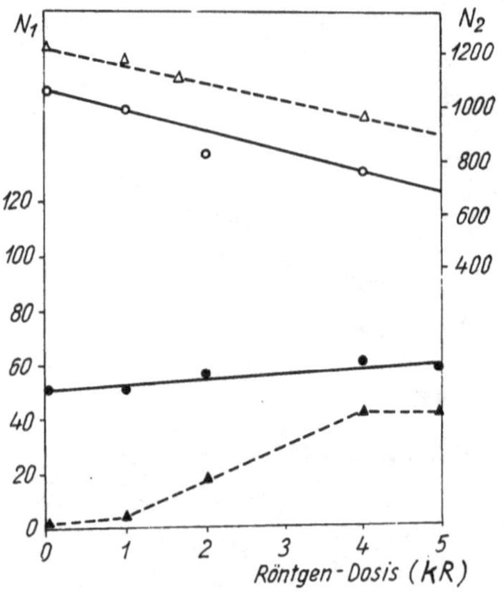

Abb. 5

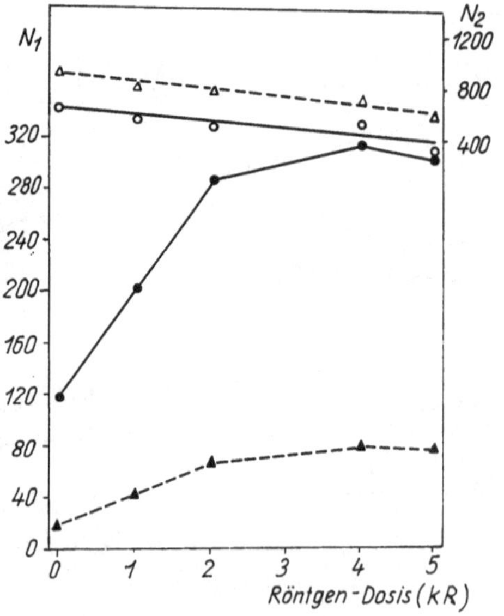

Abb. 6

Abb. 5. Kombinierte Röngenstrahlen-UV-Induktion von HCR⁺-Zellen
Die in Salzlösung befindlichen lysogenen Zellen ($\cdot 2 \cdot 10^8$/ml) wurden mit verschiedenen Röntgenstrahlendosen bestrahlt. Anschließend wurden sie 1:10 verdünnt und 45 sec UV bestrahlt. Dann wurden sie weiter verdünnt und plattiert.
- - - -: Röntgenbestrahlung allein; ———: Röntgenbestrahlung und UV-Bestrahlung. N_1($\cdot$ 2,5 $\cdot$ 10^5/ml): Zahl der induzierten Zellen (geschlossene Symbole), N_2($\cdot$ 2,5 $\cdot$ 10^5/ml) Zahl der überlebenden Zellen (offene Symbole)

Abb. 6. Kombinierte Röntgenstrahlen-UV-Induktion von HCR⁻-Zellen. UV-Bestrahlung 4 sec. Sonstige experimentelle Durchführung und Bezeichnung analog Abb. 5

verlaufen die bei Einwirkung beider Agenzien erhaltenen Inaktivierungskurven etwa parallel zu den Röntgen-Inaktivierungskurven. Abb. 6 zeigt, daß auch die UV-Induktion von HCR⁻-Zellen durch Röntgenbestrahlung sehr stark stimuliert wird, wobei sich die resultierende Induktionsrate nicht einfach additiv aus den Induktionsraten bei alleiniger Röntgen- bzw. UV-Behandlung ergibt (Röntgeninduktion: 9%, UV-Induktion: 13%, Röntgen-UV-Induktion: 36%). Eine derartige Stimulation ist bei HCR⁺-Zellen nicht feststellbar (vgl. Abb. 5).

5. *Einfluß von Äthylmethansulfonat auf die Induktion lysogener Bakterien*

Es ist bekannt, daß monofunktionell alkylierende Agenzien in vitro und in vivo DNS-Einzelstrangbrüche verursachen [15, 16]. Wir untersuchten deshalb, ob bei kombinierter Einwirkung eines monofunktionell alkylierenden Agens mit UV-Bestrahlung bzw. mit Mitomyzin C auf lysogene Zellen ähnliche Effekte hervorgerufen werden wie bei den Kombinationsversuchen mit Röntgenstrahlen. Uns schien die Benutzung des als Mutagen bekannten Äthylmethansulfonat (EMS) vorteilhaft, da LOVELESS [17] gefunden hatte, daß es E. coli K12 (λ)-Bakterien nicht induziert.

a) Induktion lysogener Zellen durch Äthylmethansulfonat

Der Einfluß einer Inkubation von lysogenen E. coli K12 (λ) HCR$^+$- und HCR$^-$-Zellen mit EMS (Endkonzentration 0,25 M) ist in Abb. 7 dargestellt. Es ist ersichtlich, daß HCR$^+$- und HCR$^-$-Zellen etwa gleich stark inaktiviert werden. Die Spontaninduktion wird bereits bei sehr geringen Inkubationszeiten etwas reduziert. (Der Zeitpunkt Null entspricht einem höchstens einminütigen Aufenthalt der Zellen in EMS-Lösung). Das dürfte eine Folge der bereits bei diesen Dosen stattfindenden Inaktivierung sein. Bei zunehmenden Inkubationszeiten ergibt sich jedoch eine Steigerung der Induktion, die in HCR$^+$- wie in HCR$^-$-Zellen etwa das 4- bis 5fache der Spontaninduktion ausmacht. Bei der gleichen Dosis werden die Zellen etwa zur Hälfte inaktiviert.

b) Induktion von mit Äthylmethansulfonat behandelten Zellen durch Mitomyzin C und durch UV-Bestrahlung

In weiteren Versuchen prüften wir den Einfluß einer Vorbehandlung lysogener HCR$^+$- und HCR$^-$-Zellen mit EMS auf die Induktion durch UV bzw. Mitomyzin C. Zu diesem Zweck wurden die Bakterien verschieden lange Zeiten in Anwesenheit von EMS inkubiert, anschließend verdünnt, sofort danach einer bestimmten UV- bzw. Mitomyzin C-Dosis ausgesetzt und schließlich weiter verdünnt und plattiert. Das Ergebnis zeigen die Abb. 8 und 9 für HCR$^+$- und für HCR$^-$-Zellen. Zum Vergleich ist jeweils die Wirkung von EMS allein (aus Abb. 7) dargestellt. Zunächst ist ersichtlich, daß bereits ein sehr kurzfristiger Aufenthalt der Zellen in EMS sowohl die UV- als auch die Mitomyzin C-Induktion etwas herabsetzt. Dieser Effekt

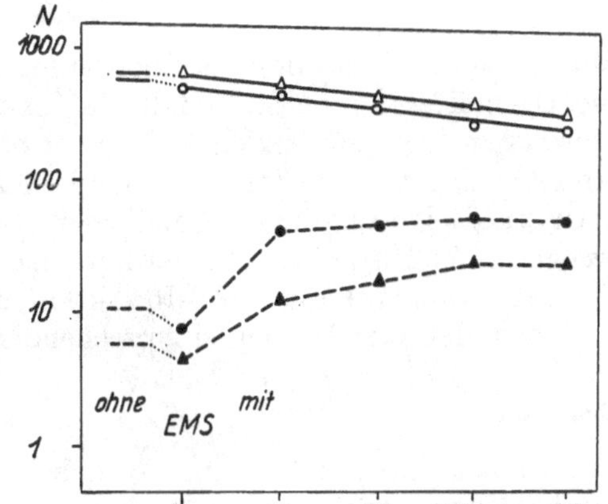

Abb. 7. Induktion von HCR$^+$- und HCR$^-$-Zellen durch Äthylmethansulfonat. Die in Salzlösung befindlichen Zellen wurden in Phosphatpuffer aufgenommen ($2 \cdot 10^8$ Zellen/ml). Anschließend wurde Äthylmethansulfonat zugesetzt (Endkonzentration 0,25 M). Zu verschiedenen Zeiten danach wurden Proben entnommen, verdünnt und plattiert. Kreise: HCR$^+$-Zellen. Dreiecke: HCR$^-$-Zellen. N($\cdot 2{,}5 \cdot 10^5$/ml): Zahl der überlebenden Zellen (offene Symbole) und Zahl der induzierten Zellen (geschlossene Symbole)

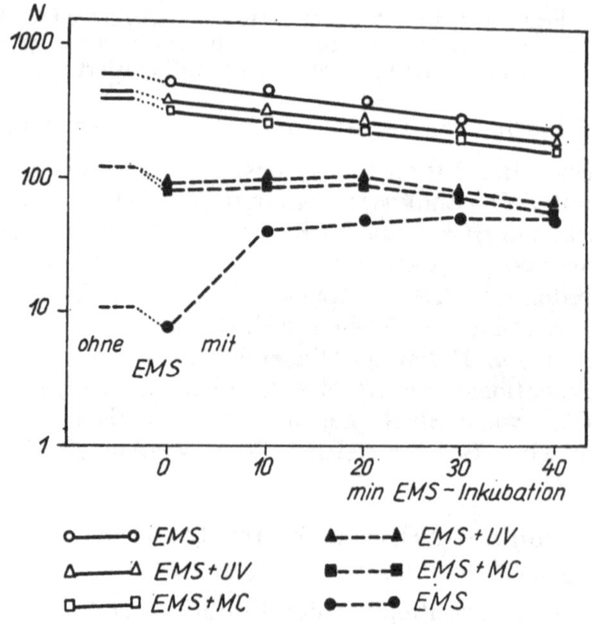

Abb. 8. Induktion von HCR⁺-Zellen durch kombinierte Einwirkung von Äthylmethansulfonat und UV-Bestrahlung oder Mitomyzin C.

Die in Salzlösung befindlichen Zellen wurden in Phosphatpuffer aufgenommen ($2 \cdot 10^8$/ml). Anschließend wurde Äthylmethansulfonat zugesetzt (Endkonzentration 0,25 M). Zu verschiedenen Zeiten wurden Proben entnommen. Ein Teil davon wurde 1:100 in Salzlösung verdünnt, 40 sec UV bestrahlt, weiter verdünnt und ausplattiert. Ein anderer Teil wurde 1:100 in synthetischer Nährlösung verdünnt, die mit Mitomyzin C versetzt worden war (Endkonzentration des MC: 5 µg/ml). Nach einer Inkubationszeit von 6 min wurden die Proben weiter verdünnt und plattiert.

N($\cdot 2{,}5 \cdot 10^5$/ml): Zahl der überlebenden Zellen (offene Symbole) und Zahl der induzierten Zellen (geschlossene Symbole)

dürfte wie die Reduktion der Spontaninduktion durch die bereits bei diesen niedrigen EMS-Dosen stattfindende Inaktivierung lysogener Zellen zu erklären sein (vgl. jeweils den Anfang der oberen drei Kurven von Abb. 8 und Abb. 9). Der weitere Induktionsverlauf zeigt bei HCR^+-Zellen nach einer geringen Steigerung einen Abfall, der etwa parallel mit der Abnahme der lysogenen Zellen geht. Die geringfügige Überlagerung der UV- bzw. der MC-Induktion mit der EMS-Induktion im unteren Dosisbereich (Abb. 8) verschwindet aber bei den entsprechenden HCR^--Kurven (Abb. 9).

Diskussion

Der in lysogenen Zellen zur Aufhebung der Phagenrepression führende Mechanismus konnte bisher noch nicht aufgeklärt werden. Die hier dargestellten Ergebnisse bestätigen unsere bereits an anderer Stelle ausge-

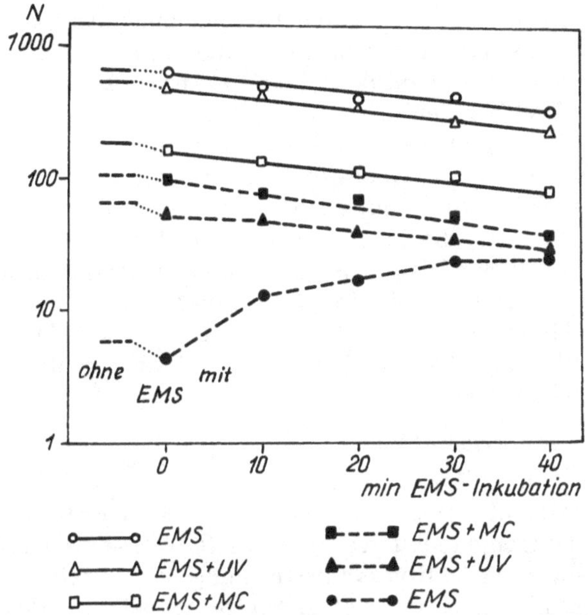

Abb. 9. Induktion von HCR^--Zellen durch kombinierte Einwirkung von Äthylmethansulfonat und UV-Bestrahlung oder Mitomyzin C.
UV-Bestrahlung 4 sec. Sonstige experimentelle Durchführung und Bezeichnung analog zu Abb. 8

sprochene Vermutung, daß die Prophageninduktion[1] ein Ergebnis von in der Zelle ablaufenden Reparaturprozessen ist [1, 6, 8].

Induktion durch Mitomyzin C

Durch die Ermittlung von Dosis–Wirkungs-Kurven für die Mitomyzin C-Induktion (Abb. 1) konnten wir feststellen, daß das Induktionsmaximum von HCR^--Zellen bei erheblich niedrigeren Dosen liegt als dasjenige von HCR^+-Zellen. Bei niedrigen Dosen sind HCR^--Zellen auch absolut stärker durch Mitomyzin C induzierbar als HCR^+-Zellen. Die gleichen Beziehungen gelten bekanntlich für die UV-Induktion (vgl. z. B. [8]). Bezüglich der Induktion durch Mitomyzin bzw. UV folgerten bereits Joyner et al. [18] aus der im Vergleich zur Infektion stark verzögert auftretenden Lyse, daß sie einen mit der Reparatur der durch diese Agenzien verursachten DNS-Schäden korrelierten Prozeß darstellt.

[1] Dies gilt nicht für die „Transfer-Induktion" von in alysogene (repressorfreie) Zellen übertragenen Prophagen und die „Temperatur-Induktion" durch Inaktivierung temperatursensibler Phagenrepressoren. Beide Prozesse sind auf direkte Eliminierung der Repressoren zurückzuführen.

Mitomyzin C wird in vivo bekanntlich zu einer Substanz mit bifunktionell alkylierenden Eigenschaften reduziert [19] und verursacht u. a. in der DNS die Bildung von exzisionsreparablen „Intra-Strang-cross-links". In Analogie zu unseren mit UV-Strahlen erhaltenen Befunden [1] machen wir für die Induktion von HCR^+-Zellen die Exzisionsreparatur, für die erhöhte Induktion von HCR^--Zellen die Nach-Replikations-Reparatur verantwortlich. Die im letzteren Fall entstehenden DNS-Fragmente sind wesentlich größer als die Oligonukleotide, die bei Exzisionsreparatur frei werden. Sie umfassen daher mit größerer Wahrscheinlichkeit Operator-ähnliche Sequenzen, die nach unserer Vorstellung für eine Repressor-Neutralisierung verantwortlich sind. Die Abnahme der Induktionsrate bei höheren Dosen dürfte die Folge von Prophagen-Schädigungen in den gegenüber Mitomyzin C sehr sensiblen HCR^--Zellen sein.

Induktion durch Röntgenstrahlen

In Übereinstimmung mit aus der Literatur bekannten Befunden [20, 21], wonach Röntgenstrahlen nur etwa 20% der Zellen einer lysogenen Population induzieren können, fanden wir unter unseren Versuchsbedingungen, daß die Induktionsrate nach Röntgenbestrahlung im Vergleich zur Inaktivierungsrate sehr niedrig ist und sich durch Röntgenstrahlendosen über 5 kR nicht merklich steigern läßt. Das bisher in der Literatur nicht erklärte, im Vergleich zu anderen induzierenden Agenzien geringe Induktionsvermögen von Röntgenstrahlen ist mit unserer Induktionshypothese verständlich, wenn man berücksichtigt, daß Röntgenstrahlen in der Zelle relativ wenige (Exzisions-)reparable DNS-Schäden verursachen.
Ferner stellten wir fest, daß HCR^--Zellen stärker induziert werden als HCR^+-Bakterien. Wir deuten dies folgendermaßen: In HCR^+-Zellen ist die Induktion auf die Exzisionsreparatur weniger Basenschäden zurückzuführen. Basenschäden treten aber in so geringem Umfang auf, daß die Vitalität von HCR^--Zellen nicht wesentlich sensibler ist als die von HCR^+-Zellen und daß nur in recht geringem Ausmaß induziert wird. In HCR^--Zellen dagegen erfolgt die Induktion durch zwei Mechanismen: Bei der Exzisionsreparatur jener Basenschäden, neben die Einzelstrangbrüche gesetzt wurden, können auch ohne spezifische Inzisions-Enzyme Oligonukleotide gebildet werden. Basenschäden, die nicht durch Exzisionsreparatur ausgebessert werden, unterliegen der Nach-Replikations-Reparatur. Durch beide Mechanismen werden insgesamt zwar nicht mehr Fragmente produziert als in den HCR^+-Zellen, jedoch dürften die durch Nach-Replikations-Reparatur gebildeten Fragmente aus den oben angegebenen Gründen mit größerer Wahrscheinlichkeit zur Repressor-Neutralisierung befähigt sein als die ausgeschnittenen Oligonukleotide.

Induktion durch Röntgenstrahlen nach Mitomyzin C- oder UV-Behandlung

Bei kombinierter Einwirkung von Röntgenstrahlung und Mitomyzin C auf lysogene Zellen kommt es zur Überlagerung mehrerer Effekte: Zunächst wird die inaktivierende und induzierende Mitomyzin-Wirkung offenbar durch eine Röntgenvorbestrahlung herabgesetzt. Das ist bei Verwendung hoher Mitomyzin C-Dosen besonders augenscheinlich (Abb. 3). Iyer und Szybalski [22] zeigten, daß aktiviertes, reduziertes Mitomyzin in hohem Maße unstabil ist und rasch seine biologische Aktivität verliert und daß das Redoxpotential des Mediums einen wesentlichen Einfluß auf die letale Wirkung von Mitomyzin hat [19]. Darauf dürfte auch der von uns bei HCR⁺-Zellen beobachtete Interferenzeffekt zurückzuführen sein.

Bei den HCR⁻-Zellen konnten wir dagegen ein anderes Phänomen beobachten: Mit der gleichen Dosis Mitomyzin C behandelte lysogene HCR⁻-Zellen zeigen nach Röntgenvorbestrahlung eine von der Röntgenstrahlendosis abhängige drastische Steigerung der Induktionsrate. Dieses Ergebnis deuten wir folgendermaßen:

1. Sowohl Röntgenstrahlen- als auch Mitomyzin C-Schäden bewirken bei HCR⁻-Zellen eine im Vergleich zur Exzisionsreparatur der HCR⁺-Zellen höhere Induktionswahrscheinlichkeit pro reparablem Effekt. Zudem dürften durch Röntgenstrahlen verursachte Einzelstrangbrüche in vielen Fällen durch Ligasewirkung [2] ausgebessert werden. Damit ist das Entstehen relativ langer einzelsträngiger DNS-Fragmente bei der Nach-Replikations-Reparatur gewährleistet.

2. In der Nähe von Röntgenstrahlen-induzierten Basenschäden oder von durch Mitomyzin erzeugten Intra-Strang-cross-links lokalisierte Einzelstrangbrüche erlauben auch in HCR⁻-Zellen eine Exzisionsreparatur. Daraus ergibt sich bei der Kombination von Röntgenstrahlen- und Mitomyzin C-Induktion die Möglichkeit eines synergistischen Effektes: Über derart ausgebesserte Sequenzen hinweg kann eine — längere Zeit benötigende — Nach-Replikations-Reparatur erfolgen, so daß im Endeffekt entsprechende freie Repressor-bindende DNS-Abschnitte zweimal vorliegen können. Hinweise für einen synergistischen Induktionseffekt lieferten besonders Experimente, in denen Röntgenstrahlen- und UV-Induktion kombiniert wurden (vgl. Abschnitt 4). Im Einklang mit den aus den Mitomyzin C-Befunden gezogenen Folgerungen erhielten wir bei HCR⁺-Zellen eine Induktionsrate, die etwa der Summe der bei alleiniger Röntgenstrahlen- und UV-Behandlung erhaltenen Induktionsraten entspricht, bei HCR⁻-Zellen dagegen eine stark synergistische Induktionswirkung von Röntgen- und UV-Bestrahlung. Damit stehen die Resultate der Kombinationsexperimente von Röntgenstrahlen und UV bzw. Mitomyzin C in Übereinstimmung mit unserer Induktionshypothese. Unsere Befunde sind dagegen nicht mit Hypothesen zu interpretieren, die eine Akkumulation von DNS-Präkursoren für die Induktion verantwortlich machen (vgl. [23, 24].

Induktion nach Behandlung mit Äthylmethansulfonat

Mit EMS und ähnlichen Agenzien behandelte DNS wird repariert, wenngleich weniger effektiv als UV-geschädigte [3]. Von verschiedenen Autoren konnte gezeigt werden, daß dieser Prozeß nicht unter derselben genetischen Kontrolle steht wie die Exzision von UV-Photoprodukten. Eine gewisse Induktionswirkung monofunktionell alkylierender Agenzien ist aber mit unserer Induktionshypothese durchaus verträglich, wenn man mit STRAUSS [3] und BOYCE und FARLEY [25] einen der Exzisionsreparatur ähnlichen Reaktivierungsmechanismus annimmt. Die etwa gleich starke Induktion von HCR^+- und HCR^--Zellen steht dabei in bemerkenswerter Übereinstimmung mit den Befunden, wonach durch EMS verursachte Schäden nicht spezifisch „exzisionsreparabel sind".

Unsere Befunde stehen im Gegensatz zu den von LOVELESS [17] beschriebenen, sowie zu Ergebnissen von KONDO et al. [26], die mit ϕ80-lysogenen E. coli-Stämmen mit unterschiedlichem Reparaturvermögen erhalten wurden. KONDO et al. [26] konnten mit EMS nur eine lysogene rekombinationsunfähige *rec*-Mutante, nicht aber HCR^+- und HCR^--Zellen induzieren.

Entgegen den Befunden bei den Kombinationsversuchen mit Röntgenstrahlen führt eine EMS-Inkubation lysogener HCR^--Zellen nicht zu einer Steigerung der Mitomyzin C- oder UV-Induktion. Das wird verständlich, wenn man berücksichtigt, daß die durch Methyl- bzw. Äthylmethansulfonat in intakten Zellen erzeugten Einzelstrangbrüche in erster Linie enzymatisch, offenbar erst im Laufe eines Reparaturprozesses erzeugt werden [25] und daß ferner die mit relativ geringer Wirksamkeit reparablen EMS-Schäden mit der „normalen" UV- bzw. Mitomyzin C-Induktion interferieren dürften. Der stärkere Kurvenabfall nach einer EMS-Mitomyzin C- bzw. EMS-UV-Induktion von HCR^--Zellen im Vergleich zu dem der HCR^+-Kurven könnte darauf zurückgeführt werden, daß das Entstehen der entsprechend langen „induzierenden" DNS-Fragmente durch Nach-Replikations-Reparatur noch wirksamer durch EMS-Schäden gestört wird als die Exzisionsreparatur.

Herrn Prof. BÖHME, Gatersleben, danken wir für die Überlassung von Äthylmethansulfonat. Herrn Prof. NAUMANN, Rostock und Herrn Prof. WEGLE, Pasadena, danken wir für die Herstellung bzw. Überlassung von λ-Antiserum.

Literatur

[1] GEISSLER, E., S. SCHERNECK u. M. THEILE in: Beiträge zur Molekulargenetik (= Ergebnisse der experimentellen Medizin, Bd. 2). Volk und Gesundheit, Berlin 1970, S. 39
[2] HOWARD-FLANDERS, P.: A. Rev. Biochem. **37**, 175 (1968)
[3] STRAUSS, B. S.: Curr. Topics Microbiol. Immunol. **44**, 1 (1968)
[4] HOWARD-FLANDERS, P., W. D. RUPP, B. M. WILKINS u. R. S. COLE: Cold Spring Harb. Symp. quant. Biol. **33**, 195 (1968)
[5] HOWARD-FLANDERS, P., R. P. BOYCE u. L. THERIOT: Genetics, Princeton **53**, 1119 (1966)
[6] SCHERNECK, S., M. THEILE u. E. GEISSLER: Z. allg. Mikrobiol. **10**, 637 (1970)
[7] GEISSLER, E.: Biochim. biophys. Acta **114**, 116 (1966)
[8] SCHERNECK, S. u. M. THEILE: Dissertation, Universität Rostock, Math.-Naturwiss. Techn. Fakultät, 1970
[9] BOYCE, R. P. u. P. HOWARD-FLANDERS: Z. VererbLehre **95**, 345 (1964)

[10] GEISSLER, E.: Proceedings of the Symposium: The Physiology of Gene and Mutation Expression. Prag 1965. Publ. House of the Czechoslovak Academy of Sciences, Prag 1966, S. 301
[11] RÖRSCH, A., P. VAN de PUTTE, J. MATTERN, H. ZWENK u. C. VAN SLUIS in: Genetical Aspects of Radiosensitivity: Mechanisms of Repair. International Atomic Energy Agency, Wien 1966
[12] GREENBERG, J.: Genetics, Princeton **55**, 193 (1967)
[13] HAYNES, R. H.: Photochem. Photobiol. **3**, 429 (1964)
[14] SZYBALSKI, W.: Radiat. Res., Suppl. **7**, 147 (1967)
[15] STRAUSS, B. S. u. R. WAHL: Biochim. biophys. Acta **80**, 116 (1964)
[16] WAHL, R.: Fedn Proc. Fedn Am. Socs exp. Biol. **24**, 220 (1965)
[17] LOVELESS, A. in: Chemische Mutagenese. Erwin-Baur-Gedächtnisvorlesungen. H. STUBBE (Hrsg.). Akademie-Verlag, Berlin 1959, S. 71
[18] JOYNER, A., L. N. ISAACS, H. ECHOLS u. W. S. SLY: J. molec. Biol. **19**, 174 (1966)
[19] SZYBALSKI, W. u. V. N. IYER in: Mechanisms of Action. (= Antibiotics, Bd. **1**). D. GOTTLIEB u. P. D. SHAW (Hrsg.) Springer, Berlin, Heidelberg, New York 1967, S. 211
[20] MARCOWICH, H. u. R. LATARJET: Adv. biol. med. Phys. **6**, 75 (1958)
[21] NOACK, D. u. S. SCHERNECK: Strahlentherapie **135**, 109 (1968)
[22] IYER, V. N. u. W. SZYBALSKI: Science, N. Y. **145**, 55 (1964)
[23] KIRBY, E. P., F. JACOB u. D. A. GOLDTHWAIT: Proc. natn. Acad. Sci. U.S.A. **58**, 1903 (1967)
[24] KLAUS, S.: Z. allg. Mikrobiol. **10**, 413 (1970)
[25] BOYCE, R. P. u. J. W. FARLEY: Virology **35**, 601 (1968)
[26] KONDO, S., H. ICHIKAWA, K. IWO u. T. KATO: Genetics, Princeton **66**, 187 (1970)

Summary

M. THEILE, S. SCHERNECK and E. GEISSLER: Induction of lysogenic HCR^+ and HCR^- bacteria by combined action of physical and chemical agents

Lysogenic E. coli K12 (λ) HCR^+ and HCR^- cells were induced by mitomycin C (MC) or UV light after previous treatment of the cells with either X-rays or ethyl methanesulfonate (EMS) (agents which are known to produce single strand breaks in DNA). The following results were obtained:

1. Following combined action of X-rays and MC or X-rays and UV the frequency of induction of HCR^- cells clearly exceeds the sum of induction frequencies obtained by corresponding single treatments.

2. In contrast to the results obtained with HCR^- cells HCR^+ cells do not show an increased prophage induction following combined treatments as compared to the corresponding single treatments.

3. E. coli K12 (λ) cells are significantly (though at low extent) inducible by EMS. HCR^+ and HCR^- cells are induced with nearly the same frequency.

4. EMS does reduce the inducing activities of MC and UV respectively. This effect was stronger in HCR^- cells than in HCR^+ ones.

These results are in accordance with our hypothesis on prophage induction being a consequence of repair of DNA lesions.

Acta biol. med. germ., Band 28, Seite 481—488 (1972)

Aus dem Deutschen Zentralinstitut für Arbeitsmedizin Berlin (Direktor: Dr. H.-G. Häublein), 1134 Berlin

Die Beeinflussung des mittels Oberflächenelektroden abgeleiteten Elektromyogramms durch ableittechnische Variablen

I. Zum Einfluß der Elektrodenlokalisation auf die von Extremitätenmuskeln ableitbare elektrische Muskelaktivität

H. Kramer und G. Küchler

(Eingegangen am 23. 4. 1971)

Zusammenfassung

Bei mehrfach wiederholten, kurzfristigen Anspannungen der Mm. biceps und triceps brachii (Druck oder Zug gegen einen vorgegebenen gleichbleibenden Widerstand < 15% der Maximalkraft) wurde bei untrainierten Probanden die elektrische Muskelaktivität bipolar und „unipolar" mittels Oberflächenelektroden abgeleitet. Sowohl die Höhe der mittleren elektrischen Muskelaktivität als auch die Spannungshöhe der einzelnen Potentialabläufe erwiesen sich dabei als abhängig von der Lage der Ableitelektroden.

Einleitung

Bei arbeits- und sportphysiologischen Untersuchungen werden zur Ableitung der Muskelpotentiale häufig Oberflächenelektroden verwendet [1 — 6]. Flächengröße, Abstand, Lokalisation und Befestigung der von verschiedenen Untersuchern eingesetzten Elektroden unterscheiden sich mitunter beträchtlich [7—26]. Ohne ausreichende Kenntnis des möglichen Einflusses dieser und weiterer ableittechnischer Variablen auf die registrierte elektrische Muskelaktivität sind die mit verschiedener Methodik gewonnenen Ergebnisse untereinander nicht vergleichbar. Die Bedeutung der Einflußgröße Elektrodenlokalisation bei der Potentialableitung ist in den nachfolgend beschriebenen Untersuchungen dargestellt.

Methodik

Die EMG-Ableitungen wurden an untrainierten männlichen und weiblichen Probanden im Alter von 20 bis 35 Jahren vorgenommen. Registriert wurde die elektrische Aktivität über den Mm. biceps und triceps brachii während wiederholter Anspannungen mit vorgegebener gleichbleibender Kontraktionsstärke < 15% der Maximalkraft. Die sitzenden Probanden hatten bei aufgestütztem Ellenbogen durch Unterarmdruck ein geeichtes Dynamometer zu belasten (Anspannung des M. triceps) bzw. mit Hilfe eines einarmigen Hebels ein Gewicht zu heben (Anspannung des M. biceps). Lastansatzpunkt war das distale Ende des rechten Unterarms in Mittelstellung der Hand

zwischen Pro- und Supination. Der Gelenkwinkel zwischen Ober- und Unterarm betrug bei Belastung der Beuger rd. 90° und ca. 120° bei der Anspannung der Oberarmstrecker, lag also in einem für die jeweilige Untersuchung günstigen Bereich [27].
Die Registrierung erfolgte mit einem DISA 3-Kanal-Elektromyographen (Eingangsimpedanz: 200 Megohm, Eingangskapazität: 22 pF, Frequenzgang: 2 bis 10000 Hz) mit einer Papiergeschwindigkeit von 20 cm/sec. Die Gleichrichtung und Glättung der abgeleiteten Spannungsschwankungen erfolgte im Mittelwertbildner des Gerätes (RLC-Filter: Anstiegzeit 50 msec, Abfallzeit 150 msec). Die Fläche unter der resultierenden Spannungskurve — vgl. Abb. 1 —, das Integral der Muskelspannung, wurde planimetrisch für Zeitintervalle von jeweils 500 msec gemessen. Mit Hilfe der aus der gemessenen Fläche bestimmten mittleren Höhe der Mittelwertkurve und der bei der Registrierung verwendeten Verstärkung wurde die Größe der mittleren elektrischen Muskelaktivität in Mikrovolt berechnet.
Die für bipolare Ableitungen verwendeten Silberelektroden (Durchmesser 8 mm) waren im Abstand von 20 mm zueinander paarweise auf einer Gummileiste angebracht. Die Entfernungen zwischen benachbarten Abgriffpaaren bei quer, d. h. im Halbkreis um den Muskelbauch (M. biceps brachii) geklebter Leiste, betrugen je nach Muskeldicke 18—20 mm (vgl. Inset Abb. 2). Ein rascher Wechsel der parallel zum Muskelverlauf gelegenen Abgriffstellen innerhalb derselben oder mit gleicher Kontraktionsstärke mehrfach wiederholter kurzer Muskelanspannungen erfolgte mit Hilfe eines Schalters.
Für die unter gleichen Versuchsbedingungen vorgenommenen „unipolaren" Ableitungen lag die indifferente Elektrode über dem Epikondylus radialis humeri. Die Lokalisation der differenten Elektrode wurde auf dem untersuchten Muskel systematisch variiert. Für einige Versuche wurden zwei miteinander kurzgeschlossene Elektroden über Epikondylus und Akromion als indifferente Bezugselektrode verwendet. Wie orientierende Versuche ergeben haben, betrug die über den gewählten Referenzpunkten bei verschiedenen Kontraktionsstärken gemessene mittlere elektrische Muskelaktivität — Ableitung gegen beide Ohrläppchen — im Mittel ca. 15% der über der Muskelmitte bestimmten Spannung. In allen Versuchen kam zur Verminderung des Übergangswiderstandes eine Elektrodenpaste (Arzneimittelwerk Dresden) zur Anwendung.
An jeder Ableitstelle erfolgten mehrere Messungen unter identischen Bedingungen. Mit Hilfe von parameterfreien Tests wurde eine Prüfung der von verschiedenen Meßpunkten gewonnenen Mittelwerte auf das Vorliegen signifikanter Unterschiede vor-

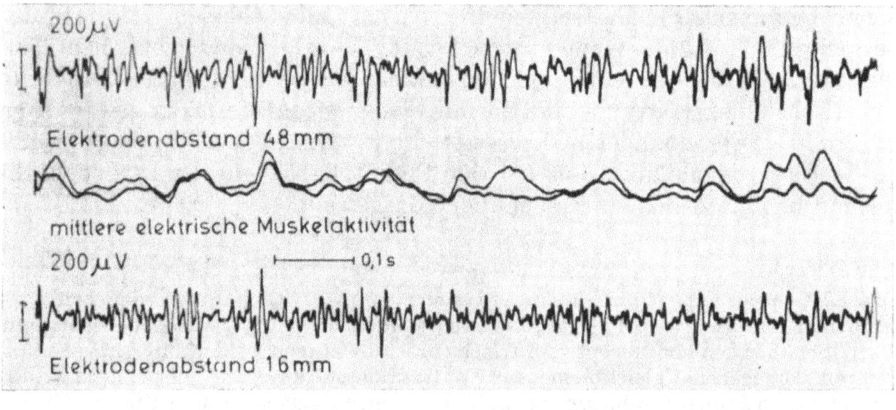

Abb. 1. Simultan mit 2 Elektrodenpaaren unterschiedlichen Abstands vom M. biceps brachii abgeleitete Elektromyogramme (oben und unten) und die dazugehörenden Kurvenverläufe der mittleren elektrischen Muskelaktivität (Bildmitte)

genommen (Rangvarianzanalyse nach KRUSKAL und WALLIS, Rangsummentest nach MANN und WHITNEY; P > 5%).

Ergebnisse

Die mittels bipolarer Ableittechnik vorgenommenen Untersuchungen ergaben, daß bei gleicher Kontraktionsstärke der Oberarmbeuger an den 5 im Abstand von 18—20 mm quer zur Faserrichtung des Muskels angeord-

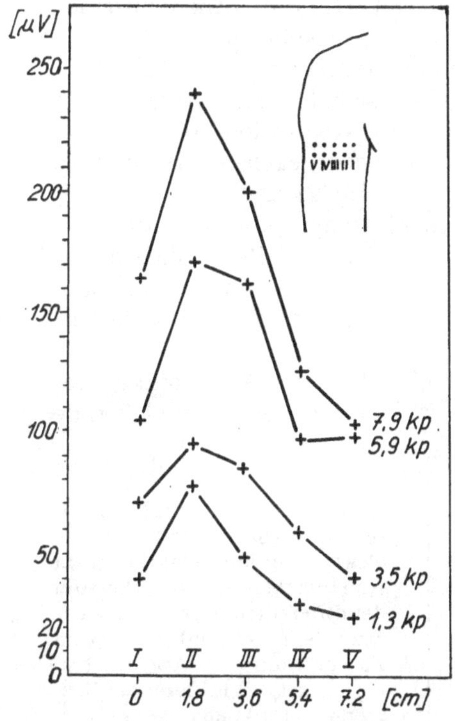

Abb. 2

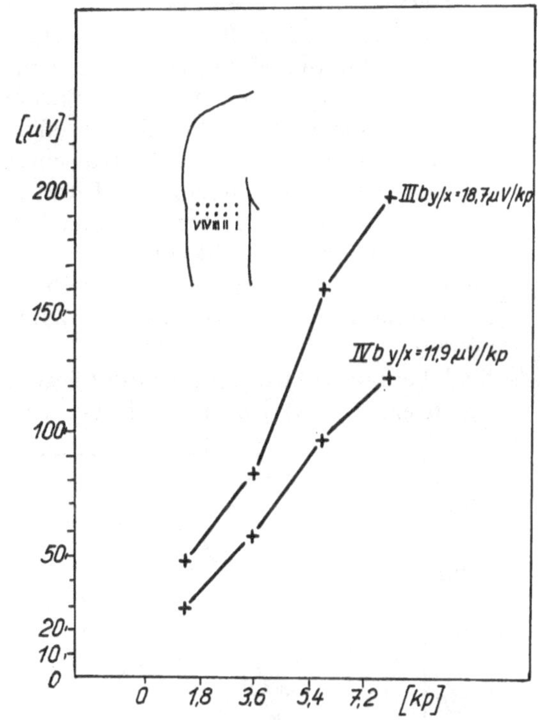

Abb. 3

Abb. 2. Bipolar bei 4 definierten Kontraktionsstärken (1,3—7,9 kp) vom M. biceps brachii abgeleitete mittlere elektrische Muskelaktivität in Abhängigkeit von der Elektrodenposition. Variation der Meßpunkte quer zum Faserverlauf des Muskels; 5 Ableitstellen (vgl. Inset). Mittelwerte von jeweils 8 Messungen.
Abszisse: Abstand der Meßpunkte von dem am weitesten ulnar gelegenen Elektrodenmeßpunkt in cm; Ordinate: mittlere elektrische Muskelaktivität in μV

Abb. 3. Bipolar vom M. biceps brachii abgeleitete mittlere elektrische Muskelaktivität in Abhängigkeit von der Kontraktionsstärke (1,3—7,9 kp). Mittelwerte von jeweils 8 Messungen. Berechnung der Regressionskoeffizienten für die Beziehung zwischen mechanischer und elektrischer Muskelaktivität (Ableitpositionen III und IV, vgl. Abb. 2). Der Unterschied zwischen den Koeffizienten 11,9 μV/kp und 18,7 μV/kp ist statistisch signifikant (P = 5%).
Abszisse: Kontraktionsstärke in kp; Ordinate: mittlere elektrische Muskelaktivität in μV

neten Ableitstellen meist signifikant unterschiedliche Werte für die mittlere elektrische Muskelaktivität zwischen benachbarten Ableitstellen auftraten (Rangvarianzanalyse nach KRUSKAL und WALLIS; Rangsummentest nach MANN und WHITNEY).

In Abb. 2 sind die bei einer der Versuchspersonen gewonnenen Werte für die mittlere elektrische Muskelaktivität in Abhängigkeit von der Elektrodenposition dargestellt. Jeder der abgebildeten 4 Kurvenverläufe gilt für eine definierte Kontraktionsstärke des Muskels (1,3—7,9 kp). Ein deutliches Spannungsmaximum findet sich jeweils über der Muskelmitte.

Bezieht man die Meßwerte für die mittlere elektrische Muskelaktivität auf die jeweilige Kontraktionsstärke, ergeben sich für die verschiedenen Ableitpositionen unterschiedliche Steilheiten bzw. Regressionskoeffizienten. In Abb. 3 sind entsprechende Kurvenverläufe widergegeben, die bei Verwendung der Ableitpositionen III und IV (vgl. Abb. 2) resultieren. Wie im dargestellten Beispiel, ergaben gleichartige Messungen an weiteren Probanden ebenfalls signifikant voneinander abweichende Regressionskoeffizienten bei Verschiebung der Ableitelektroden um 18—20 mm quer zum Faserverlauf des Muskels (*t*-Test zum Vergleich von Regressionskoeffizienten; $P = 5\%$).

Auch bei ,,unipolarer" Ableitung zeigte sich eine deutliche Abhängigkeit der registrierten elektrischen Aktivität von der Position der Ableitelektrode

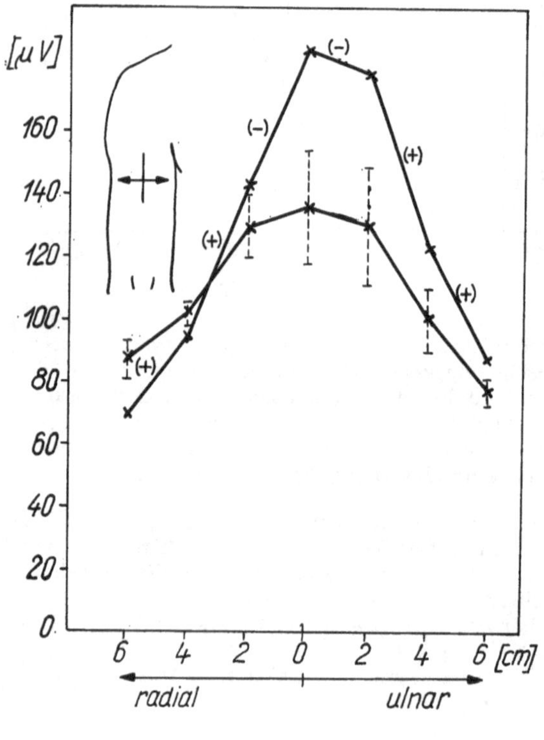

Abb. 4. Unipolar vom M. biceps brachii abgeleitete mittlere elektrische Muskelaktivität in Abhängigkeit von der Position der differenten Elektrode. Variation der Ableitpunkte quer zum Faserverlauf; 7 Ableitstellen (vgl. Inset). Indifferente Elektrode: Epikondylus radialis humeri. Stärker ausgezogener Kurvenzug: Mittelwerte und Standardfehler von 40 Messungen bei 4 Probanden. Dünner ausgezogener Kurvenzug: arithmetisches Mittel von 10 Messungen bei einem dieser Probanden.

Abszisse: Entfernung der differenten Elektrode zur Muskelmitte in cm; Ordinate: mittlere elektrische Muskelaktivität in µV.

(+): signifikanter Unterschied zwischen den von benachbarten Meßpunkten abgeleiteten Werten ($P = 5\%$)

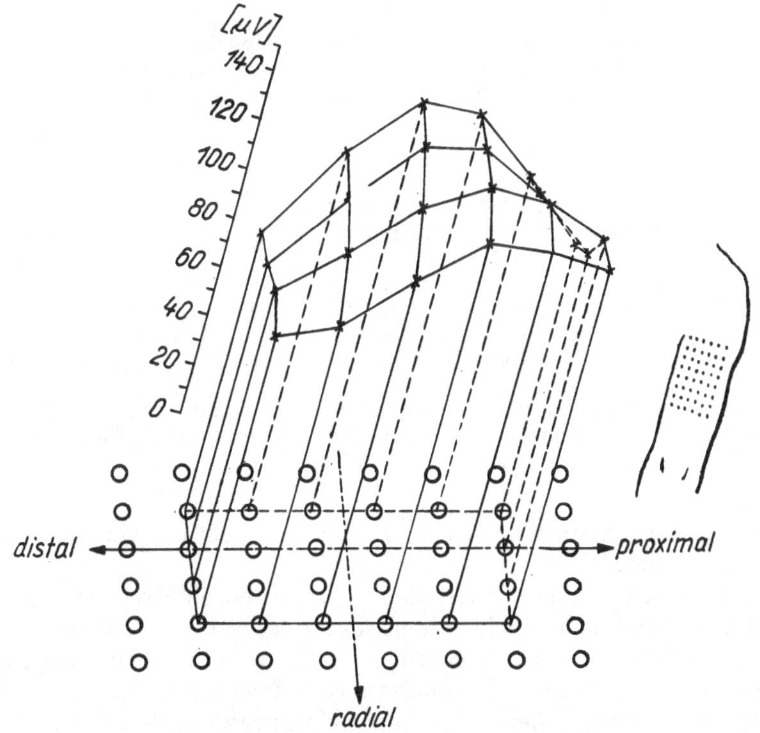

Abb. 5. Dreidimensionale Darstellung der Abhängigkeit der mittleren elektrischen Muskelaktivität von der Position der differenten Ableitelektrode. Gleitende Mittelung (m = 9) der 6 von jeder Ableitstelle registrierten Meßwerte. Gegenseitiger Abstand der 48 Meßpunkte auf dem M. triceps brachii: 2,5 cm längs und 1,5 cm quer zur Faserrichtung; untersuchte Fläche auf dem Muskel: 7,5 · 17,5 cm.
Indifferente Elektrode: Miteinander kurzgeschlossene Elektroden auf dem Acromion und dem Epikondylus radialis humeri. Ordinate: mittlere elektrische Muskelaktivität in µV

auf dem Muskel. Die in Abb. 4 dargestellten, an 4 Probanden ermittelten Untersuchungsergebnisse zeigen, daß bei einer Verschiebung der differenten Elektrode um 20 mm quer zum Faserverlauf die elektrische Muskelaktivität über der Muskelmitte ein Maximum aufweist. Die Unterschiede in der Spannungshöhe, die zwischen den über Muskelmitte liegenden und den 4 cm nach radial und ulnar versetzten Ableitstellen auftraten, konnten statistisch gesichert werden (Rangvarianzanalyse nach KRUSKAL und WALLIS). Mehrfach ließ sich auch ein Unterschied zwischen den von 2 benachbarten Ableitpositionen gewonnenen Spannungswerten nachweisen (Rangsummentest nach MANN und WHITNEY).

Abb. 5 enthält eine Darstellung der von zahlreichen Ableitstellen über dem Verlauf des M. *triceps brachii* bei einem Probanden unipolar registrierten und gleitend gemittelten elektrischen Muskelaktivität. Die über der Muskel-

Tabelle 1

Spannungsabfall in der Umgebung des Muskelmittelpunktes (M. triceps brachii). Relative Amplitudenhöhe zufällig ausgewählter, simultan auf 3 Kanälen registrierter Einzelpotentiale (arithmetisches Mittel, $n = 25$)

Vorgegebene Belastung [kp]	Relative Amplitudenhöhe der simultan registrierten Potentiale					
	radialer Meßpunkt	Muskelmitte [%]	ulnarer Meßpunkt	proximaler Meßpunkt	Muskelmitte [%]	distaler Meßpunkt
2,4	54	100	78	73	100	84
4,8	54	100	60	73	100	80
6,8	68	100	72	70	100	91

Abstand der radial und ulnar bzw. proximal und distal von der über der Muskelmitte liegenden Vergleichselektrode = 40 mm. Indifferente Elektrode: Epikondylus radialis humeri. Zeitauflösung = 25 msec · cm^{-1}.

mitte gemessenen Spannungen liegen deutlich über den von den Muskelenden abgeleiteten Werten.

Die nachgewiesene Abhängigkeit der registrierten elektrischen Spannung vom Ableitort ließ sich auch anhand der über verschiedene Elektrodenpositionen registrierten Einzelpotentiale zeigen. Bei einem Amplitudenvergleich von Potentialen, die simultan vom Tricepsmittelpunkt und zwei dazu symmetrisch gelegenen Ableitstellen registriert wurden, fanden sich im Mittel die höchsten Spannungswerte wiederum über der Muskelmitte (vgl. Werte in Tab. 1).

Diskussion

Bei arbeits- und sportphysiologischen Untersuchungen der elektrischen Aktivität tätiger Muskeln werden meist Oberflächenelektroden verwendet. Verschiedene Untersucher leiten dabei das EMG bipolar [28—32], andere „unipolar" ab [33—35], d. h. als Spannungsdifferenz zwischen der über dem Muskel gelegenen differenten Ableitstelle und einem muskelfernen sog. indifferenten Bezugspunkt. Mit Hilfe der beschriebenen Untersuchung sollte überprüft werden, ob bei beiden Ableitformen eine gesetzmäßige Abhängigkeit zwischen der Höhe der registrierten Muskelaktivität und der Lokalisation der Ableitelektroden besteht. Dies konnte für alle gewählten Elektrodenpositionen bestätigt werden; die höchsten Spannungswerte wurden über der Mitte des Muskels abgeleitet.

Aus den mitgeteilten Befunden folgt, daß bei elektromyographischen Untersuchungen mittels Oberflächenelektroden der Wahl der Ableitstelle auf dem Muskel wesentliche Bedeutung zukommt. Eine Änderung der Elektrodenposition um einige Millimeter kann signifikante Unterschiede in der Höhe der integrierten elektrischen Muskelaktivität ergeben und bei einer Zuordnung von mechanischen und elektrischen Aktivitätswerten unterschiedliche Regressionskoeffizienten erbringen.

Für die gewissenhafte technische Assistenz danken wir Frau W. LANGEN und Frau H. PIEPENBURG, für die Beratung bei der mathematisch-statistischen Auswertung dem Mathematiker Herrn D. BRÄUER

Literatur

[1] ASKANAZY, A. A.: Sechenov physiol. J. USSR **56**, 211 (1970)
[2] AVERJANOV, V. S.: Vest. Leningradskogo Univ., Biol. **9**, 64 (1963)
[3] BASMAJIAN, J. V.: Their functions revealed by electromyography. Williams und Wilkins, Baltimore 1970.
[4] LAURIG, W. u. W. ROHMERT: Schriftenreihe Arbeitsmedizin, Sozialmedizin, Arbeitshygiene **22**, 137 (1968)
[5] LAURIG, W.: Schriftenreihe Arbeitsmedizin, Sozialmedizin, Arbeitshygiene **16**, 2 (1967)
[6] WILKE, J., H. STROBEL u. H. FUCHS: Med. Sport, **10**, 49 (1970)
[7] BATTYE, C. K. u. J. JOSEPH: Med. biol. Engng. **4**, 125 (1966)
[8] BAYER, H. u. C. FLECHTENMACHER: Arbeitsphysiologie **14**, 261 (1960)
[9] BROWN, B. H.: Med. biol. Engng. **6**, 653 (1968)
[10] BUCHTHAL, F.: Einführung in die Elektromyographie. Urban und Schwarzenberg, München, Berlin 1958
[11] BUCHTHAL, F.: Berliner Med. **12**, 127 (1961)
[12] BUSKIRK, E. R. u. P. V. KOMI: Acta physiol. scand. **79**, 29A (1970)
[13] DRECHSLER, B.: Elektromyographie. Volk und Gesundheit, Berlin 1964
[14] EIFF, A. W. v.: Grundumsatz und Psyche. Springer, Berlin, Göttingen, Heidelberg 1957
[15] FEX, J. u. C. E. T. KRAKAU: Acta neurol. scand. **33**, 54 (1958)
[16] FIGAR, S.: Electromyography **5**, 96 (1965)
[17] GROSSMAN, W. D. u. H. WEINER: Psychosom. Med. **28**, 78 (1966)
[18] HANDWERKER, H.: Elektromyographische Untersuchungen gezielter Bewegungen bei psychischer Belastung. Dissertation, Julius-Maximilians-Universität Würzburg, Med. Fak., 1967
[19] HARDING, R. H. u. R. N. SEN: J. Physiol., Lond. **204**, 66 (1969)
[20] INMAN, V. T., H. J. RALSTON, J. B. SAUNDERS, B. FEINSTEIN u. E. W. WRIGHT: Electroenceph. clin. Neurophysiol. **4**, 187 (1952)
[21] JUNG, R.: Neurophysiologische Untersuchungsmethoden. Handbuch der inneren Medizin. **5/1** S. 1216. Springer, Berlin, Göttingen, Heidelberg 1953
[22] MATON, B., S. BOUISSET u. S. METRAL: Electromyography **9**, 311 (1969)
[23] PERSON, R. S. u. V. M. KUSHNAREV: Biophysics **8**, 238 (1963)
[24] PERSON, R. S.: Elektromyografija v issledovani-jach celoveka nauka. Izdatel'stvo „Nauka", Moskva 1969
[25] RICCI, B.: Physiological basis of human performance. Lea und Febiger, Philadelphia 1967
[26] SCHWERIN, O. v.: Dt. Z. Nervenhk. **142**, 18 (1937)
[27] LEKSZAS, G. u. H. NIEKE: Med. Sport **7**, 47 (1967)
[28] CHAPMAN, A. E. u. J. D. G. TROUP: Electromyography **9**, 263 (1969)
[29] LIPPOLD, O. C. J.: J. Physiol. **117**, 492 (1952)
[30] LIPPOLD, O. C. J. in: A manual of psychophysiological methods. P. H. VENABLES u. I. MARTIN (Hrsg.) North-Holland Publishing, Amsterdam 1967, S. 247
[31] VELE, F. u. V. JANDA: Electromyography **5**, 97 (1965)
[32] YEMM, R.: Arch. oral. Biol. **14**, 873 (1969)
[33] BERGES, D.: Int. Z. angew. Physiol. **17**, 57 (1958)

[34] CURRIER, D. P.: Phys. Ther. **49**, 724 (1969)
[35] FIDELIUS, K.: Wiss. Z. Dt. Hochschule Körperkultur Lpz., **2**, 217 (1959/60)

Anschrift der Verfasser: Dr. H. KRAMER, Prof. Dr. G. KÜCHLER, Deutsches Zentralinstitut für Arbeitsmedizin, 1134 Berlin-Lichtenberg, Nöldnerstr. 40–42

Summary

H. KRAMER and G. KUECHLER: The influence of varying parameters upon the electromyogram recorded with surface electrodes. I. The influence of electrode localization upon the electrical activity recorded from limb muscles

Surface electrodes were used for bipolar or unipolar recording the electrical muscle activity of untrained probands during repeated short-term contractions of muscles biceps and triceps brachii (pressure or traction of less than 15 per cent of the maximum voluntary strength) against a given constant resistance.
The level of the mean electrical muscle activity as well as the mean amplitude of related peaks of the EMG potentials depended on the position of the surface electrode.

Acta biol. med. germ., Band 28, Seite 489—496 (1972)

Aus dem Deutschen Zentralinstitut für Arbeitsmedizin Berlin (Direktor: Dr. H.-G. HÄUBLEIN), 1134 Berlin

Die Beeinflussung des mittels Oberflächenelektroden abgeleiteten Elektromyogramms durch ableittechnische Variablen

II. Zum Einfluß von Abstand, Flächengröße und Andruck der Elektroden auf die ableitbare elektrische Muskelaktivität

H. KRAMER, H. FRAUENDORF und G. KÜCHLER

(Eingegangen am 23. 4. 1971)

Zusammenfassung

Von großen Extremitätenmuskeln (M. biceps und triceps brachii, M. triceps surae) wurde bei definierter Kontraktionsstärke mittels Oberflächenelektroden die elektrische Muskelaktivität bestimmt. Abstand, Flächengröße und Andruck der Oberflächenelektroden wurden systematisch variiert. Die Höhe der bipolar abgeleiteten elektrischen Muskelaktivität erwies sich als unabhängig von der Flächengröße der Elektroden; sie nahm mit steigendem Elektrodenandruck zu. Bei einem Abstand zwischen den Elektroden von 6—10 cm fand sich bei den untersuchten Muskeln ein Maximum der elektrischen Muskelaktivität.

Einleitung

Die Spannungshöhe der bipolar und unipolar von Extremitätenmuskeln abgeleiteten elektrischen Muskelaktivität erwies sich als abhängig von der Lokalisation der Oberflächenelektroden (I. Mitteilung). Aufschluß über den möglichen Einfluß weiterer ableittechnischer Variablen auf das Elektromyogramm aktivierter Muskeln sollten Versuche erbringen, bei denen Abstand, Flächengröße und Andruck der verwendeten Oberflächenelektroden systematisch variiert wurden.

Methodik

Versuchsanordnung, Meßwerterfassung und Berechnung der mittleren elektrischen Muskelaktivität erfolgten entsprechend den in der I. Mitteilung beschriebenen Verfahren; die Versuchspersonen entstammten dem gleichen Personenkreis.
Um den Einfluß des Elektrodenabstandes auf die mittlere elektrische Muskelaktivität zu bestimmen, wurde eine elektrodenbestückte Gummileiste auf den untersuchten Muskel geklebt und mit Hilfe eines Schalters das EMG während definierter Kontraktionsstärke in raschem Wechsel über Elektrodenpaare unterschiedlichen Abstands registriert.
Für die Untersuchung des Einflusses der Elektrodenfläche auf die elektrische Muskelaktivität wurden runde Silberelektroden der Durchmesser 3, 5, 9, 12 und 15 mm nach-

einander auf dieselben Hautstellen über dem Muskelbauch appliziert. Eine fest auf dem Arm angebrachte federnde Halterung wirkte konzentrisch auf die Elektrodenrückflächen und gewährleistete einen gleichmäßigen Andruck und identische Lokalisation der Ableitelektroden bei einem Abstand von 77 mm zwischen den Elektrodenmittelpunkten. Um einen möglichen Einfluß der bei dieser Applikationstechnik gleichzeitig erfolgten Variation des Abstandes zwischen den Elektroden — gemessen von Elektrodenrand zu Elektrodenrand — nachzuweisen, sind weitere Untersuchungen mit unterschiedlich großen Elektroden bei geringerem und konstant gehaltenem Randabstand vorgenommen worden.

Definierte Änderungen des Elektrodenandrucks erfolgten mit Hilfe von Gewichten, die über eine Halteanordnung auf eine mit 2 Elektroden bestückte Kunststoffplatte (Elektrodengesamtfläche = 1 cm^2) einwirkten. Die Elektrodenplatte ist zu diesem Zweck dem sitzenden Probanden auf den M. biceps brachii bei gestrecktem, supiniertem und rechtwinklig nach ventral abduziertem Arm (Armauflage) appliziert und bei definierter Kontraktionsstärke (Zugbelastung des Unterarms) nacheinander in wechselnder Reihenfolge mit Gewichten zwischen 37 p und 1 kp belastet worden. Die im Ableitkreis bei Verwendung der verschiedenen Elektrodenanordnungen auftretenden Widerstände sind mit Hilfe einer 3 V-Wechselspannung von 1100 Hz bestimmt worden [1, 2].

Unter identischen Bedingungen wurden bei den einzelnen Versuchspersonen mehrere Messungen vorgenommen. Eine Prüfung auf das Vorliegen signifikanter Unterschiede zwischen den untersuchten Ableitbedingungen erfolgte mittels *t*-Test bzw. Wilcoxon-Test (P = 5%).

Ergebnisse

Bei bipolaren Ableitungen von großen Extremitätenmuskeln (Biceps und Triceps brachii, Triceps surae) fand sich, bei Variation des Elektrodenabstands in Richtung des Muskelfaserverlaufs, ein Maximum der mittleren elektrischen Muskelaktivität bei Elektrodenabständen zwischen 6 und 10 cm. In Abb. 1 sind die bei einer Untersuchung des M. triceps surae erhobenen Befunde dargestellt. Die 10 Ableitelektroden waren in einer Reihe längs des Faserverlaufs des Muskels angeordnet. Die am weitesten proximal und distal gelegenen Elektroden dienten bei der simultanen, zweikanaligen Ableitung als feststehende Bezugselektroden. Die 8 dazwischenliegenden Elektroden wurden nacheinander bei konstanter Kontraktionsstärke mittels Schalter an die Eingänge der Verstärker angeschlossen.

Entsprechende Untersuchungen an den Mm. biceps und triceps brachii erbrachten ähnliche Ergebnisse, d. h. maximale Spannungswerte bei Elektrodenabständen zwischen 6 und 10 cm.

Die Verwendung unterschiedlich großer Ableitelektroden (Durchmesser 3 bis 15 mm), die im Abstand von 77 mm (Entfernung zwischen den Elektrodenmittelpunkten) in Richtung des Faserverlaufs appliziert waren, ergab zwar unterschiedliche Widerstände im Meßkreis (vgl. die Meßwerte in Tab. 1), aber keinen Einfluß auf die Spannungshöhe der mittleren elektrischen Muskelaktivität. Abb. 2 zeigt das bei 38 Messungen an 3 Probanden ermittelte Ergebnis.

Bei relativ kleinem aber konstantem Elektrodenabstand (Messung von Mittelpunkt zu Mittelpunkt der Elektroden) zeigte sich bei Zunahme der

Flächengröße der Ableitelektroden eine Verminderung der mittleren elektrischen Muskelaktivität. Dieser Effekt wurde offensichtlich verursacht durch die gleichzeitig erfolgte Verkürzung des Abstandes zwischen den Elektroden (Messung von Elektrodenrand zu Elektrodenrand). Wenn dieser Abstand konstant gehalten wurde, ließ sich bei Verwendung unterschiedlich großer Elektroden (Durchmesser 5 und 12 mm) wiederum kein Einfluß auf die Höhe der abgeleiteten mittleren elektrischen Muskelaktivität nachweisen (vgl. Abb. 3).

Eine Erhöhung des Elektrodenandrucks (37 bis 1000 p · cm^{-2}) ergab für 4 von 6 untersuchten Probanden bei Drucken >200 p · cm^{-2} eine — verglichen mit den mittels unbelasteter Elektroden bei gleicher Kontraktionsstärke abgeleiteten Werten — signifikant erhöhte mittlere elektrische Muskelaktivität (vgl. Abb. 4).

In Abb. 5 sind die Widerstandswerte dargestellt, die bei diesen Probanden während der verschiedenen Elektrodenbelastungen in den Meßkreisen bestimmt wurden.

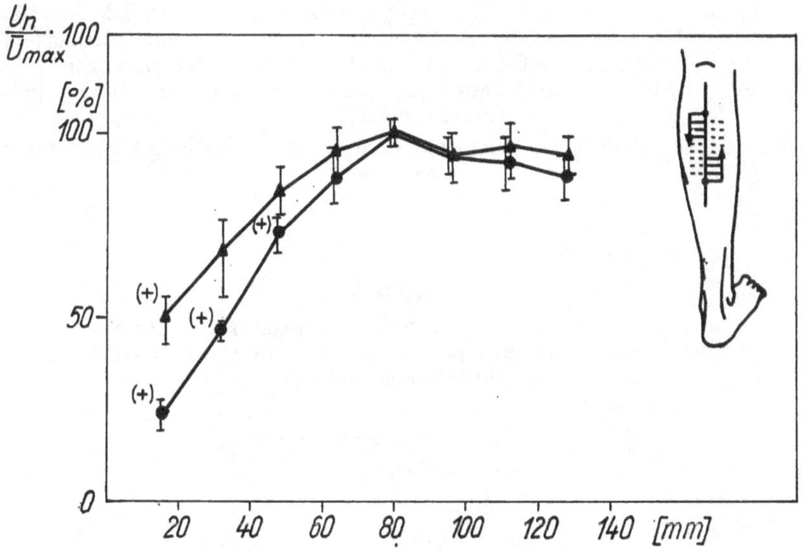

Abb. 1. Bipolar vom M. biceps surae abgeleitete elektrische Muskelaktivität in Abhängigkeit vom Abstand zwischen den Ableitelektroden. Simultane zweikanalige Ableitung gegen eine proximal (●———●) und eine distal (▲———▲) auf dem Muskel gelegene Elektrode. Dargestellt sind die relativen Mittelwerte und Standardfehler der mittleren elektrischen Muskelaktivität. Jedem Mittelwert liegen 8 Messungen bei einem Probanden zugrunde.

Ordinate: relative mittlere elektrische Muskelaktivität in %; Abszisse: Elektrodenabstand in mm. (+): Signifikanter Unterschied zu den beim Elektrodenabstand von 80 mm gemessenen Werten. (Berechnung der Vertrauensgrenze anhand der Absolutwerte; P = 5%).

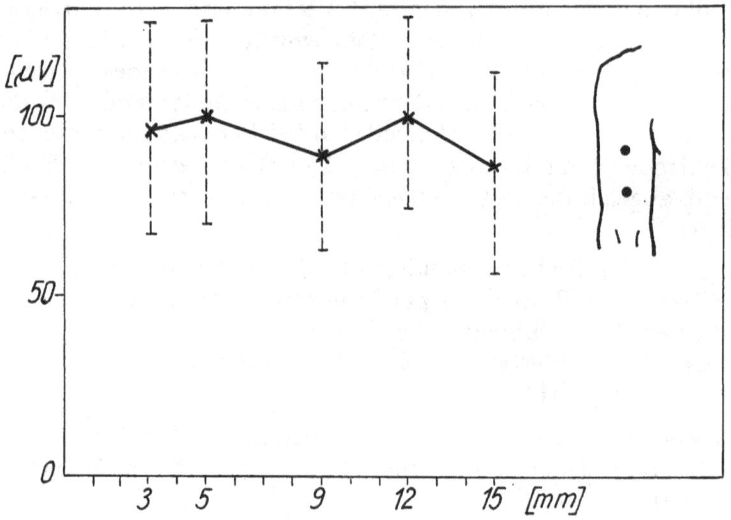

Abb. 2. Bipolar vom M. biceps brachii abgeleitete elektrische Muskelaktivität in Abhängigkeit von der Flächengröße der Ableitelektroden. Elektrodenabstand: 77 mm (Entfernung zwischen den Elektrodenmittelpunkten). Mittelwerte und Standardfehler der mittleren elektrischen Muskelaktivität von wiederholten Ableitungen ($n = 38$) bei 3 Probanden.

Ordinate: mittlere elektrische Muskelaktivität in μV; Abszisse: Elektrodendurchmesser in mm

Tabelle 1

Mittelwerte ($n = 3$) der Widerstände (Elektrode—Haut—Elektrode) bei den für bipolare EMG-Ableitungen verwendeten Oberflächenelektroden

Vp	Widerstände [kOhm]	
	kleine Elektroden	große Elektroden
H. Kr.	79,2	16,7
R. La.	70,9	17,3
W. La.	93,7	27,1
B. Mi.	79,9	17,7
H. Pi.	67,3	17,7
W. Qu.	81,0	23,2
D. Sch.	72,3	18,3

Elektrodendurchmesser = 5 mm und 12 mm; Elektrodenabstand (Mittelpunkt zu Mittelpunkt) = 20 mm; Meßspannung = 3 V Wechselstrom, 1100 Hz. Vp = Versuchsperson

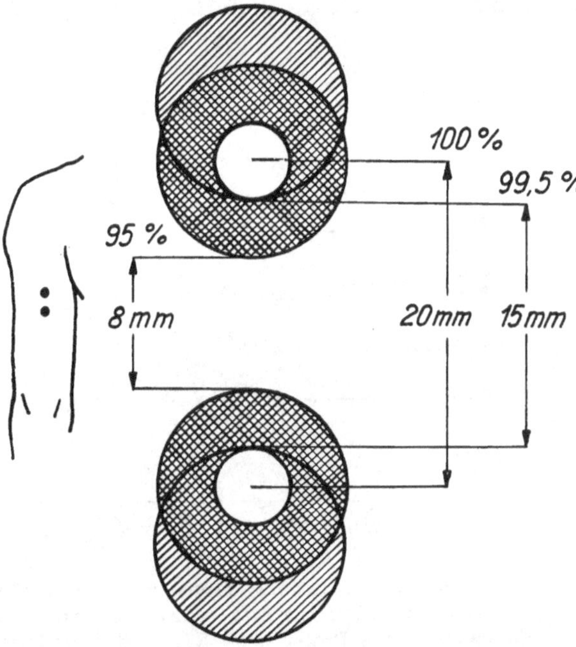

Abb. 3. Einfluß der Elektrodenfläche auf die bipolar abgeleitete elektrische Muskelaktivität unter Berücksichtigung des Elektrodenabstandes. 420 Messungen an 7 Probanden bei 3 verschiedenen Elektrodenanordnungen.

1. weißes Feld: Elektroden mit 5 mm Durchmesser, Abstand zwischen den Elektrodenmittelpunkten = 20 mm; Abstand zwischen den Innenrändern = 15 mm. Relative mittlere elektrische Muskelaktivität bei definierter Kontraktionsstärke = 100%
2. doppelt schraffiertes Feld: Elektroden mit 12 mm Durchmesser, Abstand zwischen den Elektrodenmittelpunkten = 20 mm; Abstand zwischen den Innenrändern = 8 mm. Relative mittlere elektrische Muskelaktivität bei gleicher Kontraktionsstärke ist mit 95% signifikant niedriger als bei 1 (*t*-Test für korrelierende Stichproben; P = 5%).
3. einfach schraffiertes Feld: Elektroden mit 12 mm Durchmesser, Abstand zwischen den Elektrodenmittelpunkten = 27 mm; Abstand zwischen den Innenrändern = 15 mm. Relative mittlere elektrische Muskelaktivität = 99,5%. (Kein signifikanter Unterschied zu 1.)

Diskussion

Die gefundene Beziehung zwischen der elektrischen Muskelaktivität und dem Elektrodenabstand könnte auf einen möglichen Zusammenhang zwischen diesen ableittechnischen Variablen, der Erregungsleitungsgeschwindigkeit im Muskel und den im EMG dominierenden Frequenzen hinweisen. Bei einer Leitungsgeschwindigkeit von 5 $m \cdot s^{-1}$ im M. biceps [3] und Vorzugsfrequenzen zwischen 30 und 50 Hz im mit Oberflächenelektroden abgegriffenen EMG [4—7] ergeben sich Wellenlängen von $\lambda = 10$ bis 16,5 cm. Das bedeutet, daß maximale Potentialdifferenzen bei Elektrodenabständen

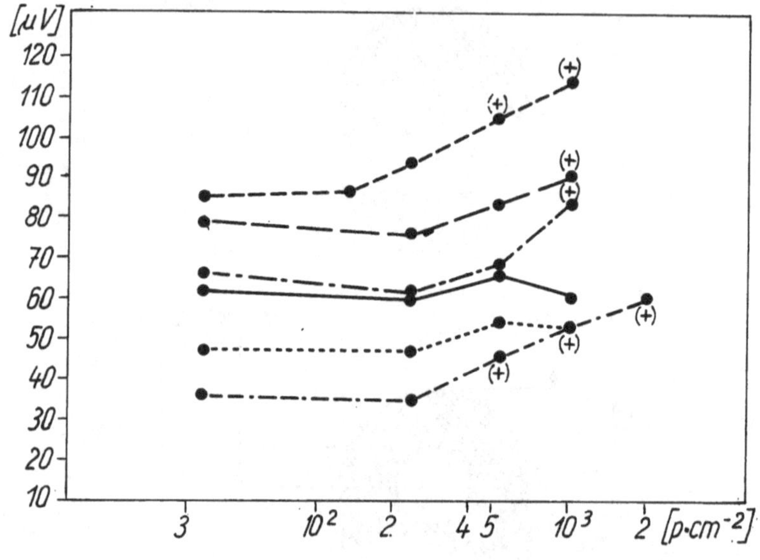

Abb. 4. Bipolar vom M. biceps brachii abgeleitete mittlere elektrische Muskelaktivität in Abhängigkeit vom Andruck der Elektroden. Dargestellt sind die Mittelwerte von jeweils 6 Messungen an 6 Probanden. Elektrodendurchmesser = 8 mm, Elektrodenabstand = 20 mm.
(+): Signifikanter Unterschied zu den bei geringstem Elektrodenandruck gemessenen Werten (Wilcoxon-Test; P = 5%). Ordinate: mittlere elektrische Muskelaktivität in μV; Abszisse: Elektrodenandruck in $p \cdot cm^{-2}$

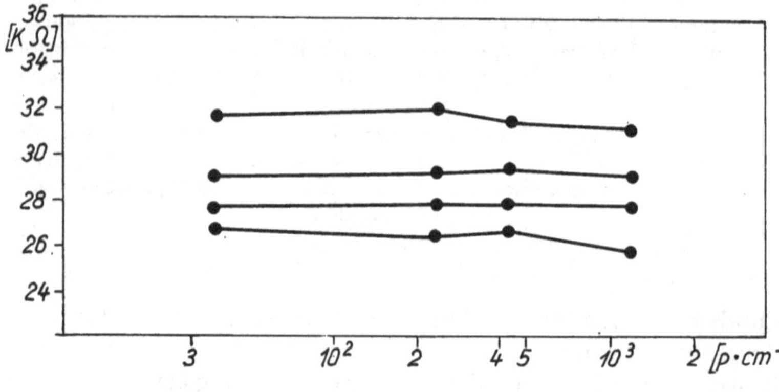

Abb. 5. Widerstandswerte im Ableitkreis in Abhängigkeit vom Elektrodenandruck Dargestellt sind die Mittelwerte von jeweils 3 Messungen (3 V Wechselstrom, 1100 Hz) bei den 4 Probanden mit signifikant veränderter elektrischer Muskelaktivität (vgl. Abb. 4).
Elektrodendurchmesser = 8 mm, Elektrodenabstand = 20 mm. Ordinate: Widerstand in kΩ; Abszisse: Elektrodenandruck in $p \cdot cm^{-2}$

entsprechend $\lambda/2 = 5$ bis 8,25 cm, also im gefundenen Größenordnungsbereich, zu erwarten sind.

Die trotz großer Impedanzunterschiede bestehende Irrelevanz der untersuchten Flächengrößen für die quantitative Bestimmung der elektrischen Muskelaktivität ist im hohen Eingangswiderstand des Registriergerätes begründet. Bei Annahme einer linearen Spannungsteilung errechnet sich überschlägig aus einem Widerstand im Meßkreis (Elektrode–Haut–Gewebe–Haut–Elektrode) von ca. 20 kOhm und dem Eingangswiderstand des Verstärkers $R_e = 200$ MOhm nach $100/(n+1)$; $n = R_e/(R_1 + R_2)$ [8] ein prozentualer Spannungsabfall von 0,01% der bei Vervierfachung des Übergangswiderstandes auf 0,04% anwächst.

Die während identischer Muskelanspannungen bei größerem Elektrodenandruck ermittelten höheren Werte der mittleren elektrischen Muskelaktivität können ebenfalls nicht auf den verminderten Elektroden–Haut-Übergangswiderstand zurückgeführt werden, da die andruckbedingten Widerstandsänderungen geringer als die bei unterschiedlich großen Elektroden gefundenen Werte waren. Vermutlich resultiert die Spannungszunahme bei steigendem Andruck aus der räumlichen Annäherung der Ableitebene an die Spannungsquelle. Bedeutung kann die Abhängigkeit der registrierten Spannung vom Elektrodenandruck bei unsachgemäß applizierten Elektroden gewinnen. Bei einem Vergleich der mit unterschiedlich befestigten Elektroden vom M. biceps brachii bei zwei Versuchspersonen abgeleiteten elektrischen Spannungen fanden sich hochsignifikante Zunahmen der mittleren elektrischen Muskelaktivität — im Mittel um 20%! — bei Befestigung der Elektroden durch ein nicht dehnbares, zirkulär um den Oberarm geführtes Band.

Literatur

[1] KRAUSE, W. u. G. LÖFFLER: Z. Psychol. **174**, 311 (1967)
[2] TIMPE, K.-P. u. A. LÖFFLER: Z. Psychol. **169**, 140 (1964)
[3] BUCHTHAL, F.: Berliner Med. **12**, 127 (1961)
[4] CHAFFIN, D. B.: J. occupat. Med. **2**, 109 (1969)
[5] KOGI, K. u. T. HAKAMADA: Rep. Inst. Sci. Labour **60**, 29 (1962)
[6] LAURIG, W.: Schriftenreihe Arbeitsmedizin, Sozialmedizin, Arbeitshygiene **16**, 2 (1967)
[7] FEX, J. u. C. E. T. KRAKAU: Acta psychiat. neurol. scand. **33**, 54 (1958)
[8] COOPER, R., J. W. OSSELTON u. J. C. SHAW: EEG technology. Butterworths, London 1969

Anschrift der Verfasser: Dr. med. H. KRAMER, Dr. med. H. FRAUENDORF, Prof. Dr. med. habil. G. KÜCHLER, Deutsches Zentralinstitut für Arbeitsmedizin, 1134 Berlin-Lichtenberg, Nöldnerstr. 40–42

Summary

H. KRAMER, H. FRAUENDORF and G. KUECHLER: The influence of varying parameters upon the electromyogram recorded with surface electrodes. II. The influence of distance, surface area and pressure of the electrodes against the skin upon recordable electrical muscular activity

Surface electrodes were used for bipolar recording the electromyogram of large skeletal muscles (M. biceps brachii, M. triceps brachii and M. triceps surae) during defined muscular tensions. The distance between the electrodes, the area of the electrodes and the pressure of the electrodes against the skin were systematically varied.
The mean electrical muscle activity was found to be independent of the area of the surface electrodes. The recorded electrical activity rose with increasing pressure of the electrodes against the skin in 4 out of 6 trials. When the distance between the electrodes was varied in a longitudinal direction to the muscle the mean electrical activity reached a maximum at a distance of 6 to 10 cm.
It is discussed that the maximum depends on the conduction velocity of the action potentials and the mean frequencies occurring in the EMG which were recorded by means of surface electrodes.

Acta biol. med. germ., Band 28, Seite 497—506 (1972)

Aus dem Carl-Ludwig-Institut für Physiologie der Karl-Marx-Universität Leipzig (Direktor: Prof. Dr. med. habil. H. DRISCHEL)
und dem Deutschen Zentralinstitut für Arbeitsmedizin Berlin-Lichtenberg (Direktor: Dr. H.-G. HÄUBLEIN)

Zur Wirkung von Kohlensäure am isolierten Skeletmuskel

II. Zur Bedeutung von Aminogruppen bei der CO_2-Wirkung

G. ISENBERG und G. KÜCHLER
unter Mitarbeit von R. GORSKI

(Eingegangen am 11. 6. 1971; nach Revision am 25. 8. 1971)

Zusammenfassung

In vorangegangenen Untersuchungen konnte gezeigt werden, daß gesteigerte CO_2-Drucke im sauren Milieu (*p*H 5,6) eine depolarisierende Wirkung auf das Membranpotential isolierter Froschskeletmuskeln ausüben. In der vorliegenden Arbeit wurde die Bedeutung von Aminogruppen für diesen „spezifischen CO_2-Effekt" untersucht. Isolierte Froschskeletmuskeln wurden mit chemischen Substanzen vorbehandelt, von denen angenommen wird, daß sie mit Aminogruppen der Membran- bzw. Zelleiweiße reagieren. Die Messung der Membranpotentiale erfolgte mit der Glasmikroelektrodentechnik bzw. mit der Saccharosetrennwandmethode.
Folgende Resultate wurden erhalten:
1. Formaldehyd, Azetaldehyd, Propionaldehyd, Butyraldehyd, Benzaldehyd, Natriumnitrit, Dinitrofluorbenzol und Ninhydrin bewirken in den getesteten Konzentrationen in neutralem Milieu eine allmähliche irreversible Depolarisation der Membran (ca. 10 mV/Std.).
2. Nach Vorbehandlung mit Aldehyden und Natriumnitrit bleibt bei Anwendung saurer Lösungen (*p*H 5,2) mit und ohne Zusatz von CO_2 die spezifische depolarisierende Wirkung von CO_2 nachweisbar.
3. Nach Vorbehandlung mit Dinitrofluorbenzol erscheint der spezifische CO_2-Effekt abgeschwächt. Nach Anwendung von Ninhydrin ist die depolarisierende Wirkung von CO_2 nicht mehr nachweisbar.
Die Ergebnisse stützen die Auffassung, daß an der Kontrolle von passiver Ionenpermeabilität und/oder aktivem Transport (H^+-Transport) positiv geladene Gruppen der Membranproteine (Aminogruppen) beteiligt sind. Durch CO_2, Ninhydrin und DNFB kann die Funktion dieser Gruppen modifiziert werden.

Einleitung

Ein im Milieu erhöhter CO_2-Gehalt löst nur dann deutliche Veränderungen am biologischen Präparat aus, wenn er mit einer erhöhten Wasserstoffionenkonzentration parallel geht [1—3]. Unter neutraler Reaktion können auch nach mehrstündigem Einwirken hoher CO_2-Drucke keine Veränderungen an Ruhemembranpotential und Ionengehalt isolierter Froschskeletmuskeln nachgewiesen werden [1]. Bei *p*H 5,2 depolarisieren CO_2-reiche Lösungen (32 Vol.% CO_2 + 68% O_2) das Ruhemembranpotential, durch CO_2-freie Lösungen gleichen *p*H-Wertes bleibt das Membranpotential dagegen unbeeinflußt [1]. Dieser in saurer Lösung auftretende CO_2-Effekt auf das Ruhemembranpotential wird im weiteren als „spezifischer CO_2-Effekt" bezeichnet.

Die bei *p*H 5,2 als „spezifischer CO_2-Effekt" beobachtete Membran-Depolarisation ist in gleicher Weise von CO_2-freien Lösungen auslösbar, wenn deren *p*H-Wert unter 4,5 gesenkt wird [4—7]. Es hat den Anschein, als ob das biologische Präparat durch Einwirken erhöhter CO_2-Drucke dem Einfluß einer erhöhten Wasserstoffionenkonzentration gegenüber empfindlicher würde.

In der Literatur wird hinsichtlich des Wirkungsmechanismus von CO_2 am biologischen Präparat unter anderem die Bildung von Karbaminoverbindungen diskutiert (chemische Bindung des CO_2 an freie Aminogruppen der Membranproteine) [3, 18]. Die vorliegende Arbeit beschäftigt sich mit der Frage, ob zur Erklärung des „spezifischen CO_2-Effekts" an der Membran Karbaminoverbindungen herangezogen werden können. Die Muskeln werden dazu mit Substanzen vorbehandelt, von denen anzunehmen ist [8], daß sie mit den Aminogruppen der Proteine reagieren. Wird der „spezifische CO_2-Effekt" nach derartiger Vorbehandlung modifiziert, würde ein solches Ergebnis für die Beteiligung von Karbaminoverbindungen beim Zustandekommen der depolarisierenden CO_2-Wirkung sprechen.

Methodik

Ruhemembranpotentiale wurden an Froschskeletmuskelfasern mittels Mikroelektrodentechnik bzw. Saccharosetrennwandmethode gemessen. Die Elektroden wurden mit 0,5 M KCl-Lösung gefüllt, der Spitzendurchmesser war kleiner als 1 μm, das Spitzenpotential nicht negativer als −5 mV, der Elektrodenwiderstand lag um 30 MOhm (s. [9]). Die Ableitung erfolgte mit einem hochohmigen Elektrometerverstärker (Schwingkondensatorelektrometer der Firma Vacutronik, Dresden). Dabei gelangten verschiedene Methoden zur Anwendung:

Einzelpunktion: Der isolierte M. sartorius wird in einer Kammer auf $^4/_3$ der Ausgangslänge gespannt. Mittels Mikroskoptrieb wird unter Sicht des Auges die Spitze der Mikroelektrode in den Muskel eingestochen, die geerdete Gegenelektrode liegt in der die Kammer füllenden Versuchsflüssigkeit. Da die oberflächliche Zellschicht beim Herauspräparieren des Muskels beschädigt werden kann, gelangen lediglich Potentiale der zweiten und dritten Zellschicht zur Auswertung. Die Punktionen erfolgen an 10 verschiedenen Stellen des Muskels. Aus den gemessenen Potentialen wird das mittlere Potential errechnet. In den Ergebnissen ist der Mittelwert mittlerer Potentiale von mindestens 6 Muskeln ± Streuung des Mittelwertes angegeben (s. auch [1]).

Elektrischer Muskelquerschnitt: Um zu verfolgen, wie die das Membranpotential verändernde Substanz in das Muskelinnere hinein vordringt, werden sogenannte „elektrische Muskelquerschnitte" aufgenommen: Die Spitze der Mikroelektrode wird von einer Synchron-Motor-betriebenen Vorschubeinrichtung mit einer Geschwindigkeit von 0,5 mm/min durch den Muskel geschoben. Immer dann, wenn sich die Elektrodenspitze im Inneren einer Zelle befindet, springt das mit einem Kompensationsbandschreiber registrierte Membranpotential auf negative Werte (s. a. [10]). Am M. sartorius läßt ein solcher Muskelquerschnitt meist 10 bis 12 Zellen erkennen.

Liegende Elektrode: Ein aus dem M. semitendinosus isoliertes, 3 bis 5 Zellen enthaltendes Faserbündel wird in einer Versuchskammer gehaltert, die fortlaufend mit gasgesättigter Lösung durchströmt wird. Unter mikroskopischer Kontrolle wird die Elektrodenspitze in eine der Zellen eingestochen und während der gesamten Versuchsdauer im Zellinneren belassen. Das Ruhemembranpotential wird in 15-min-Abständen abgelesen oder fortlaufend registriert. Mitunter ändern sich bei langer Versuchsdauer die elektrischen Eigenschaften der Glas-Elektroden. Daher werden Elektrodenwiderstand und Spitzenpotential nach dem Versuch kontrolliert. Falls sich das Spitzenpotential um mehr als 5 mV und die Elektrodenwiderstände um mehr als 10 MOhm veränderten, werden die Daten nicht zur Auswertung herangezogen. Nach Versuchsende werden auch die übrigen Zellen des Faserbündels punktiert.

Saccharosetrennwandmethode: Damit können extrazellulär an einzelnen isolierten Muskelzellen die Abweichungen des Membranpotentials vom Ausgangswert (Ringer-Lösung) verfolgt werden. Für die Beschreibung der Methode und deren Fehlerquellen s. z. B. [11, 12].

Lösungen: Mit Ringer-Lösung wird die mit technischem Sauerstoff durchperlte Lösung folgender Zusammensetzung bezeichnet (Angaben in mMol/l): NaCl 102; KCl 2,1; $CaCl_2$ 1,8; Borax 5,6; HCl 9,2; Glukose 16,5; *p*H 7,3; Gesamtosmolarität $\hat{=}$ 250 mOsmol/l.

Die CO_2-haltige Lösung wird mit einem Gemisch von 35 Vol.% CO_2 und 65 Vol.% O_2 durchströmt. Zusammensetzung: NaCl 108; KCl 2,1; $CaCl_2$ 1,8; $NaHCO_3$ 1,34; Borax 3,4; Bernsteinsäure 1,8; Glukose 16,5; *p*H 5,2.

Die CO_2-freie Lösung vom *p*H 5,2 wird mit technischem Sauerstoff durchströmt. Zusammensetzung: NaCl 108; KCl 2,1; $CaCl_2$ 1,8; Borax 3,4; Bernsteinsäure 1,8; Glukose 16,5.

Die Muskeln, an denen Einzelpunktionen und Muskelquerschnitte vorgenommen wurden, befinden sich in kleinen (25 ml) Erlenmeyer-Kölbchen. Sie werden mit dem jeweiligen in die Lösung einströmenden Gasgemisch bewegt. Die Lösung wird stündlich erneuert. Versuchstemperatur 20—24 °C.

Ergebnisse

Eigenwirkung der verwendeten Substanzen

Für die nachfolgenden Untersuchungen wurde eine Anzahl chemischer Substanzen ausgewählt, von denen angenommen wird, daß sie mit den NH_2- und SH-Gruppen der Proteine reagieren [8]. Sie werden im folgenden als „Aminogruppenblocker" bezeichnet. Einige der angewandten Substanzen besitzen ein im Vergleich zu an der Zellmembran gut permeierenden Teilchen hohes Molekulargewicht. Unter der Annahme, daß die Diffusion großer Moleküle ins Zellinnere hinein durch die zytoplasmatische Membran behindert wird, kann vermutet werden, daß diese „Aminogruppenblocker" zunächst mit den Aminogruppen im Proteinmantel der Membran reagieren. (Für die niedermolekularen „Aminogruppenblocker" muß angenommen werden, daß sie in beträchtlichem Maße durch die zytoplasmatische Membran in das Zellinnere einzudringen vermögen.)

Alle nachfolgend untersuchten „Aminogruppenblocker" depolarisieren das Membranpotential irreversibel, d. h. nach Entfernen der betreffenden Substanz aus dem Milieu bleibt die Zelle depolarisiert.

Die „Aminogruppenblocker" kamen kurz vor Beginn des Versuches als Zusätze zur Ringer-Lösung zur Anwendung. Ihre Konzentration wurde nach Ergebnissen von Vorversuchen so gewählt, daß das Membranpotential vom Ausgangswert (ca. —84 mV) in weniger als 4 Std. auf Werte von ca. —50 mV abfiel. Da Aldehyde schlecht wasserlöslich sind, ließ sich ihre Konzentration nicht beliebig erhöhen.
Da in der Literatur keine Angaben über den Einfluß der unter „Aminogruppenblocker" zusammengefaßten Substanzen auf das Ruhe-Membranpotential von Skeletmuskelzellen vorliegen, wird eine Übersicht über die Eigenwirkung dieser Substanzen vorangestellt.

Formaldehyd: Wird Formaldehyd in einer Konzentration von 3 mM der neutralen Ringer-Lösung zugesetzt, so fällt das Membranpotential nach einer vorübergehenden Hyperpolarisation innerhalb der ersten 5 min auf Werte zwischen -30 und -45 mV ab. Nach 100 min werden -42 ± 5 mV gemessen (Einzelpunktion).
Azetaldehyd: Unter Konzentrationen von 1 mM zeigt das Membranpotential eine nur geringe Depolarisation. Nach 1 min werden Depolarisationen von 10 ± 4 mV gemessen (liegende Elektrode, Saccharosetrennwand). Höhere Konzentrationen (3 mM) depolarisieren in 100 min um 30 bis 40 mV (Saccharosetrennwand).
Propionaldehyd (1 mM): In 1 min wird die Membran um 10 ± 4 mV depolarisiert (Saccharosetrennwand), nach 100 min beträgt das Membranpotential ca. -60 mV (liegende Elektrode).
Butyraldehyd (1—3 mM): Wie Azetaldehyd.
Benzaldehyd: Unter 1 mM Depolarisation in 1 min um 20 ± 3 mV (Saccharosetrennwand, liegende Elektrode). Bei 2 mM in 1 min Depolarisation um 35 ± 4 mV (Saccharosetrennwand), nach 100 min sind Potentiale von -48 ± 4 mV zu messen (Einzelpunktion).
Alloxan (1 mM): In 1 min Depolarisation um 5 ± 3 mV (Saccharosetrennwand, liegende Elektrode).
Chloramin T (1 mM): Nach anfänglicher etwa 20 min dauernder Hyperpolarisation von ca. 8 mV über dem Ausgangswert folgt eine starke Depolarisation. 100 min nach Zusatz von Chloramin T beträgt das Membranpotential ca. -15 bis -20 mV (Saccharosetrennwand, liegende Elektrode).
Natriumnitrit (2 mM): Innerhalb von 5 bis 10 sec wird die Membran um 35 mV depolarisiert (Saccharosetrennwand, liegende Elektrode). Daran schließt sich eine langsam fortschreitende Depolarisation an. Das Membranpotential beträgt nach 100 min -40 ± 6 mV (liegende Elektrode, Einzelpunktion).
Dinitrofluorobenzol (DNFB): 0,1 mM depolarisieren in 2 Std. auf 61 ± 4 mV (Einzelpunktion); 0,4 mM auf -54 ± 6 mV; 0,5 mM auf -46 ± 6 mV. Diese Depolarisation schreitet langsam fort. Nach 6 Std. werden bei 0,2 mM -50 ± 8 mV, unter 0,5 mM -42 ± 6 mV gemessen. Die mit liegender Elektrode bestimmten Potentialwerte betragen für 0,3 mM nach 1 Std. -68 ± 5 mV, nach 2 Std. -59 ± 6 mV, nach 3 Std. -55 ± 5 mV, nach 4 Std. -51 ± 6 mV.
Ninhydrin (Triketohydrindenhydrat) scheint nur schwer in das Muskelinnere einzudringen: Fasern, die von der Muskeloberfläche weiter als vier Zellagen entfernt sind, bleiben in ihrem Potential durch Konzentrationen von weniger als 2 mM unbeeinflußt; nach 10 Std. sind noch Potentiale von -83 ± 4 mV zu messen. Untersucht wurden Lösungen mit einem Gehalt von 1,0; 1,5; 1,6; 1,7; 1,8; 1,9; 2,0 mM. In der Konzentration von 2 mM führt Ninhydrin an den im Muskelinneren gelegenen Zellen schon nach zweistündiger Einwirkungsdauer auf Membranpotentiale von -50 ± 8 mV (Muskelquerschnitt), nach 6 und 10 Std. werden -20 ± 5 mV gemessen. Die an der Muskeloberfläche gelegenen Zellschichten depolarisieren bereits unter 1,5 mM in

2 Std. auf −60 ± 5 mV, unter 2 mM nach 2 Std. auf 0 mV. Bei einer Ninhydrinkonzentration von 1 mM sind an den äußeren Zellen keine Veränderungen des Membranpotentials nachweisbar (−84 ± 4 mV nach 10 Std.).

Der Einfluß von „Aminogruppenblockern“ auf den „spezifischen CO_2-Effekt“

Um den Einfluß von „Aminogruppenblockern“ auf den „spezifischen CO_2-Effekt“ zu erfassen, wurden die Muskeln bzw. Faserbündel in neutraler Ringer-Lösung mit einer geeigneten Konzentration des jeweiligen „Aminogruppenblockers“ so vorbehandelt, daß ihr Ruhe-Membranpotential nach 1 bis 3 Std. um —50 mV lag. Anschließend an diese Vorbehandlung wurde ein Muskel in CO_2-freier, der andere Muskel des gleichen Frosches in CO_2-haltiger Lösung inkubiert. Für beide Lösungen wurde ein *p*H-Wert von 5,2 angestrebt. Diese sauren Lösungen enthielten keine „Aminogruppenblocker“. Die in CO_2-freier und CO_2-haltiger Lösung gemessenen Potentialwerte wurden einem Paarvergleich unterzogen (Wilcoxon-Test; vorgegebene Irrtumswahrscheinlichkeit $2p = 0{,}1$).

Benzaldehyd: Nach der 100 min währenden Vorbehandlung mit 2 mM Benzaldehyd besitzt das Potential einen Ausgangswert von —53 ± 5 mV. In CO_2-haltiger, saurer Lösung (*p*H 5,3) läßt sich eine weitergehende Depolarisation nachweisen (Einzelpunktion): nach 5 Std. —45 ± 4 mV, nach 10 Std. —24 ± 7 mV. Saure, CO_2-freie Lösungen (*p*H 5,3) depolarisieren das Potential nur wenig über den Ausgangswert hinaus: nach 5 Std. 48 ± 5 mV, nach 10 Std. —48 ± 4 mV. Der Unterschied dieser Werte zu dem Ausgangspotential von —54 ± 5 mV ist nicht signifikant. Zwischen den Membranpotentialen der in CO_2-haltiger und CO_2-freier Lösung inkubierten Muskeln sind signifikante Unterschiede vorhanden, der „spezifische CO_2-Effekt“ ist erhalten.

Natriumnitrit: Nach einer 100 min andauernden Vorbehandlung mit 2 mM Natriumnitrit resultiert ein Ausgangspotential von —42 ± 3 mV. Saure, CO_2-haltige Lösungen (*p*H 5,3) depolarisieren das Membranpotential rasch weiter (Einzelpunktion). Nach 5 Std. sind Potentialwerte von —28 ± 3 mV erreicht, nach 10 Std. —5 ± 4 mV. Während die geringe Depolarisation CO_2-freier Lösungen nicht statistisch signifikant ist, läßt sich der Einfluß CO_2-haltiger Lösungen statistisch sichern. Die Unterschiede zwischen den in CO_2-haltiger und CO_2-freier Lösung gemessenen Potentialwerte sind signifikant, der „spezifische CO_2-Effekt“ ist erhalten.

Formaldehyd: 3stündige Vorbehandlung mit 3 mM Formaldehyd liefert für das Membranpotential einen Ausgangswert von —52 ± 3 mV (Einzelpunktion). Saure, CO_2-haltige Lösungen (*p*H 5,0) depolarisieren das Membranpotential rasch über den Ausgangswert hinaus. Es beträgt nach 1 Std. —43 ± 5 mV, nach 2 Std. —30 ± 5 mV, nach 5 Std. —25 ± 5 mV (Einzelpunktion). Auch saure, CO_2-freie Lösungen (*p*H 5,0) depolarisieren das Ausgangspotential nach Formaldehyd-Vorbehandlung (Abnahme von —52 ± 3 mV in 1 Std. auf —48 ± 3 mV, in 2 Std. auf —42 ± 3 mV, in 5 Std. auf —38 ± 4 mV). Die Versuchsdauer konnte nicht über 5 Std. hinaus ausgedehnt werden, da die Formalin-vorbehandelten Muskeln brüchig werden und beim Einspannen in die Meßkammer zerreißen. Die Unterschiede zwischen den in CO_2-haltiger und CO_2-freier Lösung gemessenen Potentialwerten sind signifikant, der „spezifische CO_2-Effekt" ist nach Formaldehyd-Vorbehandlung erhalten.

DNFB: Der Einfluß von DNFB wurde zunächst am Ganzmuskel untersucht. Eine zweistündige Vorbehandlung mit 0,5 mM DNFB liefert Ausgangswerte von -34 ± 4 mV. Unter dem Einfluß saurer, sowohl CO_2-haltiger als auch CO_2-freier Lösungen polarisiert die Membranum. Nach 3 Std. werden mit Einzelpunktion in CO_2-haltiger Lösung Potentiale von $+12 \pm 4$ mV, in CO_2-freier Lösung solche von $+7 \pm 4$ mV gemessen.

Die Differenzen dieser beiden Werte ist nicht signifikant.

Auch der nach 2stündiger Vorbehandlung mit 0,4 mM DNFB resultierende Ausgangs-Potentialwert von -53 ± 3 mV wird von beiden Lösungen nach 3 Std. zu positiven Potentialen verschoben. In CO_2-haltiger Lösung wurden $+10 \pm 3$ mV, in CO_2-freier Lösung $+ 4 \pm 5$ mV gemessen. Das Potential der in CO_2-haltiger Lösung äquilibrierten Muskeln ist signifikant positiver als das der Muskeln in CO_2-freier Lösung.

Die an je 5 Einzelfaserpräparaten mit der „liegenden Elektrode" gewonnenen Ergebnisse sind in Abb. 1 dargestellt. An den 40 min mit 0,3 mM DNFB vorbehandelten Präparaten verursachen sowohl CO_2-haltige als auch CO_2-freie, saure (pH 5,2) Lösungen eine De- und Umpolarisation. Die Depolarisationsgeschwindigkeit zeigt jedoch signifikante Unterschiede in Abhängigkeit zum CO_2-Gehalt der sauren Versuchslösung. Die nach 6 Std. ermittelten

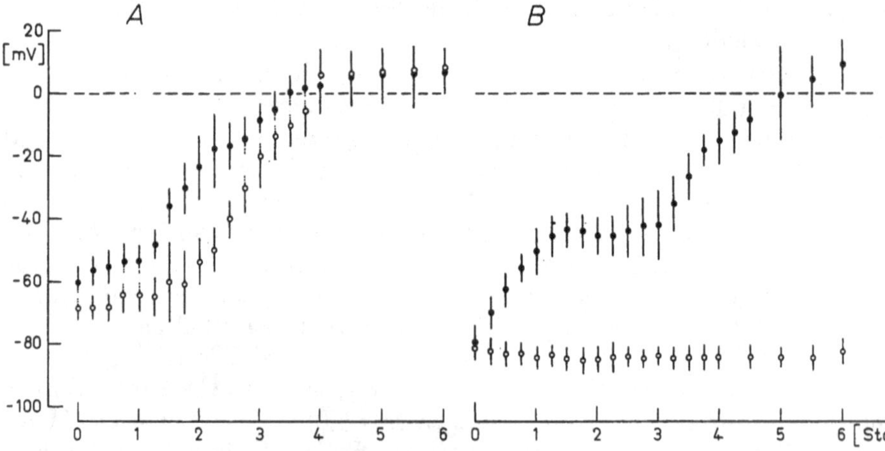

Abb. 1. Einfluß von DNFB (0,3 mM) auf den „spezifischen CO_2-Effekt". Die Potentiale wurden an je 5 Einzelfaserpräparaten mit intrazellulär liegender Elektrode abgeleitet. Ordinate: Membranpotential in mV, Abszisse: Zeit in Std.
A: 30 min Vorbehandlung mit DNFB; B: keine DNFB-Vorbehandlung.
● = CO_2-haltige Lösung, pH 5,2; ○ = CO_2-freie Lösung, pH 5,2.
Versuchstemperatur: 20–24 °C

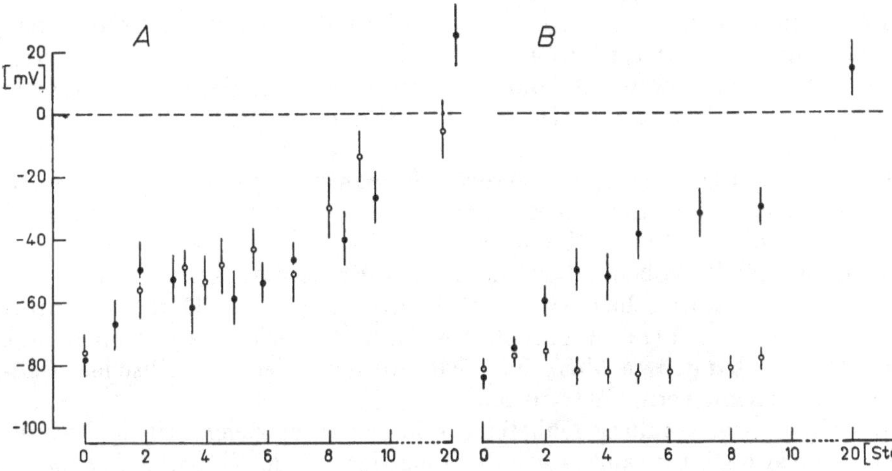

Abb. 2. Einfluß von Ninhydrin (1 mM) auf den „spezifischen CO_2-Effekt". Die Potentiale wurden an 6 Muskelpaaren mit der Methode des „elektrischen Muskelquerschnittes" gewonnen.
Ordinate: Membranpotential in mV; Abszisse: Zeit in Std.
A: Nach 4stündiger Vorbehandlung mit Ninhydrin; B: keine Ninhydrin-Vorbehandlung
● = CO_2-haltige Lösung, *p*H 5,3; ○ = CO_2-freie Lösung, *p*H 5,3.
Versuchstemperatur: 20—24 °C

positiven Potentiale zeigen keine Unterschiede zwischen DNFB-vorbehandelten Fasern in CO_2-haltiger und CO_2-freier Lösung.

Ninhydrin: Für die Beurteilung der Ninhydrinwirkung wurden Konzentrationen von 1 mM herangezogen, da die unter 1,5 mM beobachtete starke Eigendepolarisation dieser Substanz (s. o.) den zu erwartenden CO_2-Effekt verdecken würde. Abb. 2 zeigt die im Anschluß an eine 4stündige Vorbehandlung am isolierten M. sartorius mit „elektrischen Muskelquerschnitten" gewonnenen Ergebnisse. Saure, sowohl CO_2-haltige als auch CO_2-freie Lösungen verschieben in 15 Std. den Ausgangs-Potentialwert auf positive Potentiale. Im Zeitgang der Depolarisation (erste 6 Std.) lassen sich zwischen Muskeln in CO_2-haltiger und CO_2-freier Lösung keine signifikanten Differenzen nachweisen. Nach 20 Std. liegt das Potential der in saurer, CO_2-haltiger Lösung inkubierten Muskeln mit $+15 \pm 3$ mV gering über demjenigen der in saurer, CO_2-freier Lösung aufbewahrten Muskeln ($+ 9 \pm 3$ mV; Signifikanz der Differenz erst bei $2p = 0{,}2$). Der „spezifische CO_2-Effekt" ist nach Vorbehandlung der Muskeln mit Ninhydrin weitgehend verschwunden.

Diskussion

Unter der Annahme, daß den Aminogruppen der Membranproteine beim „spezifischen CO_2-Effekt" eine besondere Bedeutung zukommt, sollte man erwarten, daß nach Blockierung der Aminogruppen der „spezifische CO_2-

Effekt" nicht mehr nachweisbar ist. Die erhaltenen Ergebnisse erlauben keine einheitliche Interpretation.

Eine erste Gruppe der als „Aminogruppenblocker" bezeichneten Substanzen besitzt keinen Einfluß auf den „spezifischen CO_2-Effekt" (Formaldehyd, Benzaldehyd und Natriumnitrit). Es hat den Anschein, als wäre in saurer, CO_2-freier Lösung die depolarisierende Eigenwirkung der Aminogruppenblocker registriert worden; diese wird in saurer, CO_2-haltiger Lösung vom „spezifischen CO_2-Effekt" überlagert.

Die unter DNFB-Vorbehandlung erhaltenen Ergebnisse lassen die Deutung zu, daß hier der unterschiedliche Einfluß CO_2-haltiger und CO_2-freier (saurer) Lösungen auf das Membranpotential weniger deutlich ist als an nicht mit DNFB vorbehandelten Muskeln. Das Ausmaß des „spezifischen CO_2-Effektes" scheint vermindert zu sein.

Ninhydrin-Vorbehandlung schließlich führt zu einer gleichartigen De- und Umpolarisation durch saure, sowohl CO_2-haltige als auch CO_2-freie Lösungen. Der als „spezifischer CO_2-Effekt" beschriebene Potentialunterschied ist nicht mehr nachweisbar.

Allen verwendeten „Aminogruppenblockern" ist gemeinsam, daß die Zelle mehr oder minder rasch depolarisiert wird. Fragt man nach den Ursachen dieser Depolarisation, so deutet eine innerhalb weniger Sekunden auftretende Potentialänderung (Natriumnitrit, Ninhydrin) auf Permeabilitätsverschiebungen an der Zellmembran. Orientierende Untersuchungen über das Verhalten des Membranwiderstandes sprechen im Zusammenhang mit der Membrandepolarisation für eine unter Natriumnitrit und Ninhydrin (hohe Konzentrationen) gesteigerte Natrium-Permeabilität.

An Riesenaxonen vom Krebs führt DNFB zu einer Verbreiterung des Aktionspotentials und zu Veränderungen in den relativen Permeabilitäten für K^+ und Cl^- [20]. Es wird vermutet, daß positive, in der Membran fixierte Ladungen (Aminogruppen) an der Kontrolle der selektiven Membranpermeabilität beteiligt sind.

Wenn der „spezifische CO_2-Effekt" auf einem passiven physikalisch-chemischen Wirkungsmechanismus [3] beruht, der mit der guten Lipidlöslichkeit und der dadurch bedingten guten Membranpermeabilität des CO_2 in Zusammenhang steht, sollte man folgern, daß Ninhydrin die Membranpermeabilität für H^+ auf diejenige von CO_2 erhöht. Beim Wechsel von neutraler auf saure Versuchslösung wäre ein entsprechendes H^+-Potential oder wenigstens ein Anteil davon an der Membran zu erwarten.

Es wäre andererseits denkbar, daß dem „spezifischen CO_2-Effekt" weniger passive, physikalisch-chemische, als „aktive", stoffwechselabhängige Faktoren zugrunde liegen, (Ionenpumpe = Transport-ATPase). Laufen die unter dem Einfluß der verwendeten „Aminogruppenblocker" beobachteten Membranpotentialänderungen langsam ab, so besteht die Möglichkeit, daß sie durch einen Ausgleich der Ionenkonzentrationsdifferenzen an der Zellmembran zustande kommen, wenn die Transport-ATPase in ihrer Leistung beeinträchtigt wurde. Eine Fermenthemmung könnte einmal dadurch entstehen, daß die als „Aminogruppenblocker" verwendeten Substanzen das ATPase-Molekül direkt angreifen und somit zu einer unspezifischen Inaktivierung führen. Für die DNFB-haltigen Lösungen ist zu berücksichtigen, daß ein Teil des zugesetzten DNFB hydrolisierte und DNP bildete. Unter DNP-Einfluß (Entkoppelung von Oxydation und Phosphorylierung) fällt das für den aktiven Transport notwendige ATP-Niveau, und die Transportleistung sinkt. Werden Skeletmuskeln mit DNP oder Monojodessigsäure behandelt, so steigt die Depolarisationsgeschwindigkeit in sauren ($< pH$ 5,0) Versuchslösungen [19].

Befinden sich Skeletmuskelfasern in Lösungen mit einem pH-Wert $> 5,3$, so ändert sich die aktuelle Reaktion ihres Zellinneren nicht [13—15]; es wird angenommen, daß der intakte Zellstoffwechsel durch aktiven Transport (H^+-K^+-Austausch) trotz des an der Membran stark erhöhten H^+-Gradienten den intrazellulären pH-Wert konstant halten kann [16].

Die Leistung dieses aktiven, nach dem Extrazellularraum gerichteten H^+-Transports könnte sowohl durch den Einfluß von „Aminogruppenblockern" als auch unter der Wirkung eines gesteigerten CO_2-Druckes vermindert sein. Nach dieser Hypothese wäre die Spezifität des CO_2-Effektes im unterschiedlichen Leistungsvermögen eines im sauren Außenmilieu gesteigerten aktiven H^+-Austransports zu suchen.

Literatur

[1] KÜCHLER, G. u. B. MERREM: Acta biol. med. germ. **25**, 399 (1970)
[2] MEVES, H. u. K. G. VÖLKNER: Pflügers Arch. ges. Physiol. **265**, 457 (1958)
[3] MEVES, H.: Die Wirkung der Kohlensäure auf lebende Gewebe. Medizin, Theorie und Klinik in Einzeldarstellungen. Hüthing, Heidelberg 1958
[4] PAUSCHINGER, P. W. u. W. KUTSCHA: Pflügers Arch. ges. Physiol. **274**, 4 (1961)
[5] KÜCHLER, G. u. V. SINZ: Pflügers Arch. ges. Physiol. **278**, 624 (1964)
[6] KUTSCHA, W., P. PAUSCHINGER u. K. BRECHT: Pflügers Arch. ges. Physiol. **280**, 1 (1964).
[7] GILBERT, D. L. u. W. E. LOWENBERG: J. cell. comp. Physiol. **63**, 359 (1964)
[8] PEARSE, A. G. E.: Histochemistry, Theoretical and Applied. Churchill, Boston 1961, S. 84
[9] KÜCHLER, G.: Pflügers Arch. ges. Physiol. **280**, 210 (1964)
[10] ELZE, P., G. ISENBERG u. G. KÜCHLER: Acta biol. med. germ. **22**, 79 (1969)
[11] MERREM, B., G. KÜCHLER u. G. ISENBERG: Acta biol. med. germ. **21**, 51 (1968)
[12] KÜCHLER, G. u. B. MERREM: Acta biol. med. germ. **21**, 67 (1968)
[13] HILL, A. V.: Proc. R. Soc., Ser. B **144**, 1 (1956)
[14] CALDWELL, P. C.: J. Physiol., Lond. **142**, 22 (1958)
[15] KOSTYUK, P. G. u. T. A. SORONIKA in: Membrane transport and metabolism. A. KLEINZELLER u. A. KOTYK (Hrsg.). Publ. House Czech. Acad. Sci., Prag 1961
[16] NETTER, H. in: Biochemie des aktiven Transports. 12. Mosbacher Colloquium 1961. Springer, Berlin, Göttingen, Heidelberg 1961, S. 15
[17] HUTTER, O. F. u. A. E. WARNER: J. Physiol., Lond. **189**, 403 (1967).
[18] MARGARIA, R. u. A. A. GREEN: J. biol. Chem. **102**, 611 (1933)
[19] KÜCHLER, G. u. V. SINZ: Pflügers Arch. ges. Physiol. **286**, 83 (1965)
[20] STRICKHOLM, A. u. P. SHRAGER: J. gen. Physiol. **55**, 145 (1970)

Summary

G. Isenberg and G. Kuechler with cooperation of R. Gorski: The effect of carbonic acid upon isolated skeletal muscle. II. The role of amino groups in the action of CO_2

In previous investigations it has been shown that increased CO_2 tensions in acid solutions (*p*H 5.6) decrease the membrane potential of isolated frog skeletal muscles. The role of amino groups in this specific CO_2 effect was studied. Isolated frog skeletal muscles were prepared with solutions containing additions of chemical agents which react with amino groups. Membrane potentials were measured using glass microelectrodes or sucrose gap.

1. Formaldehyde, acetaldehyde, propionaldehyde, butyraldehyde, benzaldehyde, nitrite, fluorodinitrobenzene and ninhydrine in the concentrations tested cause gradual irreversible depolarization (about 10 mv/hr) in neutral solutions.

2. After pretreatment with aldehydes and NO_2^- the specific depolarizing effect of CO_2 remains detectable when tested by application of acid solutions (*p*H 5.2) with and without addition of CO_2.

3. After pretreatment with fluorodinitrobenzene the specific CO_2 effect is decreased. After pretreatment with ninhydrine there is no difference in the depolarization of the membrane caused by acid solutions (*p*H 5.2) with or without addition of CO_2.

The results support the view that positive fixed charges (amino groups) are involved in the ionic permeability control or in the active ionic (H^+) transport and that the function of these groups can be modified by CO_2, ninhydrine and fluorodinitrobenzene.

Acta biol. med. germ., Band 28, Seite 507—514 (1972)

Aus der Abteilung für klinische Neurophysiologie (Leiter: Doz. Dr. med. habil. F. KLINGBERG) des Bereiches Medizin der Karl-Marx-Universität Leipzig

Der Einfluß von L(+)Zystein und L(—)Zystin auf die Ausarbeitung, die Retention und das Auslöschen der bedingten Fluchtreaktion bei Ratten

P. MAGER, S. THEIL und F. KLINGBERG

(Eingegangen am 5. 7. 1971)

Zusammenfassung

Die Wirkungen von i.p. appliziertem L(+)Zystein und L(—)Zystin (in Dosierungen von 10 und 100 mg/kg) auf die Ausarbeitung und das Auslöschen von bedingten Fluchtreflexen (Stabsprungmethode) wurden an männlichen Ratten (hooded rats) im Vergleich zu i.p. Injektionen von 0,9%iger NaCl-Lösung getestet. Die Lösungen wurden täglich 20 min vor Versuchsbeginn appliziert. Es ergab sich eine Steigerung der Erfolgsquote, der Aufenthaltsdauer am Stab, einer Verkürzung der Reaktionszeiten, verlangsamtes Auslöschen und eine erhöhte Retention (am 45. und 105. Tag nach Beendigung des Trainings) unter L(+)Zystein, während L(—)Zystin eine entgegengesetzte Wirkung hatte.

Einleitung

Aminosäuren können direkte Wirkungen auf Nervenzellen ausüben. Es wird angenommen, daß Monoaminosäuren mit zwei funktionellen Säuregruppen, wie Glutamat, eine exzitatorische und Monoaminosäuren mit einer funktionellen Säuregruppe, wie Glyzin und GABA (γ-Aminobutyrat), eine inhibitorische Bedeutung besitzen [3]. Ob diese schematische Einteilung berechtigt ist, läßt sich zur Zeit noch nicht übersehen. So wurde erst kürzlich angegeben, daß L-Zystein wahrscheinlich eine erregende Wirkung in peripheren Nerven und im Rückenmark hat [5] und zu einer Desynchronisation und Aktivitätszunahme im ECoG führt [10].

Bei der Analyse der Aminosäuren des Gehirns wurden bisher nur im geringen Umfang die schwefelhaltigen Aminosäuren Zystein und Zystin berücksichtigt. Über die regionale Verteilung dieser Aminosäuren und ihre funktionellen Wirkungen im ZNS gibt es auffallend wenig Literaturangaben. Das Zystathionin als Prekursor des Zysteins steht in verschiedenen kortikalen Gebieten nach Glutamat und Glutamin an dritter Stelle in der Konzentration [22], ist ein Hauptbestandteil des Pools der freien Aminosäuren im Menschen- und Affenhirn (nicht in der Leber, Niere und im Skelettmuskel), zeigt eine postsynaptische Inhibitorfunktion auf spinale Neurone bei Katzen [20] und führt zu einer Synchronisation im ECoG [10]. Das reduzierte Glutathion steht im Thalamus an zweiter Stelle [16]. Zystin wird in äußerst geringen Konzentrationen im Gehirn aufgefunden [9]. Durch Reizung der mesenzephalen Formatio reticularis wird ein Anstieg des Zysteins im dorsalen Hypothalamus, nicht im ventralen, sowie in bestimmten Kortexregionen induziert [7]. Bei Verhaltungsuntersuchungen wurde bisher nur das Zystamin, das Oxydationsprodukt des dekarboxylierten Zysteins, getestet. In einer Dosis von 10 mg/kg i.p. soll es bei Albino-Ratten die Ausbildung bedingter Reaktionen verringern [2]. In der vorliegenden Arbeit wird über die Ergebnisse der Wirkung von L(+)Zystein und L(—)Zystin auf die Ausarbeitung, die Retention und das Auslöschen bedingter Fluchtreflexe bei Ratten berichtet.

Methodik

Als Versuchstiere dienten 36 männliche Druckrey-Ratten (hooded rats) im Alter von 6—8 Monaten und einem Gewicht von 340—400 g. Die Tiere erhielten eine Standardkost (Futter R 19 der Staatlichen Zentralstelle für Versuchstierzucht, Berlin) und Wasser ad libitum. Die Ausarbeitung der bedingten Fluchtreaktion erfolgte mit der Stabsprungmethode. Als bedingter Reiz diente ein Ton von 1,5 kHz mit konstanter Lautstärke, der nach 3,5 sec durch einen elektrischen Reiz vom Bodengitter (50 V Wechselstrom) bekräftigt wurde. Die Tiere konnten an den in der Mitte des Käfigs hängenden Holzstab entfliehen. Die Reaktionszeit (RZ) und Aufenthaltsdauer auf dem Stab (Haltezeit = HZ) wurden mittels elektrischer Stoppuhren gemessen. Täglich wurden zehn Kombinationen mit einem Intervall von 10—90 sec gegeben. Nachdem an mindestens zwei aufeinanderfolgenden Tagen der Prozentsatz positiv bedingter Reaktionen größer oder gleich 70% war, wurde der unbedingte Reiz weggelassen und das Erlöschen des bedingten Fluchtreflexes gemessen. Die zu testenden Substanzen wurden 20 min vor Versuchsbeginn i.p. appliziert; das Injektionsvolumen betrug 5,0 ml/kg Körpergewicht. Die Wirkung von L(+)Zystein und L(—)Zystin wurde an Tieren verschiedener Gruppen in je zwei Konzentrationen (10 und 100 mg/kg) im Vergleich zu einer 0,9%igen NaCl-Lösung untersucht. Es wurde kristallines L(+)Zystein und tyrosinfreies L(—)Zystin benutzt. Die Substanzen wurden dünnschichtchromatographisch auf ihren Reinheitsgrad geprüft.

Der Signifikanztest für die Unterschiede der Reaktions- und Haltezeit erfolgte mit dem parameterfreien U-Test nach MANN [18], für die Prozent-Mittelwerte nach VAN DER WAERDEN [21]. Zur Bildung der arithmetischen Mittelwerte (keine signifikanten Unterschiede in der gleichen Versuchsgruppe) wurde überprüft, ob eine Gauß-Verteilung vorliegt.

Ergebnisse

Ausarbeitung der bedingten Fluchtreaktion

Die tägliche Injektion von 10 mg/kg L(+)Zystein führt zu keiner signifikanten Veränderung der Ausarbeitung des bedingten Fluchtreflexes (bR) im Vergleich zu den Kontroll-Tieren, die 0,9%ige NaCl-Lösung erhielten (Abb. 1). Eine Steigerung der Dosis auf 100 mg/kg (Abb. 2) ergibt eine signifikante Beschleunigung der Ausarbeitung der bR ($p < 0{,}025$ am 2., $p < 0{,}005$ am 3., $p < 0{,}025$ am 4., $p < 0{,}05$ am 5., und 6. Tag).

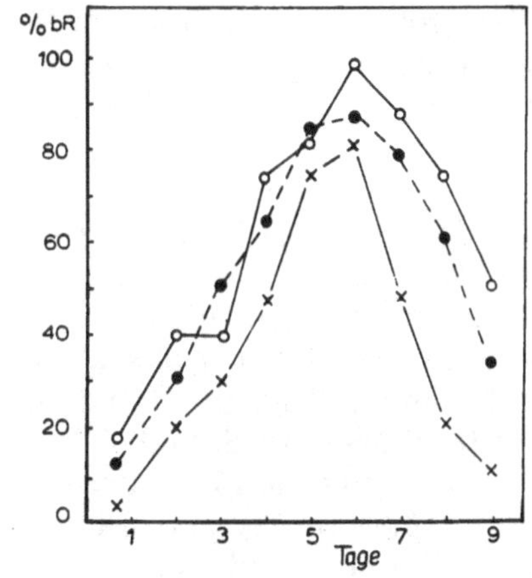

Abb. 1

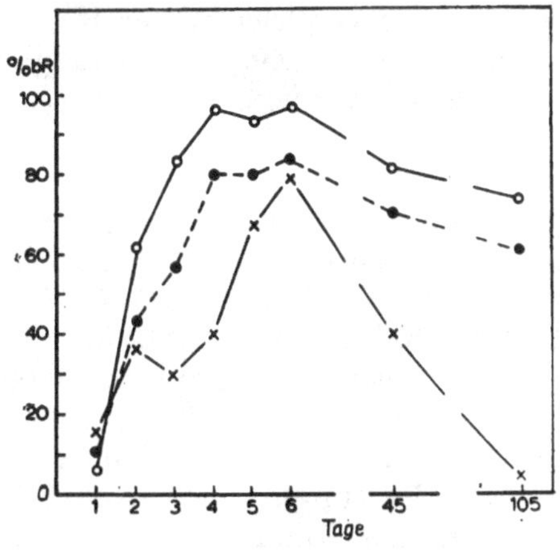

Abb. 2

Abb. 1. Anzahl der bedingten Fluchtreflexe in Prozent der gegebenen Reizkombinationen (% bR) unter der Wirkung von 10 mg/kg L(+)Zystein (○——○), 10 mg/kg L(−)Zystin (×——×) und 0,9%iger NaCl-Lösung (●– –●). Mittelwerte von 6 Ratten je Gruppe bei täglich 10 Reizkombinationen. Beginn des Auslöschens am 7. Tag

Abb. 2. Anzahl der bedingten Fluchtreflexe in Prozent der gegebenen Reizkombinationen (% bR) unter Wirkung von 100 mg/kg L(+)Zystein (○——○), 100 mg/kg L(−)Zystin (×——×) und 0,9%iger NaCl-Lösung (●– –●). Mittelwerte von 6 Ratten je Gruppe bei täglich 10 Reizkombinationen. Am 45. und 105. Tag wurde die Retention geprüft

Die Injektion von 10 mg/kg L(—)Zystin (Abb. 1) verursacht eine signifikante Verzögerung des Lernens ($p < 0{,}0005$ am 3. und $p < 0{,}025$ am 4. Tag). Der Rückstand wird am 5. und 6. Tag verringert. Bei 100 mg/kg L(—)Zystin (Abb. 2) wird das Kriterium von 70% positiver Reaktionen im Gruppenmittelwert erst am 6. Tag erreicht ($p < 0{,}005$ am 3., $p < 0{,}001$ am 4. und $p < 0{,}05$ am 5. Tag).

Auslöschen der bR

Vom 7. Tage an wird in der Serie mit 10 mg/kg Substanz (Abb. 1) unter Beibehaltung der täglichen Injektion 20 min vor Versuchsbeginn der elektrische Reiz nicht mehr appliziert. Die Anzahl der bR bei den Kontroll-Tieren nehmen auf 33% ab, die mit L(+)Zystein behandelten Ratten zeigen ein signifikant verzögertes Auslöschen ($p < 0{,}025$ am 9. Tag), während unter L(—) Zystin das Auslöschen stark beschleunigt wurde ($p < 0{,}005$ am 7., $p < 0{,}001$ am 8. und $p < 0{,}005$ am 9. Tag).

In der Versuchsserie mit 100 mg/kg wurde nicht akut ausgelöscht, sondern unter Weglassen der Bekräftigung am 45. und 105. Tage ein Retentionstest durchgeführt (Abb. 2). Dabei wurde ebenfalls 20 min vor Versuchsbeginn injiziert. Im Vergleich zu den Kontrollwerten (70% und 62%) war die Retention unter L(+)Zystein erhöht ($p < 0{,}05$), während die Retention unter L(—)Zystin stark vermindert war ($p < 0{,}001$).

Reaktionszeiten

Die Reaktionszeiten verkürzen sich im Laufe des Trainings (Abb. 3), wobei eine Dosis von 10 mg/kg L(—)Zystin eine verringerte Lernleistung bewirkt ($p < 0{,}025$ am 2., $p < 0{,}005$ am 3., $p < 0{,}025$ am 4. Tag). Während des Auslöschens steigen die Reaktionszeiten unter L(—)Zystin schneller als die der Kontrollen wieder an ($p < 0{,}001$ am 7., und 8. Tag, $p < 0{,}005$ am 9. Tag), unter L(+)Zystein jedoch langsamer ($p < 0{,}005$ am 8. und 9. Tag). Unter 100 mg/kg L(+)Zystein erfolgt die Verkürzung der Reaktionszeit während des Trainings signifikant schneller ($p < 0{,}05$ am 2. und 4. Tag und $p < 0{,}025$ am 3. und 5. Tag) als bei den Kontroll-Tieren (Abb. 4).
Das Zurückbleiben der mit 100 mg/kg L(—)Zystin behandelten Ratten ist noch deutlicher als bei 10 mg/kg (Abb. 4).

Haltezeit am hängenden Stab

Abb. 5 zeigt die Mittelwerte der Aufenthaltsdauer am hängenden Stab während der Ausarbeitung der bR und während des Auslöschens. Unter 10 mg/kg L(+)Zystein steigt die Haltezeit in den ersten drei Tagen im Gegensatz zu den Kontroll-Tieren und den mit L(—)Zystin behandelten

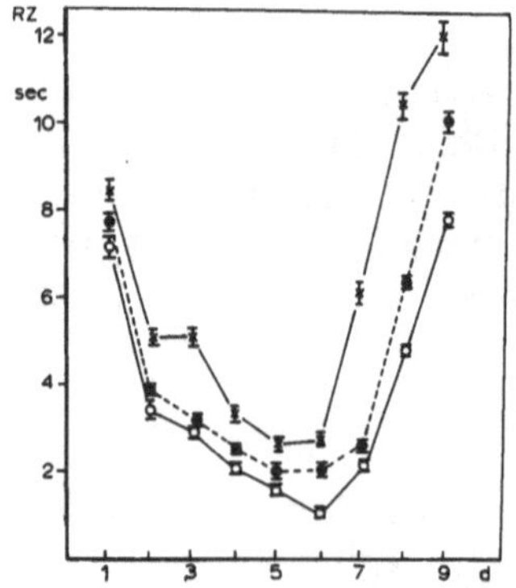

Abb. 3

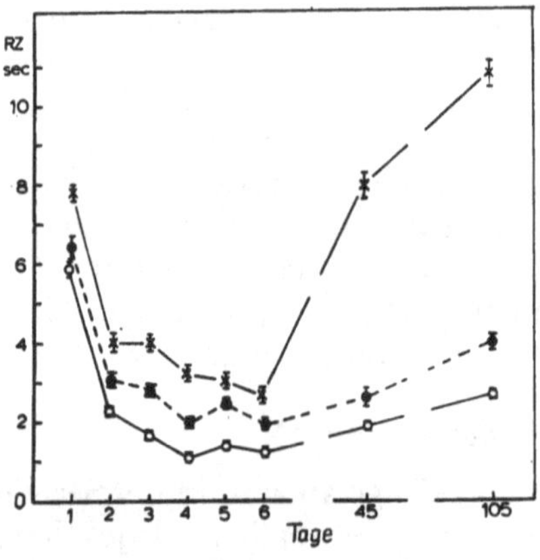

Abb. 4

Abb. 3. Reaktionszeiten (RZ) in sec während der Ausarbeitung der bedingten Fluchtreflexe (1.—6. Tag) und während des Auslöschens (7.—9. Tag). Gleiche Bedingungen und Symbole wie Abb. 1

Abb. 4. Reaktionszeiten (RZ) in sec während der Ausarbeitung der bedingten Fluchtreflexe (1.—6. Tag) und beim Retentionstest (45. und 105. Tag). Gleiche Bedingungen und Symbole wie Abb. 2

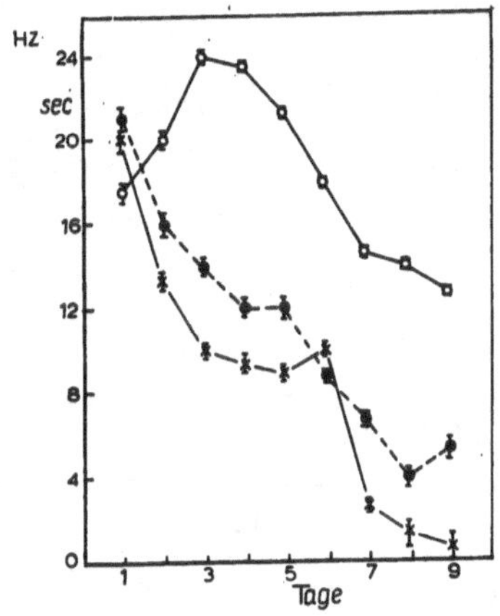

Abb. 5

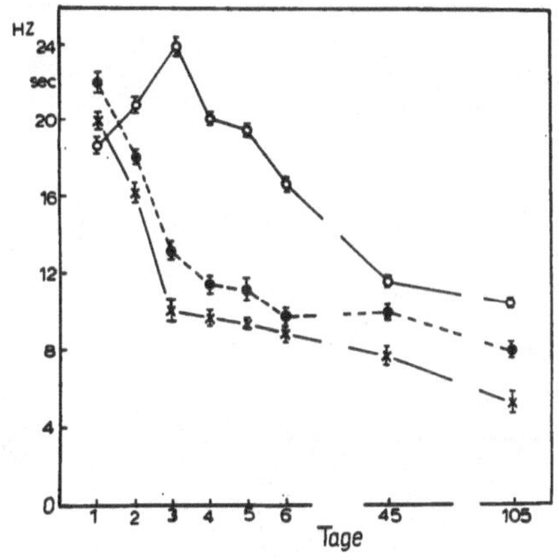

Abb. 6

Abb. 5. Aufenthaltsdauer am Stab (HZ) in sec während der Ausarbeitung der bedingten Fluchtreflexe (1.—6. Tag) und während des Auslöschens (7.—9. Tag). Gleiche Bedingungen und Symbole wie Abb. 1

Abb. 6. Aufenthaltsdauer am Stab (HZ) in sec während der Ausarbeitung bedingter Fluchtreflexe (1.—6. Tag) und beim Retentionstest (45.—105. Tag). Gleiche Bedingungen und Symbole wie Abb. 2

Ratten stark an und nimmt dann erst allmählich wieder ab. Sie ist am 2. bis 9. Tag signifikant erhöht ($p < 0,001$). Demgegenüber verlassen die mit L-(—)Zystin (10 mg/kg) behandelten Ratten den Stab früher (Abb. 5). Bei einer Steigerung der Dosis auf 100 mg/kg ergibt sich ein ähnliches Bild (Abb. 6). Die unterschiedlichen Wirkungen von L(+)Zystein und L(—)Zystin sind auch im Retentionstest nachweisbar (Abb. 6).

Verhaltensuntersuchungen

Die mit L(+)Zystein und L(—)Zystin behandelten Tiere verhalten sich auffallend unterschiedlich. Von den ersten Tagen an ist die motorische Reaktionsbereitschaft der Ratten unter L(—)Zystin geringer, was sich in einer verminderten Anzahl ungezielter Sprünge, bei denen nicht der Stab erreicht wird, ausdrückt (Abb. 7). Ein anderes Kriterium für die motorische Reaktionsbereitschaft ist das Abwarten eines geeigneten Zeitpunktes für den Sprung auf den Stab in einer teilweise nicht komfortablen, starren Körperhaltung (Arrestreaktion mit dominierender Motivation nach KLINGBERG und PICKENHAIN [11]). Dieser Reaktionstyp ist nach Applikation von 100 mg/kg L(+)Zystein gegenüber den Kontroll-Tieren häufiger und stärker ausgeprägt, während die Tiere nach 100 mg/kg L-(—)Zystin seltener diese Reaktion zeigen (Abb. 8).
Beide Aminosäuren erzeugen bei den Tieren eine Tendenz zur Hypokinesie während des Spontanverhaltens. Die Versuchstiere zeigen außerdem einen

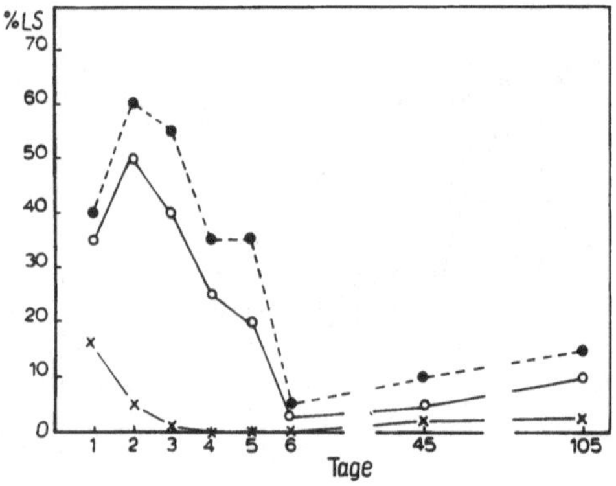

Abb. 7

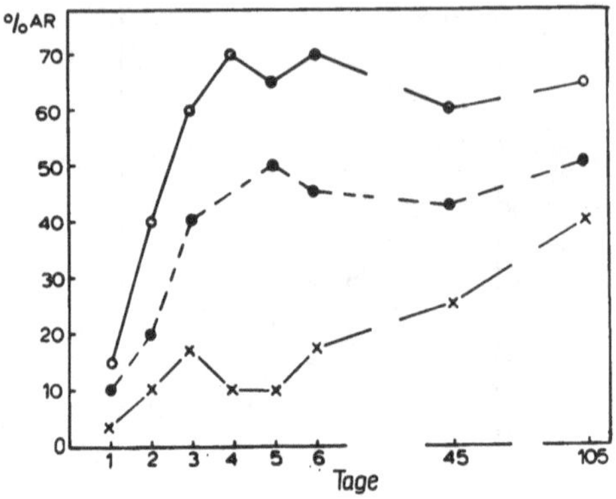

Abb. 8

Abb. 7. Anzahl der ungezielten Fluchtreaktionen (Luftsprünge während der Reizkombination) in Prozent der gegebenen Reizkombinationen (% LS) während der Ausarbeitung (1.—6. Tag) und beim Retentionstest (45. und 105. Tag). Gleiche Bedingungen und Symbole wie Abb. 2

Abb. 8. Anzahl der Arrestreaktionen mit dominierender Motivation in Prozent der applizierten Reizkombinationen (% AR) während der Ausarbeitung und beim Retentionstest. Gleiche Bedingungen und Symbole wie Abb. 2

erhöhten Widerstand beim Vorwärtsschieben auf einer Ebene (Fehler I. und II. Art = 0,05; nichtparametrische Sequenzanalyse nach LIENERT und SARRIS [12]).

Diskussion

Die Untersuchungen ergaben, daß beide Aminosäuren in relativ geringen Dosen signifikante Veränderungen auf Parameter der bedingten Reaktion verursachen. Es kann als erwiesen gelten, daß die Substanzen die Blut-Hirn-Schranke durchdringen [6, 19]. Unsere Experimente zeigen, daß zentrale Wirkungen schon nach relativ kurzer Zeit nachweisbar sind. Leider ist es zur Zeit noch nicht genau bekannt, wie sich die beiden Aminosäuren in den Hirnstrukturen quantitativ verteilen.

Die unter L(+)Zystein beobachtete Verbesserung des Lernens, die Verkürzung der Reaktionszeiten, das verlangsamte Auslöschen, die erhöhte Retention und z. T. die verlängerte Aufenthaltsdauer am Stab könnten in erster Näherung als Ansteigen der Motivation gedeutet werden. Demgegenüber könnte die L(—)Zystin-Wirkung (Verzögerung des Lernens, Erhöhung der Reaktionszeiten, ein beschleunigtes Auslöschen, eine verringerte Retention und eine Tendenz zur geringeren Haltezeit am Stab) global als Abnahme der Motivation interpretiert werden. Eine Veränderung der Motivationsstärke kann in erster Linie durch Beeinflussung der Funktionen hypothalamischer Kerngebiete zustande kommen. Außer einer erhöhten Einbaurate in neurosektretorische Gebiete nach Injektion von markiertem Zystein und Zystin [19] sind uns keine weiteren Ergebnisse bekannt, die in diesem Rahmen zur Deutung herangezogen werden könnten. Eine andere Möglichkeit zur Beeinflussung der Motivationsstärke wäre die Wirkung in neokortikalen Strukturen und im N. caudatus, die beide in die Motivationsregelung eingreifen. Die Wirkung könnte in diesem Fall über eine Veränderung im Transmitter-Metabolismus erfolgen. Für den Einfluß von Zystein und Zystin auf den Transmitter-Stoffwechsel gibt es eine Reihe von Hinweisen. Reduziertes Glutathion verringert als Zysteinderivat die Adrenalinkonzentration im Rattenhirn nach i.p.-Injektion [14]. Vermutlich hängt dieser Effekt mit der Inaktivierung der Dopa-Dekarboxylase durch Thiazolidin-Ringbildung des Pyridoxalphosphates, die durch Zystein in vitro beobachtet wurde [1], zusammen. Andererseits wird die S-Adenosyl:Katechol-O-Methyltransferase in vitro durch Zystein aktiviert [8]. In beiden Fällen vermindert sich die wirksame Menge an Katecholaminen. Die bei den Ratten unter L(+)Zystein-Einwirkung beobachtete Neigung zur Hypokinesie und zu Arrestreaktionen könnte, ähnlich wie beim Parkinson-Syndrom, mit einer Verringerung an Dopamin und Katecholaminen zusammenhängen.

Zystein kann jedoch auch cholinerge Funktionen entfalten. Es wurde nachgewiesen, daß die durch Azetylcholin induzierte Membrandepolarisation durch Zusatz von Zystein verstärkt wird, während Zystein selbst keine Depolarisation erzeugt [17]. Da die durch nozizeptive Reize ausgelösten Verhaltensreaktionen vorwiegend cholinerger Natur sind, läßt sich aus dem vorher Gesagten die Arbeitshypothese ableiten, daß das dynamische Gleichgewicht zwischen adrenergen und cholinergen Funktionen durch geringe Konzentrationen von L(+)Zystein zugunsten der cholinergen verschoben und dadurch eine Begünstigung des Abwehrverhaltens ermöglicht wird. Man kann vermuten, daß solche Faktoren auch motivationsregelnde Funktionen des Neokortex und Striatum auf den Hypothalamus beeinflussen.

Eine Deutung der L(—)Zystin-Wirkung auf den Metabolismus ist mit wesentlich größeren Schwierigkeiten verbunden. Im allgemeinen zeigen Versuche in vitro einen konträren Effekt beider Aminosäuren auf die Enzymaktivität. Eine große Anzahl von Fermenten wird durch L(—)Zystin und andere Disulfide gehemmt, nicht jedoch durch L(+)Zystein [4, 13, 15]. So ist bekannt, daß auch das Zystamin, das Disulfid des Zysteamins, die Katechol-O-Methyltransferase- und die Monoaminoxydase-Aktivität hemmt [23]. Die effektive Konzentration an Monoaminen wird dadurch erhöht.

Abschließend muß noch einmal gesagt werden, daß es z. Z. noch nicht möglich ist, eine genügend fundierte theoretische Begründung der L(+)Zystein- und L(—)Zystin-Wirkung auf das Abwehrverhalten der Tiere zu formulieren. Die erzielten Resultate unterstreichen jedoch, ungeachtet der Schwierigkeiten bei der Interpretation, die Bedeutung der S-haltigen Aminosäuren für die Realisierung höherer Leistungen im ZNS.

Literatur

[1] ABOTT, E. H. u. A. E. MARTELL: J. Am. chem. Soc. **92**, 1754 (1970)
[2] BODAKVA, A. P. u. V. I. GENERALOV: Farmak. Toks. **31**, 665 (1968)
[3] CURTIS, D. R. in: Structure and function of inhibitory neuronal mechanisms. C. VON EULER, S. SKOGLUND u. U. SÖDERBERG (Hrsg.). Pergamon Press, Oxford 1968, p. 429
[4] DICK, D. A. T., E. G. DICK u. D. C. TOSTESON: J. gen. Physiol. **54**, 123 (1969)
[5] DUGGAN, A. W. u. G. A. R. JOHNSTONE: J. Neurochem. **17**, 1205 (1970)
[6] GAITONDE, M. K.: Biochem. J. **80**, 277 (1960)
[7] GERASIMOVICH, E. V.: Byull. eksp. Biol. Med. **68**, 46 (1969)
[8] GUGLER, R., R. KNUPPEN u. H. BREUER: Biochim. biophys. Acta **220**, 10 (1970)
[9] HEMWICH, W. A. u. H. C. AGARWAL: Amino acids. In: Handbook of neurochemistry. Bd. **1**, S. 33 A. LAJTHA (Hrsg.) Plenum Press, New York 1969
[10] KEY, B. J. u. P. R. WHITE: Neuropharmacology **9**, 349 (1970)
[11] KLINGBERG, F. u. L. PICKENHAIN: Activitas nerv. sup. **11**, 128 (1969)
[12] LIENERT, G. A. u. V. SARRIS: Biometr. Z. **10**, 133 (1968)
[13] MAGER, J.: Biochem. biophys. Res. Commun. **17**, 703 (1964)
[14] NAGATSU, T.: Biochim. biophys. Acta **139**, 319 (1967)
[15] NODA, K.: Agr. Biol. Chem. **34**, 710 (1970)
[16] OKUMURA, N., S. OTSUKI u. N. FUKAI: Acta Med. Okyama **13**, 27 (1959)
[17] RAPUZZI, G. u. A. VIOLANTE: Boll. Soc. ital. Biol. sper. **45**, 57 (1969)
[18] SIEGEL, S.: Nonparametric statistics for behavioral sciences. McGraw-Hill Book Company, New York 1956
[19] SLOPER, J. C., D. J. ARNOT u. B. C. KING: J. Endocrin. **20**, 9 (1960)
[20] STURMAN, J. A., D. K. RASSIN u. G. E. GAULL: J. Neurochem. **17**, 1117 (1970)
[21] VAN DER WAERDEN, B. L. u. E. NIEVERGELT: Tafeln zum Vergleich zweier Stichproben mittels X-Test und Zeichentest. Springer, Berlin–Göttingen–Heidelberg 1956
[22] YAMAMOTO, Y., T. IWADO, M. KITAMURA, K. UNO u. R. SUGIU: Folia psychiat. neurol. jap. **17**, 299 (1963)
[23] KULINSKI, V. I. u. L. P. MILLER: Radiobiologia **10**, 596 (1970)

Summary

P. MAGER, S. THEIL and F. KLINGBERG: The influence of L(+)cysteine and L(−)-cystine upon elaboration, retention and extinction of a conditional avoidance reaction in rats

The effects of intraperitoneally administered L(+)cysteine and L(−)cystine (doses of 10 and 100 mg/kg) upon elaboration and extinction of conditional avoidance reflexes (bar jumping method) were studied on male rats (hooded rats) as compared to intraperitoneal injections of 0.9% NaCl solution. The solutions were administered daily twenty minutes before starting the experiments. L(+)cysteine caused increased success quota, prolonged stay on the bar, shortened reaction times, slowed extinction and increased retention (on day 45 and 105 after cessation of the training), whereas L(−)cystine brought about contrary effects.

Acta biol. med. germ., Band 28, Seite 515—529 (1972)

Aus dem Physiologischen Institut der Friedrich-Schiller-Universität Jena (Direktor: Prof. Dr. W. Haschke)

Die Abhängigkeit der Belichtungspotentiale der isolierten Froschnetzhaut von der extrazellulären Chlorionenkonzentration

H. Berger

(Eingegangen am 24. 3. 1971; nach Revision am 25. 8. 1971)

Zusammenfassung

An isolierten, umströmten Netzhäuten von Rana esculenta wurde die Abhängigkeit der Belichtungspotentiale (ERG) von der extrazellulären Chlorionenkonzentration untersucht. Dabei diente Ringer-Lösung nach Hamasaki [16] als Normallösung.

Wird diese mit einem Phosphatgemisch (10 mM) gepuffert, dann vertieft sich die *a*-Welle (besonders zu Beginn der Umströmung), die *b*-Welle wird kleiner und träger, und die schnelle Komponente der *d*-Welle beginnt nach einigen Minuten rasch zu wachsen.

Der äquimolare Austausch des Chlorids gegen Sulfat in den ungepufferten Lösungen führt zur Verminderung der *b*-Welle. Dieser Effekt wird auf eine Cl-Mangeldepolarisation zurückgeführt.

Die *a*-Welle nimmt bei Chloridmangel ebenfalls ab. Daraus und aus dem Verhalten des negativen on-Effektes in Cl-freien Lösungen kann geschlossen werden, daß die negative Monophasie P_{III} ein inhibitorisches Summenpotential ist, das unter Beteiligung von Cl-Ionen gebildet wird.

Das zeitliche Verhalten der *d*-Welle (Amplitude) erinnert während des Beginns der Umströmung mit Cl-armen Lösungen an einen Einschwingprozeß. Diesem folgt eine monotone Amplitudenzunahme bis zu einem Sättigungswert. Die Amplitude der Schwingung vermindert sich mit wachsender $[Cl]_a$ sehr schnell. Der sich anschließende Wachstumsprozeß wird zunehmend beschleunigt. Das gilt jedoch nur bis zu einer $[Cl]_a$ von 80% des Normalwertes. Oberhalb dieser Konzentration nimmt die Wachstumsgeschwindigkeit wieder ab.

Eine Erhöhung der $[Cl]_a$ auf 200 bis 300% führt zum vollständigen Erlöschen der bioelektrischen Aktivität.

Einleitung

Unsere Kenntnisse über die Genese der bioelektrischen Potentiale bei den photorezeptorischen Systemen der Wirbeltiere sind noch sehr lückenhaft. Sie gehören vom Typ her zu den graduell abgestuften, lokalen Membranpotentialen, die für Systeme mit nichtkonduktilen Membranstrukturen charakteristisch sind. Man kann deshalb annehmen, daß ihnen ähnliche Ionenmechanismen zugrunde liegen, wie sie beispielsweise für die exzitatorischen

[1—9] und inhibitorischen postsynaptischen Potentiale [10—12] nachgewiesen sind. Bisher wurde vor allem die Rolle der Na- und K-Ionen bei der Potentialbildung untersucht [13—22]. Darüber hinaus liegen Mitteilungen über die Na- und K-Fluxe bei Stäbchenaußergliedern vor [23—25]. Hamasaki [16] nimmt an, daß die Amplitude der *b*-Welle des Elektroretinogramms vom Gleichgewichtspotential des Natriums bestimmt wird. Es ist fernerhin bekannt, daß die Erhöhung der extrazellulären Kaliumkonzentration zur Unterdrückung der positiven Bestandteile des Wirbeltier-ERG führt [16, 18—21]. Über die Rolle der Chlorionen hingegen wissen wir fast nichts. Aus diesem Grunde soll in der vorliegenden Arbeit der Einfluß der extrazellulären Chlorionenkonzentration auf das Verhalten des Elektroretinogramms mit Hilfe der von Lippmann und Sickel [26] entwickelten Methode an der isolierten, perfundierten Netzhaut des Frosches untersucht werden.

Methodik

Als Präparate dienten Netzhäute von Rana esculenta. Vor der Enukleation der Bulbi wurden die Versuchstiere 2 Std. dunkeladaptiert. Die unter Rotlicht vorgenommene Präparation erfolgte nach dem von Lippmann und Sickel [26] angegebenen Verfahren. Zur schonenden Behandlung des Präparates wurden alle Manipulationen (Ablösung der Retina, Befreiung von Chorioideaschollen) mit feinen weichen Pinseln ausgeführt. Nach vollzogener Isolierung wurde die Netzhaut auf einen mit Dederonstrumpfgewebe bespannten Plexiglasring übertragen und dabei so orientiert, daß sie während des Versuchs in natürlicher Stellung zum einfallenden Reizlicht lag.

Die nach den Angaben von Lippmann und Sickel [26] gestaltete Perfusionskammer besaß für die Zuleitung des Reizlichtes ein in den Kammerboden eingekittetes Lichtleitkabel (VEB Carl Zeiss Jena), auf dessen Eingang die Lichtquelle im Maxwellschen Strahlengang abgebildet wurde. Von den beiden Ag/AgCl-Elektroden war die untere fixiert, während die obere mit einem Mikroskoptubus bewegt werden konnte.

Die Aufzeichnung der Potentiale erfolgte mit dem Elektrokardiographen NEK-2 (VEB Meßgerätewerk Zwönitz), dem ein batteriebetriebener Differenzverstärker (1 Stufe) mit symmetrischem Eingang (Eingangswiderstand 200 kΩ) und einem Gleichtakt-Gegentaktverhältnis von $1:10^4$ vorgeschaltet war.
Als Perfusionsflüssigkeiten wurden folgendes Lösungen verwendet:

1. Ringer-Lösung nach Huxley und Stämpfli [27]: NaCl (110,5 mM); KCl (2,5 mM); $NaHCO_3$ (2,4 mM); $CaCl_2$ (1,08 mM).
2. Ringer-Lösung nach Hamasaki [16]: NaCl (110,0 mM); KCl (2,5 mM); $NaHCO_3$ (6,0 mM); $CaCl_2$ (2,2 mM).

Im Falle der Pufferung (pH = 7,34) kam ein Phosphatgemisch zur Anwendung, wobei die Angabe von Sickel [21] Berücksichtigung fand, daß die dunkeladaptierte Netzhaut einen relativ hohen Phosphatbedarf hat (10 mMol/l). Der Puffer war wie folgt zusammengesetzt: NaH_2PO_4 (2 mM); Na_2HPO_4 (8 mM).

Er wurde in einigen Lösungen so zugesetzt, daß die Isotonie gewahrt blieb („isotonische" Pufferung). Dafür müßte eine Verminderung der Cl-Ionenkonzentration um 10 mval und der Na-Ionenkonzentration um 2 mval hingenommen werden. In anderen Fällen wurde die Cl-Ionenkonzentration der Gesamtlösung konstant gehalten. Dadurch führte die Pufferzugabe zu einer schwachen Hypertonie und einer Erhöhung der Na-Ionenkonzentration um 18 mval („hypertonische" Pufferung).

Versuche und Ergebnisse

1. Perfusionsflüssigkeit und Sauerstoffversorgung

Vor Beginn der eigentlichen Untersuchungen galt es, eine geeignete Normallösung zu finden, in der eine rasche Einstellung des elektrochemischen Gleichgewichtes erfolgt. Es boten sich die Ringer-Lösungen nach HUXLEY und STÄMPFLI [27] (Ringer-Lösung 1) und HAMASAKI [16] (Ringer-Lösung 2) an. Beide wurden im gepufferten und ungepufferten Zustand geprüft.
Je Netzhaut wurden 15 Elektroretinogramme in Intervallen von 2 min abgeleitet, das erste unmittelbar nach Beginn der Umströmung.
Bei diesen und allen weiteren Untersuchungen wurde mit einer Intensität von 25 lx gereizt. Die Reizdauer betrug 0,5 sec.
Insgesamt wurden 5 Versuchsserien mit folgenden Lösungen durchgeführt:

Serie A_1: Ringer-Lösung 1 (ungepuffert)
Serie A_2: Ringer-Lösung 2 (ungepuffert)
Serie A_3: Ringer-Lösung 2 („isotonisch“ gepuffert)
Serie A_4: Ringer-Lösung 1 („isotonisch“ gepuffert)
Serie A_5: Ringer-Lösung 1 („hypertonisch“ gepuffert)

In jeder Versuchsserie wurden 50 Netzhäute getestet.
Ausgewertet wurden die Amplituden der *a*-, *b*- und *d*-Wellen.
Bei den letzteren wurden stets zwei Größen gemessen: 1. der Abstand vom Gipfel bis zum Niveau des Startpunktes in der c-Senke (Bezeichnung: d_1) und 2. der Abstand vom Gipfel zur Nullinie (Bezeichnung: d_2).
Die Versuche mit ungepufferten Testlösungen (Serie A_1 und A_2) führten zu dem Ergebnis, daß die Netzhäute mit Ringer-Lösung 2 schneller ins Gleichgewicht kommen (nach 3 Ableitungen) als mit Ringer-Lösung 1 (nach 5 Ableitungen) (Abb. 1). Außerdem waren die Amplituden der *a*- und *b*-Wellen bei den Ableitungen in Ringer-Lösung 2 im allgemeinen signifikant erhöht, wie der *t*-Test und die einfache Varianzanalyse bei Zugrundelegung einer Irrtumswahrscheinlichkeit von 5% ergaben.
Durch die Pufferung der Testlösungen (Serie A_3 bis A_5) wurde die elektrische Aktivität der Retina sehr stark beeinflußt (Abb. 1—3). Die *b*-Wellen verminderten sich und die *a*-Wellen nahmen, vor allem zu Beginn der Umströmung, beträchtlich zu. Am empfindlichsten reagierten die *d*-Wellen. Ihre Amplituden wuchsen mit fortschreitender Versuchsdauer monoton an und erreichten schließlich Werte (bis zu 900 μV), die weit über denen der *b*-Welle lagen (300 μV) (Abb. 3). Eine Abhängigkeit von der Zusammensetzung der Testlösungen (Ringer-Lösung 1 oder 2) und der Art der Pufferung („isotonisch“ oder „hypertonisch“) ließ sich bei diesen Vorgängen nicht nachweisen.
Da der *p*H-Wert der ungepufferten Lösungen immer nahe bei 7,34 (7,31 bis 7,40) lag, zeitlich konstant blieb und während der Experimente keine nennenswerten Änderungen erfuhr, konnten *p*H-Effekte [21] als mögliche Ursache für das unterschiedliche Verhalten der bioelektrischen Aktivität in

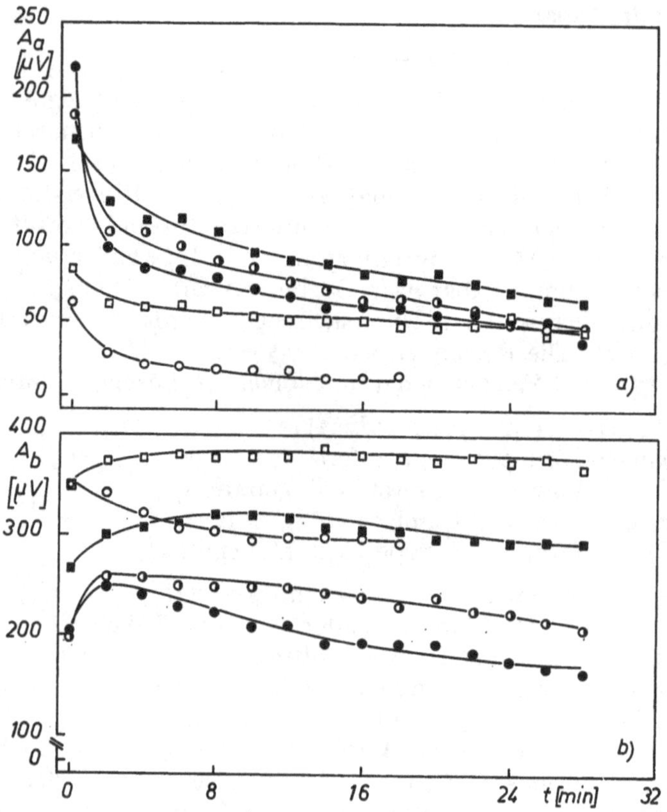

Abb. 1. Abhängigkeit der Amplituden (Mittelwerte; $n = 50$) von der Ableitungszeit in den Versuchsserien A_1 bis A_5: a) *a*-Wellen, b) *b*-Wellen.
Ordinaten: Amplituden in μV; Abszissen: Ableitungszeit in min. ○ = Ringer-Lösung 1 (ungepuffert), □ = Ringer-Lösung 2 (ungepuffert), ◑ = Ringer-Lösung 1 („hypertonisch" gepuffert), ■ = Ringer-Lösung 2 („isotonisch" gepuffert), ● = Ringer-Lösung 1 („isotonisch" gepuffert)

ungepufferten und gepufferten Lösungen ausgeschlossen werden. Es ist deshalb zu vermuten, daß die Unterschiede durch eine spezifische Wirkung der im Puffer enthaltenen Orthophosphationen bedingt waren.

Im Rahmen des Eignungstestes sollte auch die Frage der O_2-Versorgung geklärt werden. Sickel [21] wies nach, daß der O_2-Bedarf der isolierten Froschnetzhaut allein durch die Sauerstoffmenge gedeckt werden kann, die sich beim Ausgleich mit der Zimmerluft in der Perfusionsflüssigkeit löst. Das ließ sich in der vorliegenden Arbeit bestätigen. Bei einer Strömungsgeschwindigkeit von 3,5 ml/min wurde der steady state in den Versuchsserien A_1 und A_2 ohne künstliche O_2-Zufuhr relativ schnell erreicht.

Auf Grund der in den Serien A_1 bis A_5 erhobenen Befunde wurde in den weiteren Untersuchungen Ringer-Lösung 2 als Normallösung verwendet und

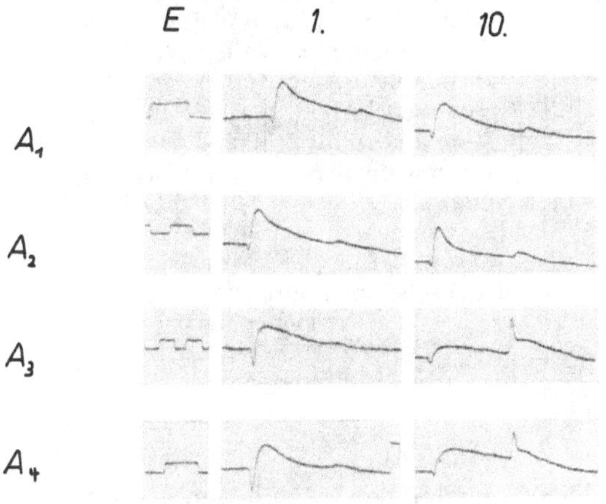

Abb. 2

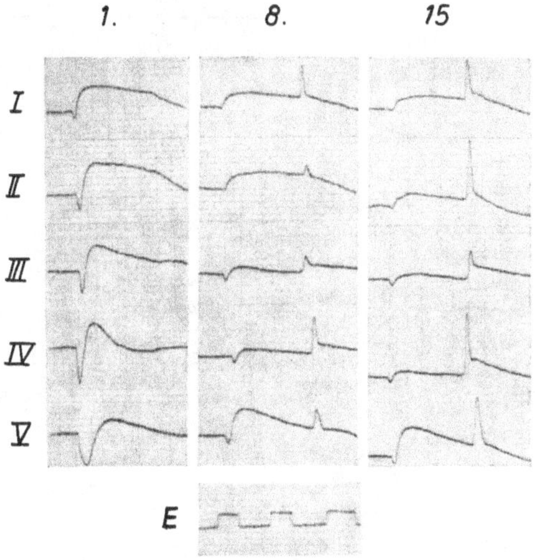

Abb. 3

Abb. 2. Elektroretinogramme der Versuchsserien A_1 bis A_4. E = Eichmarke (100 μV); Zahlen = Bezeichnung der Ableitungen

Abb. 3. Elektroretinogramme aus 5 Ableitungsreihen (I bis V) der Versuchsserie A_4. E = Eichmarke (100 μV); Zahlen = Bezeichnung der Ableitungen

auf eine generelle Pufferung sowie auf eine künstliche Sauerstoffzufuhr verzichtet.

2. *Die Verminderung der extrazellulären Cl-Ionenkonzentration*

In 5 Versuchsserien (B_1 bis B_5) wurden die Cl-Ionen der Normallösung schrittweise gegen SO_4-Ionen äquimolar ausgetauscht. Die modifizierten Lösungen waren wie folgt zusammengesetzt:

Serie	Na^+	K^+	Cl^- [mval/l]	Ca^{++}	HCO_3^-	SO_4^{--}
B_1	116	2,5	— (0%)	4,4	6,0	116,9
B_2	116	2,5	23,4 (20%)	4,4	6,0	93,5
B_3	116	2,5	46,8 (40%)	4,4	6,0	70,1
B_4	116	2,5	70,2 (60%)	4,4	6,0	46,7
B_5	116	2,5	93,6 (80%)	4,4	6,0	23,3

Die Präparate wurden zunächst mit normaler Ringer-Lösung umströmt. Nach 3 Ableitungen erfolgt die Umschaltung U_1 auf Cl-arme Ringer-Lösung. Dabei kam es auf die genaue Einhaltung des Umschaltzeitpunktes an. Die Ableitungsintervalle betrugen 2 min. Der Wechsel der Perfusionsflüssigkeiten wurde wenige Sekunden vor der 4. Ableitung vorgenommen. Auf diese Weise konnten sich die Netzhäute nahezu 6 min mit der Normallösung

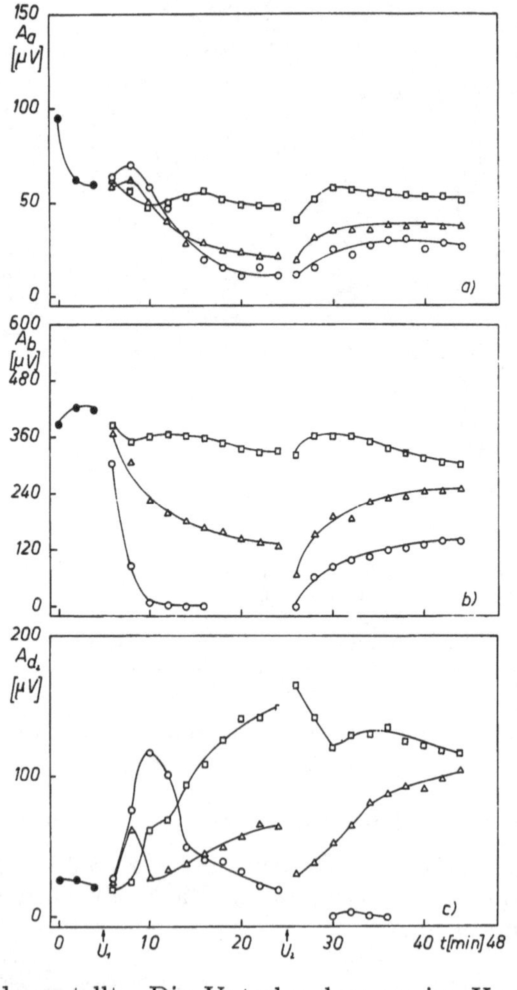

Abb. 4. Abhängigkeit der Amplituden (Mittelwerte; $n = 32$) von der Ableitungszeit in den Versuchsserien B_1 bis B_5: a) *a*-Wellen, b) *b*-Wellen, c) *d*-Wellen (d_2). Ordinaten: Amplituden in µV; Abszissen: Ableitungszeit in min. ● = normale Ringer-Lösung (1. Versuchsphase); U_1 = Umschaltung auf Cl-arme Ringer-Lösung (2. Versuchsphase): ○ = 0% Cl, △ = 40% Cl, □ = 80% Cl; U_2 = Rückschaltung auf Normallösung (3. Versuchsphase)

ausgleichen. Nach den Befunden der Versuchsserie A_2 reicht diese Zeit für die Einstellung der Gleichgewichtspotentiale aus.

In der zweiten Versuchsphase wurde 20 min mit Cl-armer Ringer-Lösung umströmt. Anschließend erfolgte die Rückschaltung U_2 auf die Ausgangslösung, wobei der Umschaltzeitpunkt ähnlich gewählt war wie bei U_1.

Das zeitliche Verhalten der Amplituden aller Wellen des ERG ist in den Kurven der Abb. 4 dargestellt. Die Unterbrechungen im Kurvenverlauf dienen der besseren Markierung der Umschaltzeitpunkte. Weitere Informationen ergeben sich aus den Elektroretinogrammen der Abb. 5.

Nach der Umschaltung auf Cl-freie Ringer-Lösung (Serie B_1) kommt es zum raschen Abbau der *b*-Wellen. Die *a*-Welle wird breiter und ihre Amplitude nimmt ebenfalls ab. Etwa 4 min nach U_1 besteht der on-Effekt nur noch aus einer schwach ausgeprägten negativen Monophasie.

Die *d*-Welle ist in Normallösung relativ klein. In Cl-freier Lösung nimmt ihre Amplitude anfangs zu und später wieder ab, so daß ihr zeitliches Verhalten an eine Schwingung erinnert. Am Ende geht d_1 gegen Null und d_2 wird sehr klein. Der Zeitgang der einzelnen *d*-Welle ist auffallend träge.

Nach der Rückschaltung U_2 bildet sich zwar wieder ein normales Elektroretinogramm aus, aber selbst nach 20 min erreichen die Amplituden nur

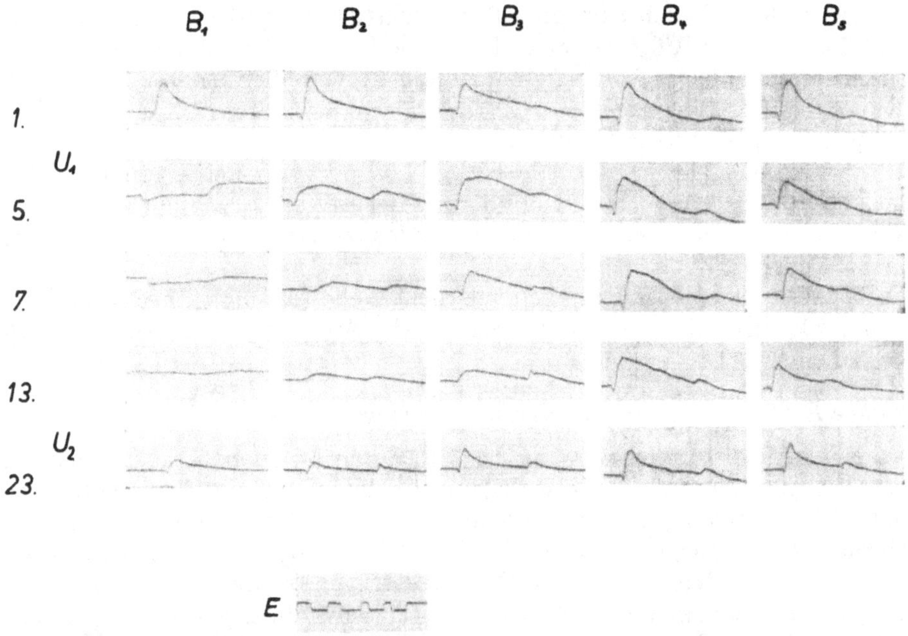

Abb. 5. Elektroretinogramme aus den Versuchsserien B_1 bis B_5. U_1 und U_2 = Umschaltung der Lösungen; E = Eichmarke (100 μV; Zahlen = Bezeichnung der Ableitungen

55% (*a*-Welle) beziehungsweise 42% (*b*-Welle) der Ausgangsgröße. Die *d*-Welle ändert sich kaum. Sie verharrt auf dem niedrigen Niveau, das sie in der zweiten Versuchsphase erreicht.

Diese Befunde lassen den Schluß zu, daß sich *a*- und *b*-Wellen nur in Gegenwart von extrazellulären Cl-Ionen bilden können. Das bestätigte sich in den folgenden Versuchsserien (B_2 bis B_5). Nach Zugabe von Chlorid erscheint die *b*-Welle wieder und ihre Amplitude, wie auch die der *a*-Welle, nähert sich kontinuierlich mit der $[Cl]_a$ dem Normalwert an (Abb. 4). Trägt man die Amplituden der *b*-Wellen, die 20 min nach Beginn der Umströmung mit Cl-armen Ringer-Lösungen gemessen wurden, gegen den Logarithmus der $[Cl]_a$ ab, dann erhält man die mit weißen Kreisen markierte Kurve der Abb. 6a. Sie besteht aus zwei annähernd linear verlaufenden Abschnitten und läßt erkennen, daß die *b*-Welle im Bereich von 0 bis 40% Cl langsamer wächst als bei höheren Konzentrationen. Aus den restlichen Kurven dieser Abbildung ergeben sich die Zwischenstadien, welche bei der Einstellung der neuen Gleichgewichte durchlaufen werden. Mit der schrittweisen Annäherung der $[Cl]_a$ an den Normalwert wurde zugleich die Restitution der *b*-Welle in der 3. Versuchsphase begünstigt (Abb. 4 u. 5).

Der Einschwingprozeß der *d*-Welle, welcher in Serie B_1 zu Beginn der 2. Phase nachgewiesen wurde, verlor sich mit zunehmendem Cl-Gehalt.

Dafür wurde ein Wachstumsprozeß stimuliert (Abb. 4), dessen Geschwindigkeit bis zu einer $[Cl]_a$ von 80% kontinuierlich zu- und dann wieder sehr rasch abnahm. Diese Abhängigkeit ist in der mit weißen Kreisen markierten Kurve der Abb. 6b dargestellt. Zwischen dem Verhalten von d_1 und d_2 bestand kein qualitativer Unterschied.

Die Rückschaltung auf normale Ringer-Lösung verursachte zunächst eine meist sprunghaft verlaufende Minderung der *d*-Welle. Anschließend setzte aber ein erneutes Wachstum ein. Lediglich in Versuchsserie B_5 nahm sie nicht wieder zu (Abb. 4).

Die *a*-Welle verhielt sich ähnlich wie die *b*-Welle (Abb. 4). Ihre Amplitude nahm mit sinkender [Cl] kontinuierlich ab. Auch die Restitution nach U_2 verlief entsprechend.

3. *Die Erhöhung der extrazellulären Cl-Ionenkonzentration*

Da eine nennenswerte Erhöhung der $[Cl]_a$ durch Anionenaustausch nicht zu erzielen war, mußte der Normallösung Cholinchlorid zugefügt werden, so daß sich hypertone Lösungen ergaben. In den Versuchsserien C_1 und C_2 wurde die Cl-Ionenkonzentration auf 200 bzw. 300% erhöht. In solchen Lösungen wird den Netzhäuten Wasser entzogen, so daß sich die Konzentration der Zellelektrolyte erhöht. Dadurch wird die elektrische Zellaktivität beeinflußt. Sickel [21] gibt an, daß sich die *b*-Welle in hypertonen NaCl-Lösungen vermindert. Mit einem ähnlichen Effekt mußte in den Versuchsserien C_1 und C_2 gerechnet werden. Trotzdem überraschte es, daß die elektrische Aktivität innerhalb weniger Minuten völlig erlosch. Die erste Ableitung nach U_1 besaß bereits keine *d*-Welle mehr, und die *a*- und *b*-Welle waren sehr stark reduziert. Unmittelbar nach der Rückschaltung konnten zwar wieder Elektroretinogramme abgeleitet werden, doch der Prozeß ihrer Restitution verlief sehr langsam. Am Ende der 3. Versuchsphase erreichte die *a*-Welle 60% und die *b*-Welle 25% des Ausgangswertes.

Diskussion

Ausgehend von der Annahme, daß die Membran der potentialbildenden retinalen Zellen, ähnlich wie die der Nerven- und Muskelzellen [7, 10—11, 28—32], für SO_4-Ionen nahezu impermeabel ist, wurde das Chlorid der Lösung durch äquimolaren Austausch mit Sulfat schrittweise herabgesetzt. Unter diesen Bedingungen wurde die *b*-Welle des Elektroretinogramms zunehmend reduziert. Aus diesem Resultat könnte man den Schluß ziehen, daß die Amplitude der *b*-Welle durch ein Cl-Potential bestimmt wird. Dem widersprechen aber die Befunde anderer Untersuchungen [14—17]. Hamasaki [16] konnte nachweisen, daß zwischen der *b*-Welle und dem Logarithmus der $[Na]_a$ eine lineare Abhängigkeit besteht. In nahezu Na-freier Ringer-Lösung wird das ERG völlig zurückgebildet. Berücksichtigt man weiterhin, daß das Potential des einzelnen Ommatidiums im Seitenauge der Hufeisenkrabbe [13] sowie die Rezeptorpotentiale der Pacinischen Körperchen

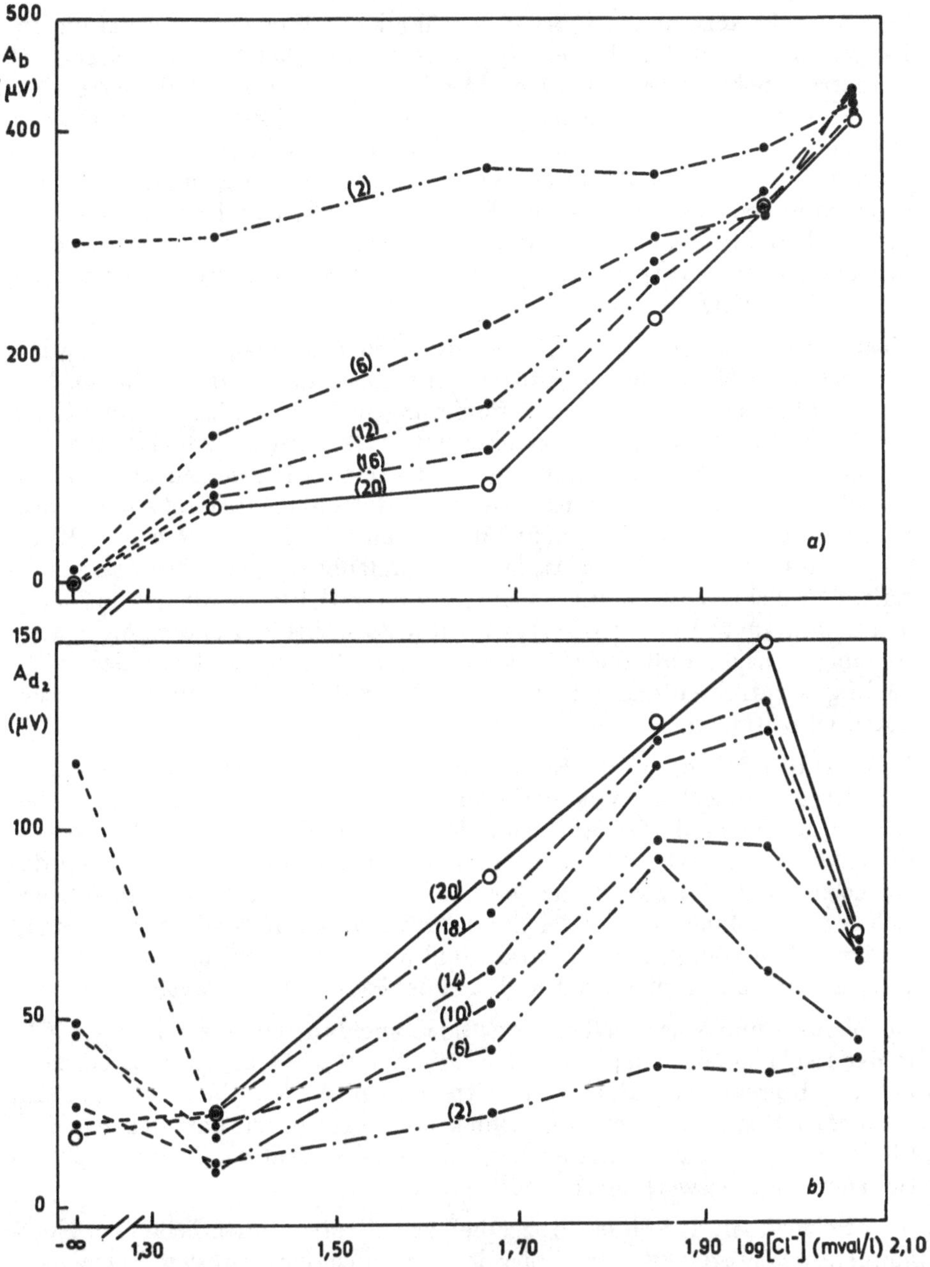

Abb. 6. Abhängigkeit der Amplituden (Mittelwerte; $n = 32$) vom Logarithmus der Cl-Ionenkonzentration: a) *b*-Wellen b) *d*-Wellen (d_2).
Ordinaten: Amplituden in μV; Abszissen: log $[Cl]_a$ in mval/l; ● = vor Erreichen des elektrochemischen Gleichgewichtes; ○ = nach Erreichen des elektrochemischen Gleichgewichtes; eingeklammerte Zahlen: Einwirkungsdauer der Lösungen in min

[33] und Muskelspindeln [34—35] in ähnlicher Weise vom Natrium abhängen, dürfte an der aktiven Rolle des Na-Ions bei der Entstehung der Potentiale nicht zu zweifeln sein. Der Nachweis von lichtinduzierten Na-Fluxen an isolierten Stäbchenaußengliedern [23—25] fügt sich gut in dieses Bild ein. Damit wird aber zugleich der Gedanke nahegelegt, daß der Mechanismus der Potentialbildung bei den rezeptorischen Systemen dem des exzitatorischen postsynaptischen Potentials (EPSP) und des Endplattenpotentials (EPP) ähnlich ist. Die *b*-Welle, beziehungsweise die ihr zugrunde liegende positive Komponente, könnte als Summe von Elementarpotentialen solcher Art aufgefaßt werden.

Über die Genese der exzitatorisch wirkenden postsynaptischen Potentiale gibt es mehrere Hypothesen. Die bei elektrophoretischer Injektion von Na-, K- und Cl-Ionen beobachteten Veränderungen [7—11] gaben Veranlassung, für das Motoneuron eine Kurzschlußhypothese aufzustellen. Danach verursacht der Transmitter eine starke, nicht selektive Permeabilitätserhöhung für alle Ionen, die im hydratisierten Zustand die doppelte Größe der hydratisierten K- und Cl-Ionen nicht überschreiten. Der entstehende Kurzschlußstrom führt zum partiellen Zusammenbruch des Membranpotentials. Ähnliche Vorstellungen wurden für das EPP entwickelt [36—44]. Takeuchi und Takeuchi [1] wiesen jedoch bei voltage clamp-Untersuchungen nach, daß die $[Cl]_a$ keinen Einfluß auf die Lage des EPP-Gleichgewichtspotentials hat. Lediglich Na und K sollen zum Endplattenpotential beitragen.

Falls bei den Zellen, die zur Entstehung der *b*-Welle beitragen, ein entsprechender Ionenmechanismus vorliegen sollte, müßte er dem zuletzt beschriebenen Typ entsprechen; denn die Kurzschlußhypothese läßt sich ausschließen, da im Falle ihrer Gültigkeit weder der vollständige Entzug des Na noch der des Cl zur totalen Reduktion der *b*-Welle führen dürfte, wie sich aus der Goldmanschen Gleichung ergibt. Wenn die *b*-Welle trotzdem in beiden Fällen völlig reduziert wird, muß man annehmen, daß die Na- und Cl-Ionen eine unterschiedliche Rolle bei der Elektrogenese spielen.

Bei Nerven- und Muskelzellen führt die momentane Herabsetzung der $[Cl]_a$ in der Regel zu einer Depolarisation [28, 45—47], die jedoch meistens zeitlich eng begrenzt ist. Durch Austritt von Chlorid und Wasser stellt sich nach einer bestimmten, oft vom Objekt abhängigen Zeit das ursprüngliche Cl-Verteilungsverhältnis wieder her, in dessen Verlauf das Membranpotential zum Ausgangswert zurückkehrt.

Es wäre denkbar, daß dieser Prozeß bei den entsprechenden Zellen der Netzhaut stark verzögert ist, zumal hier der Ionenaustausch mit dem Perfusionsmedium ohnehin komplizierter ablaufen dürfte als etwa bei einem Einzelfaserpräparat. Eine Deutung wird dadurch erschwert, daß man die Generatoren der einzelnen Anteile des Elektroretinogramms noch immer nicht mit Sicherheit kennt.

Schließlich muß man auch an die Möglichkeit denken, daß in den Membranen der in Frage kommenden Zellen die Cl-Batterie in Ruhe bestimmend ist.

Faßt man zusammen, dann lassen sich die Befunde der Versuchsserien B_1 bis B_5 wie folgt deuten: Infolge einer Cl-Mangeldepolarisation vermindert sich der Abstand des Ruhepotentials zum Na-Gleichgewichtspotential. Dadurch nimmt die Amplitude der *b*-Welle ab. Unter diesem Aspekt müßten auch die in Abb. 6a abgebildeten Kurven gesehen werden. Die Tatsache, daß die *b*-Welle bei wachsender $[Cl]_a$ zunächst langsam (bis 40% Cl), dann aber schneller zunimmt, könnte mit ihrem komplexen Charakter im Zusammenhang stehen. Bis zu einem Cl-Gehalt von 40% sind die *b*-Wellen träge. Oberhalb dieser Konzentration tritt eine schnelle Komponente in Erscheinung (Abb. 5). Es scheint so zu sein, daß die langsame Komponente im gesamten Untersuchungsbereich (0 bis 100% Cl) mit einer Geschwindigkeit wächst, die dem Anstieg des unteren Astes der mit weißen Kreisen markierten Kurve (O) in Abb. 6a entspricht. Die schnelle Komponente dagegen erscheint erst oberhalb von 30 bis 40% Cl und wächst mit einer Geschwindigkeit, die der Differenz der Anstiege beider Kurvenäste nahe kommt. Das Verhalten der *d*-Welle wirft eine Reihe von Fragen auf. Die erste bezieht sich auf ihre Bildung. Nach den klassischen Vorstellungen [48—50] soll die *d*-Welle rein passiv aus der Interferenz der Elementarkomponenten P_{II} und P_{III} resultieren. Die mit gepufferten Ringer-Lösungen erhobenen Befunde (Abb. 3) lassen jedoch vermuten, daß in ihr auch eine aktive Komponente enthalten sein kann. Die zweite Frage berührt die Amplitudenschwingung in den Cl-armen Ringer-Lösungen (Abb. 4). Die in Abb. 5 dargestellten ERG der Serie B_1 lassen vermuten, daß die Schwingung im wesentlichen durch das Verhalten der interferierenden positiven und negativen Komponenten hervorgerufen wird. Die rasche Rückbildung der positiven Anteile des ERG in Cl-freier Lösung hat ein Absinken des Ursprunges der *d*-Welle bis unter die Nullinie zur Folge, wodurch d_2 einen Zuwachs erfährt. An dieser Stelle muß zum besseren Verständnis angemerkt werden, daß in den Fällen, in welchen die *d*-Welle unterhalb der Nullinie startete, d_2 entgegen der sonstigen Gepflogenheit immer bis zum Niveau des Startpunktes ausgemessen wurde, um zu gewährleisten, daß in d_2 immer der zwischen Startpunkt und Nullinie liegende Potentialanteil enthalten ist. Der Zuwachs wird anschließend wieder reduziert, weil sich auch die negative Komponente P_{III} zurückzubilden beginnt. Das im Anschluß an die Schwingung stattfindende Amplitudenwachstum ist im Moment nicht zu deuten wie auch der Verlauf der Kurven in Abb. 6.

In der gleichen Weise, wie in den vorausgegangenen Betrachtungen das Modell der exzitatorischen postsynaptischen Potentiale auf die positiven Komponenten des ERG angewandt wurde, läßt sich der Vergleich zwischen den negativen Komponenten und den inhibitorischen postsynaptischen Potentialen führen, zumal man der Monophasie P_{III} schon wiederholt [51—52] eine hemmende Funktion zugeschrieben hat.

Die Potentiale der subsynaptischen Membran inhibitorischer Synapsen entstehen durch auswärts gerichtete Ströme, die entweder nur durch Cl-Ionen [53] oder unter zusätzlicher Beteiligung von K-Ionen unterhalten werden [7, 10, 11, 54—57]. Aus den Befunden der Versuchsserien B_1 bis B_5 ergibt sich tatsächlich, daß die Amplitude der *a*-Welle mit der $[Cl]_a$ wächst (Abb. 4). Man könnte also annehmen, daß die Cl-Ionen für die negativen ERG-Komponenten potentialbestimmend sind. Ein Widerspruch scheint sich aus den Befunden von Hamasaki [16] zu ergeben; denn bei Verminderung der $[Na]_a$ nimmt außer der *b*- auch die *a*-Welle ab. Berücksichtigt man jedoch den Nachweis, daß eine Verminderung der $[Na]_a$ in der Regel zu einer Polarisation der Membran führt [27, 58—59], läßt sich der Einwand entkräften. Die zunehmende Polarisation der Membran muß bei konstant bleibendem Gleichgewichtspotential zu einer Abnahme des inhibitorischen Potentials führen. Somit ist es nicht unbegründet, die negativen Monophasien des ERG, bzw. die an ihrer Bildung beteiligten Einzelzellpotentiale, auf einen Einstrom von Cl-Ionen zurückzuführen. Eventuell sind an der Elektrogenese auch ausströmende K-Ionen beteiligt. Die Tatsache, daß in Cl-freier Ringer-Lösung ein negatives Restpotential erhalten bleibt (Abb. 5), könnte ein Hinweis dafür sein.

Die Rückschaltung auf normale Ringer-Lösung führte nicht zur vollständigen Restitution des ERG. Hamasaki [16] erzielte dagegen in Einzelfällen eine 100%ige Rückbildung, im Durchschnitt betrug sie 85 bis 95%. Derartige Werte ergaben sich lediglich in den Versuchsserien B_4 und B_5. Die Unterschiede in den Befunden beider Untersuchungen sind sicher zum Teil methodisch bedingt. Bei Hamasaki [16] wurde das Präparat nicht im echten Sinne umströmt. Es lag auf Filterpapier, das mit den entsprechenden Lösungen durchdrängt wurde. Dadurch wurde die Verlustdiffusion von Zellmineralien [60] gering gehalten. Hinzu kommt, daß wahrscheinlich in Cl-armen Lösungen die Verlustdiffusion von KCl stimuliert wird. Weiterhin ist zu beachten, daß Hamasaki [16] seine Einzelversuche innerhalb von 10 bis 12 min durchführte, während die hier beschriebenen den 4fachen Zeitaufwand benötigten.

Insgesamt läßt sich für die bisher diskutierten Befunde ein abgerundetes Bild zeichnen, das sich relativ gut mit den Tatsachen in Einklang bringen läßt, die von anderen erregbaren Strukturen, besonders den Synapsen, bekannt sind. Völlig unklar ist dagegen die Einordnung der Resultate, die mit Lösungen erhöhten Cl-Gehaltes (Versuchsserien C_1 und C_2) erzielt wurden. Das rasche Erlöschen der elektrischen Aktivität mag zu einem Teil durch die Störung des osmotischen Gleichgewichtes bedingt worden sein. Doch das allein scheint als Erklärung unzureichend. Näheres wird sich erst nach Durchführung weiterer Versuche aussagen lassen.

Einige bemerkenswerte Befunde ergaben sich beim Test der gepufferten Normallösungen. Der Phosphatzusatz zu Ringer-Lösung 1 und 2 verursachte wesentliche Veränderungen am ERG. Auffallendste Symptome waren die Vertiefung der *a*-Welle zu Beginn der Umströmung, die Abnahme und Abflachung der *b*-Welle und das enorme Wachstum der *d*-Welle bei Fortdauer des Experimentes. Es wurde bereits darauf hingewiesen, daß die Effekte nicht mit *p*H-Verschiebungen erklärt werden können, sondern möglicherweise den Orthophosphationen zuzuschreiben sind. Eine direkte Beteiligung an der Potentialbildung ist auf Grund der geringen Phosphatpermeabilität [61—66] auszuschließen. Wahrscheinlicher ist ein indirekter Einfluß über den Stoffwechsel. Dafür sprechen einige früher erhobene Befunde. So entsteht bei Belichtung freie Phosphorsäure [67—68], die schnell wieder im Pigmentepithel organisch gebunden wird [69]. Möglicherweise hafteten den Netzhäuten trotz sorgfältiger Präparation noch Reste des Pigmentepithels an, welche die angebotenen Orthophosphationen in den Stoffwechsel einbezogen. Andererseits wäre es aber auch denkbar, daß in der Netzhaut selbst solche Reaktionen ablaufen. SICKEL [21] hat auf den speziellen Phosphatbedarf der Retina hingewiesen. Darüber hinaus verwies er auf den engen Zusammenhang, der zwischen Adenylsäuresystem und Elektroretinogramm besteht. Falls ein P_a-Angebot in der Netzhaut, ähnlich wie bei Erythrozyten [70—72] und in Leberschnitten [73], zu einer Erhöhung der ATP-Rate führt, könnten durch Aktivierung von Ionenpumpen intraretinale Ionenverschiebungen veranlaßt werden. NOELL [74—79] hat zum Beispiel im Bereich des Pigmentepithels eine Stoffwechselpumpe nachgewiesen, deren Hemmung zu einem Einstrom von Na aus der Choroidea in die Netzhaut führt, wodurch diese positiviert wird. Die vorliegenden Ergebnisse gestatten es noch nicht, genaueres darüber auszusagen. Sie können lediglich Anregung für weitere gezielte Untersuchungen sein.

Literatur

[1] TAKEUCHI, A. u. N. TAKEUCHI: J. Neurophysiol. **23**, 397 (1960)
[2] TAKEUCHI, N.: J. Physiol., Lond. **167**, 128 (1963)
[3] FURUKAWA, T., T. TAKAGI u. T. SUGIHARA: Jap. J. Physiol. **6**, 98 (1956)
[4] KOKETSU, K. u. S. NISHI: J. Physiol., Lond. **147**, 239 (1959)
[5] NASTUK, W. L.: Ann. N. Y. Acad. Sci. **81**, 317 (1959)
[6] FURUKAWA, T. u. A. FURUKAWA: Jap. J. Physiol. **9**, 130 (1959)
[7] COOMBS, J. S., J. C. ECCLES, u. P. FATT: J. Physiol., Lond., **130**, 374 (1955)
[8] ARAKI, T., M. ITO u. O. OSCARSSON: J. Physiol., Lond. **159**, 410 (1961)
[9] ARAKI, T., M. ITO, G. KOSTYUK, O. OSCARSSON u. T. OSHIMA: Nature, Lond. **196**, 1319 (1962)
[10] COOMBS, J. S., J. C. ECCLES u. P. FATT: Aust. J. Sci. **16**, 1 (1953)
[11] COOMBS, J. S., J. C. ECCLES u. P. FATT: J. Physiol., Lond., **130**, 326 (1955)
[12] ITO, M., P. G. KOSTYUK u. T. OSHIMA: J. Physiol., Lond., **164**, 150 (1962)
[13] KIKUCHI, R., K. NAITO u. J. TANAKA: J. Physiol., Lond., **161**, 319 (1962)
[14] FURUKAWA, T. u. J. HANAWA: Jap. J. Physiol. **5**, 289 (1955)
[15] BERGER, H. u. J. ORTLEPP: Acta biol. med. germ. **21**, 177 (1968)
[16] HAMASAKI, D. J.: J. Physiol., Lond. **167**, 156 (1963)
[17] HAMASAKI, D. J.: J. Physiol., Lond. **173**, 449 (1964)
[18] BEUCHELT, H.: Z. Biol. **73**, 205 (1921)
[19] THERMAN, P. O.: Acta Soc. Sci. Fenn. N. S. **2**, Nr. 11, S. 1 (1938)
[20] DANIS, P.: J. Physiol., Paris **48**, 479 (1956)

[21] Sickel, W. in: Neurophysiologie und Psychophysik des visuellen Systems. Symposium in Freiburg 1960. Jung, R. u. H. Kornhuber (Hrsg.) Springer, Berlin–Göttingen–Heidelberg 1961
[22] Sillmann, A. J., H. Ito u. T. Tomita: Vision Res. **9**, 1443 (1969)
[23] Bonting, S. L. u. A. D. Bangham: Expl Eye Res. **6**, 400 (1967)
[24] Duncan, G., F. J. M. Daemen u. S. L. Bonting: Fedn Proc. Fedn Am. Socs exp. Biol. **28**, 418 (1969)
[25] Daemen, F. J. M. u. S. L. Bonting: Biochim. biophys. Acta **163**, 212 (1963)
[26] Lippmann, H. G. u. W. Sickel: Pflügers Arch. ges Physiol. **270**, 30 (1959)
[27] Huxley, A. F. u. R. Stämpfli: J. Physiol., Lond. **112**, 476 (1951)
[28] Hodgkin, A. L. u. P. Horowicz: J. Physiol., Lond. **148**. 127 (1959)
[29] Eccles, J. C.: The physiology of synapses. Springer, Berlin–Göttingen–Heidelberg 1964
[30] Henček, J., J. Zachar u. D. Zacharowa: J. Physiol., Lond. **162**, 68 P (1962)
[31] Zachar, J., D. Zacharowa u. M. Henček: Abstracts, 22. International Congress of Physiological Sciences, Leiden 1962. Vol. **2**, S. 863
[32] Zachar, J., D. Zacharowa, u. M. Henček: Physiol. bohemoslov. **13**, 117 (1964)
[33] Diamond, J., J. A. B. Gray u. D. R. Inman: J. Physiol., Lond. **142**, 328 (1958)
[34] Calma, J.: J. Physiol., Lond. **177**, 31 (1965)
[35] Ottoson, D.: J. Physiol., Lond. **171**, 109 (1964)
[36] Del Castillo, J. u. B. Katz: J. Physiol., Lond. **125**, 546 (1954)
[37] Del Castillo, J. u. B. Katz: J. Physiol., Lond. **128**, 396 (1955)
[38] Del Castillo, J. u. B. Katz: Prog. Biophys. biophys. Chem. **6**, 21 (1956)
[39] Katz, B.: J. Physiol., Lond. **111**, 261 (1950)
[40] Katz, B.: Bull. Johns Hopkins Hosp. **102**, 275 (1958)
[41] Fatt, P. u. B. Katz: J. Physiol., Lond. **118**, 73 (1952)
[42] Nastuk, W. L.: J. cell. comp. Physiol. **42**, 249 (1953)
[43] Nastuk, W. L.: Fedn Proc. Fedn Am. Socs exp. Biol. **13**, 104 (1954)
[44] Nastuk, W. L.: Ann. N. Y. Acad. Sci. **81**, 317 (1959)
[45] Stämpfli, R.: Helv. physiol. pharmac. Acta **16**, 127 (1958)
[46] Schmidt, H. u. R. Stämpfli: Helv. physiol. pharmac. Acta **17**, 62 (1959)
[47] Merrem, B., G. Küchler u. G. Isenberg: Acta biol. med. germ. **21**, 51 (1968)
[48] Einthoven, W. u. W. A. Jolly: J. exp. Physiol. **1**, 373 (1908)
[49] Piper, H.: Arch. Anat. Physiol. **1911**, S. 85
[50] Granit, R.: J. Physiol., Lond. **76**, 1 (1932)
[51] Bernhard, C. G. u. C. R. Skoglund: Acta physiol. scand. **2**, 10 (1941)
[52] MacNichol, E. F. u. R. Benolken: Science, N. Y. **124**, 681 (1956)
[53] Takeuchi, A. u. N. Takeuchi: J. Physiol., Lond. **191**, 575 (1967)
[54] Edwards, C. u. S. W. Kuffler: J. Neurochem. **4**, 19 (1959)
[55] Kuffler, S. W. u. C. Edwards: J. Neurophysiol. **21**, 589 (1958)
[56] Edwards, C. u. S. Hagiwara: J. gen. Physiol. **43**, 315 (1959)
[57] Hagiwara, S., K. Kusano u. S. Saito: J. Neurophysiol. **23**, 505 (1960)
[58] Huxley, A. F. u. R. Stämpfli: J. Physiol., Lond. **112**, 496 (1951)
[59] Straub, R.: Helv. physiol. pharmac. Acta **14**, 1 (1956)
[60] v. Muralt, A.: Neue Ergebnisse der Nervenphysiologie. Springer, Berlin–Göttingen, Heidelberg 1958
[61] Baker, P. F.: J. Physiol., Lond. **180**, 383 (1965)
[62] Caldwell, P. C.: J. Physiol., Lond. **152**, 545 (1960)
[63] Caldwell, P. C., A. L. Hodgkin, R. D. Keynes u. T. I. Shaw: J. Physiol., Lond. **152**, 561 (1960)
[64] Caldwell, P. C., A. L. Hodgkin, R. D. Keynes u. T. I. Shaw: J. Physiol., Lond. **171**, 119 (1964)
[65] Tasaki, I., T. Teorell u. G. S. Spyropoulos: Am. J. Physiol. **200**, 11 (1961)

[66] ROTHSTEIN, A. in: Membrane transport and metabolism. A. KLEINZELLER, u. A. KOTYK (Hrsg.). Publishing House of the Czechoslovak Academy of Science, Praha 1960
[67] DITTLER, R.: Pflügers Arch. ges. Physiol. **117**, 1 (1907)
[68] DITTLER, R.: Die objektiven Veränderungen der Netzhaut bei Belichtung. In: Handbuch der pathologischen Physiologie **12**, 266. A. BETHE, G. v. BERGMANN, G. EMBOLEN u. A. ELLINGER (Hrsg.). Springer, Berlin 1929
[69] SÜLLMANN, H.: Auge und Tränen. In: Physiologische Chemie. Bd. **2**, Teil 2a. B. FLASCHENTRÄGER u. E. LENHARTZ (Hrsg.). Springer, Berlin–Göttingen–Heidelberg 1956
[70] STEPANAUSKAS, M., G. JACOBASCH u. C. OESE: Folia haemat. Lpz. **89**, 490 (1968)
[71] GERCKEN, G.: Folia haemat., Lpz. **89**, 400 (1968)
[72] GLADER, B. E. u. A. OMACHI: Biochim. biophys. Acta **150**, 524 (1968)
[73] WU, R.: J. biol. Chem. **240**, 2373 (1965)
[74] NOELL, W. K.: Am. J. Physiol. **163**, 739 (1950)
[75] NOELL, W. K.: Fedn Proc. Fedn Am. Socs exp. Biol. **10**, 98 (1951)
[76] NOELL, W. K.: J. cell. comp. Physiol. **37**, 283 (1951)
[77] NOELL, W. K.: J. cell. comp. Physiol. **40**, 25 (1952)
[78] NOELL, W. K.: Am. J. Physiol. **170**, 217 (1952)
[79] NOELL, W. K.: Am. J. Ophthal. **48**, Teil II, 347 (1959)

Anschrift des Verfassers: Dozent Dr. sc. nat. HELMUT BERGER, Physiologisches Institut der Friedrich-Schiller-Universität, DDR 69 Jena, Teichgraben 8

Summary

H. BERGER: Dependence of illumination potentials of isolated frog retina upon extracellular chloride ion concentration

The dependence of illumination potentials (ERG) upon extracellular chloride ion concentration was studied on isolated retina of Rana esculenta, immersed in Ringer's solution according to HAMASAKI. If the latter is buffered with a phosphate mixture (10 mM), the *a*-wave deepens (especially at the start of circulation), the *b*-wave becomes smaller and more sluggish, and the fast component of the *d*-wave starts to grow quickly after several minutes.

Equimolar substitution of sulfate for chloride in the nonbuffered solutions causes reduction of the *b*-wave. This effect is attached to chloride-deficiency depolarization. The *a*-wave too decreases in chloride deficiency. This fact and the behaviour of the negative on-effect in chloride-free solutions is taken to mean that the negative monophasy P_{III} is an inhibitory sum potential that is formed with participation of chloride ions. The temporal behaviour of the *d*-wave (amplitude) at the beginning of circulation with chloride-poor solution is reminiscent of a building-up process which is followed by a monotonous increase in amplitude until a saturation value is reached. The amplitude falls very rapidly with increasing $[Cl]_a$ and the ensuing growth rate increases continually. But this is true only up to $[Cl]_a$ of 80% of the normal value. Above this concentration the growth rate decreases again.

Increasing $[Cl]_a$ to 200–300% causes complete loss of biological activity.

Acta biol. med. germ., Band 28, Seite 531—542 (1972)

Aus dem Institut für Pharmakologie und Toxikologie der Medizinischen Akademie Magdeburg (Direktor: Prof. Dr. med. habil. H. MATTHIES)

Der Einfluß narkotischer Analgetika auf durch Zahnpulpareizung ausgelöste Hirnpotentiale

J. SCHMIDT und H. RÜTHRICH

(Eingegangen am 5. 5. 1971)

Zusammenfassung

Der Einfluß von Morphin, Hydromorphon, Hydrocodon und Pethidin auf durch Zahnpulpareizung im sensorischen Trigeminuskern, ventrolateralen Thalamus, sensomotorischen Kortex und dorsalen Hippokampus von nichtnarkotisierten und nicht immobilisierten Kaninchen ausgelösten Potentialen wurde untersucht.
Die Analgetika führen bereits im sensorischen Trigeminuskern zu einer dosisabhängigen Amplitudendepression der primären Potentialkomponenten und Latenzzeitverzögerungen. In den nachgeschalteten Hirnregionen sind qualitativ gleichartige Effekte zu beobachten, wobei aus den Kurvenverläufen auf zusätzliche Wirkung der Analgetika in diesen Regionen geschlossen werden kann.
Die durch Analgetika bedingte dosisabhängige Schwellenerhöhung zur Auslösung des Kieferöffnungsreflexes zeigt Korrelationen zur Beeinflussung der oberflächennegativen Welle der primären Potentiale.
Zwischen der Beeinflussung der oberflächenpositiven Welle der primären Potentiale und der Schwelle für den Kieferöffnungsreflex besteht keine Korrelation.

Einleitung

Die elektrische Zahnpulpareizung kann im Unterschied zu zahlreichen anderen Methoden, in denen ausgelöste Potentiale oder Verhaltensweisen auf periphere nozizeptive Reize untersucht werden, als ein weitgehend reines „Schmerzmodell" bezeichnet werden [1—3]. Wie in Untersuchungen an Menschen nachgewiesen werden konnte, führen die verschiedensten Reizqualitäten, abgesehen von der sogenannten Vorschmerzgefühlszone, zu einer reinen Schmerzwahrnehmung [4, 5].
In pharmakologischen Siebtestuntersuchungen hat sich diese Methode ebenfalls bewährt und zahlreichen anderen Methoden überlegen erwiesen. So wird verständlich, daß bei der Untersuchung der im Zentralnervensystem auf nozizeptive Reize ablaufenden Potentialänderungen und beim Studium der Wirkungsweise analgetisch wirksamer Verbindungen dieser Methode eine besondere Bedeutung zukommt.
In vorangegangenen Mitteilungen berichteten wir über die durch elektrische Zahnpulpareizung bei nichtnarkotisierten und nicht immobilisierten Ka-

ninchen ausgelösten Potentiale und postexzitatorischen Erregbarkeitsänderungen [6, 7] und konnten nachweisen, daß die analgetische Wirkung narkotischer Analgetika nicht auf eine Beeinflussung der postexzitatorischen Erregbarkeitsänderungen zurückgeführt werden kann [8].
In der vorliegenden Arbeit berichten wir über die Beeinflußbarkeit der in verschiedenen Hirnregionen von nichtnarkotisierten und nichtimmobilisierten Kaninchen durch elektrische Zahnpulpareizung ausgelösten Potentiale durch narkotische Analgetika. Im Vordergrund stehen dabei die Beeinflussung der frühen Komponenten der ausgelösten Potentiale und die Beziehungen zwischen den ausgelösten Potentialen und dem Auftreten des Kieferöffnungsreflexes.

Methodik

Die Untersuchungen erfolgten an nichtnarkotisierten und nichtimmobilisierten Kaninchen verschiedener Mischrassen und beiderlei Geschlechts im Gewicht von 2,5 bis 3,5 kg. Die Reizung der Zahnpulpa führten wir entweder über direkt in die oberen Nagezähne eingesetzte Elektroden oder nach Anlegen einer Amalgam-Füllung über Elektrodenklemmen durch. Zur Reizung dienten Rechteckimpulse von 0,5 msec Impulsbreite, die mit einer Frequenz von 0,2—0,33 Imp./sec und Intensitäten von 1 bis 80 mA auf das Tier einwirkten.
Die Ableitung des EEGs und der darin enthaltenen ausgelösten Potentiale erfolgte in akuten Experimenten nach der von MONNIER und GANGLOFF [9] beschriebenen stereotaktischen Sockeltechnik. Ein Teil der Untersuchungen erfolgte an Tieren mit chronisch implantierten glasisolierten Nadelelektroden, die mindestens 2—4 Wochen vor Versuchsdurchführung nach den in den akuten Experimenten gegebenen Koordinaten eingesetzt wurden.
Die Ableitungen erfolgten vom sensomotorischen Kortex, ventrolateralen Thalamus, dorsalen Hippokampus und sensorischen Trigeminuskern. Das EEG wurde unter Zwischenschaltung von EEG-Verstärkern und Kathodenfolgern im on line-Verfahren reizsynchron in den Laborkomputer CAT 400C eingegeben. Die nach der Average-Technik ermittelten Potentiale zeichneten wir numerisch mit einem Ergebnisdrucker und analog mit einem xy-Schreiber auf.
Die Lage der Tiefenelektroden wurde bei einem Teil der akuten Experimente und bei allen Tieren mit chronisch implantierten Elektroden histologisch überprüft[1]
Die statistische Bearbeitung der Substanzeffekte erfolgte nach der zweifachen Varianzanalyse [10].

Ergebnisse

Als Vertreter der Gruppe der narkotischen Analgetika untersuchten wir Morphin-HCl, Hydromorphon, Hydrocodon und Pethidin.
Morphin-HCl führte in Dosierungen von 1—10 mg/kg s.c. zu einer dosisabhängigen Beeinflussung der primären Komponenten der ausgelösten Potentiale (Abb. 1). Diese Beeinflussung ist in qualitativ gleichartiger Weise in allen untersuchten Hirnregionen, also auch bereits im sensorischen Trigeminuskern nachweisbar (Abb. 2). Dosierungen von 1 und 2 mg/kg Morphin-HCl beeinflußten die oberflächenpositive Welle der primären Poten-

[1] Wir danken Herrn Dr. W. POHLE und Frau U. RIECHERT für die durchgeführten Untersuchungen.

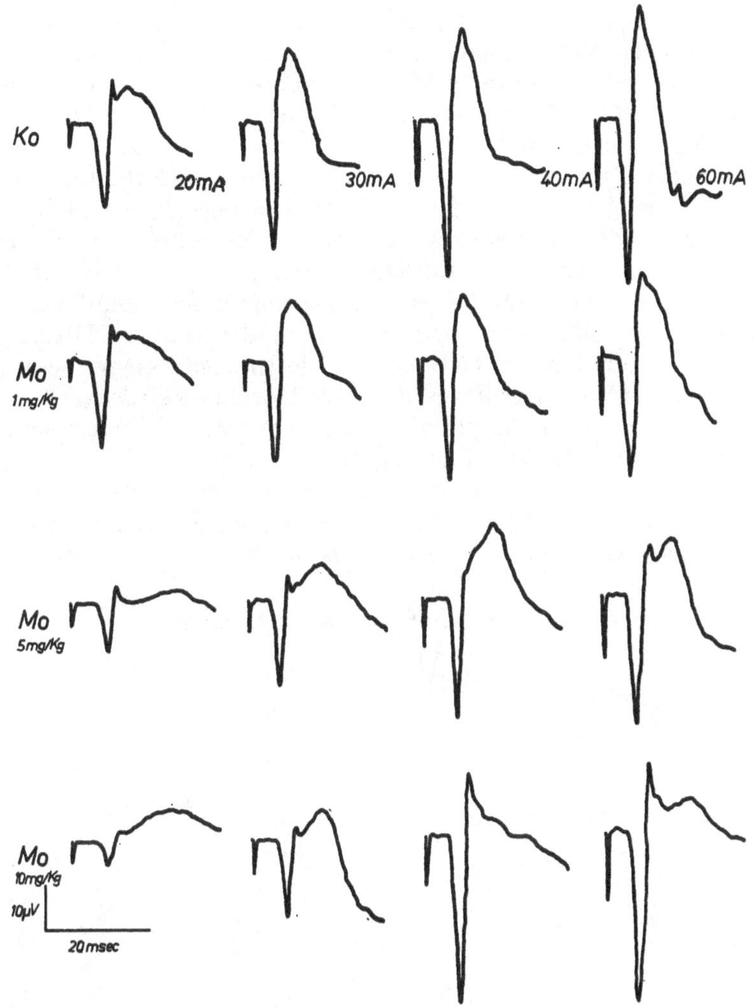

Abb. 1. Beeinflussung der durch Zahnpulpareizung im sensomotorischen Kortex ausgelösten primären Potentiale durch Morphin

tiale in unterschiedlichem Maße; unter Berücksichtigung aller Versuchsergebnisse war dieser Effekt statistisch nicht zu sichern. Erst bei Erhöhung der Morphindosis auf 5 mg/kg konnte eine statistisch zu sichernde Amplitudendepression nachgewiesen werden. Deutlich wird dieser Befund, wenn man die Reizintensitätsabhängigkeit der Amplitude der positiven Welle vor und nach Morphin untersucht. Abb. 3 zeigt diese Reizintensitätsabhängigkeit am Beispiel der im sensomotorischen Kortex aufgenommenen Potentiale. Hierbei wurde auch nach Beziehungen zwischen der Beeinflussung der Amplitude der positiven Welle der Potentiale und der Erhöhung der Intensitätsschwelle zur Auslösung des Kieferöffnungsreflexes gesucht. In den rein methodischen Voruntersuchungen konnten wir keine Beziehung zwischen der Amplitude bestimmter Anteile der Potentiale und der Schwelle zur Auslösung des Kieferöffnungsreflexes nachweisen. Die Prüfung der Analgetika eröffnet jedoch weitere Möglichkeiten zum Studium dieser Beziehungen. Wenn beim Einzeltier Korrelationen zwischen den Potentialen und der Schwelle zur Auslösung des Kieferöffnungsreflexes bestehen, d. h. dem Auftreten des Kieferöffnungsreflexes Potentiale oder einzelne Komponenten bestimmter Größe zugeordnet werden könnten, dann müßte mit der Erhöhung der Reaktionsschwelle eine parallellaufende Beeinflussung der Potentiale nachweisbar sein. Die in Abb. 3 dargestellten Beziehungen lassen diese Korrelation nicht erkennen. Die Intensitätsschwelle zur Auslösung des Kieferöffnungsreflexes ist nach Morphin bei deutlich von der Kontrolle abweichenden Amplituden der positiven Welle erreicht. Betrachtet man jedoch die Beeinflussung der auf die positive Welle folgenden negativen Welle durch Morphin in Abhängigkeit von der Reizintensität, so zeigt sich, daß dosisabhängig mit der Erhöhung der Reaktionsschwelle eine Minderung der Amplitude der negativen Welle verbunden ist (Abb. 4).

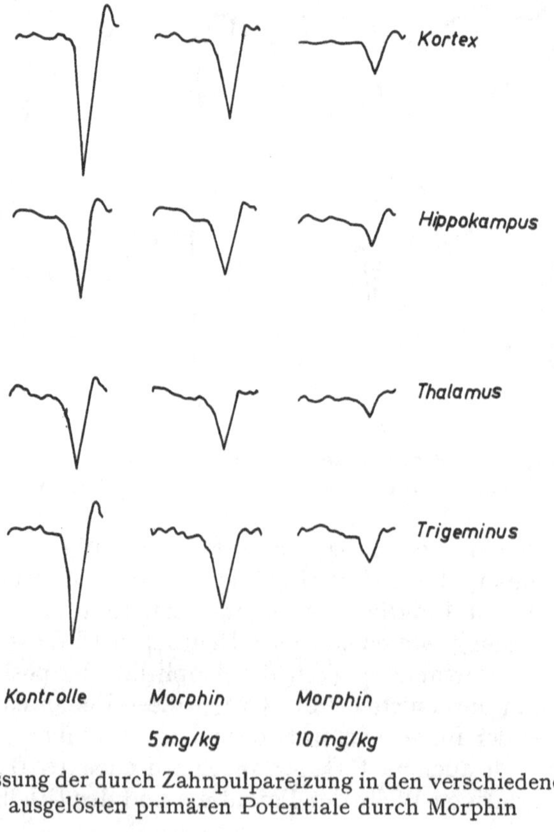

Abb. 2. Beeinflussung der durch Zahnpulpareizung in den verschiedenen Hirnregionen ausgelösten primären Potentiale durch Morphin

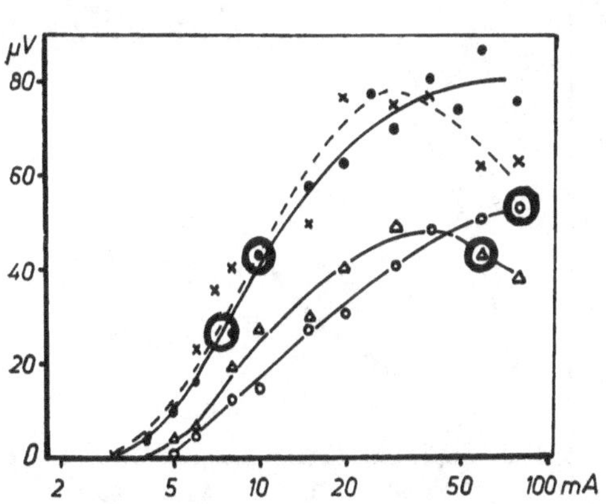

Abb. 3

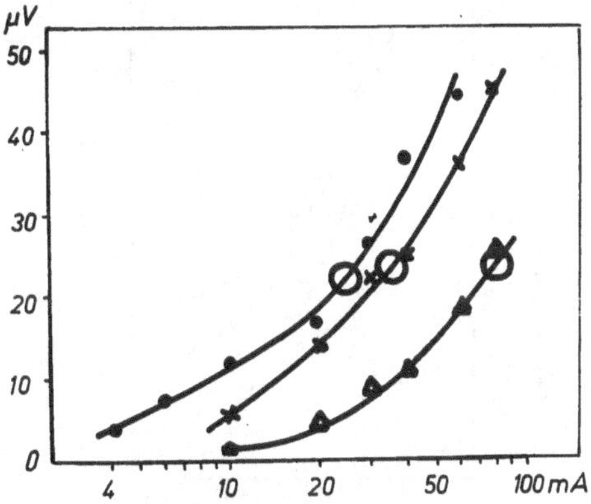

Abb. 4

Abb. 3. Reizintensitätsabhängigkeit der Amplitude der oberflächenpositiven Welle der primären Potentiale.
●——● Kontrolle; ×——× 1 mg/kg Morphin; △——△ 5 mg/kg Morphin; ○——○ 10 mg/kg Morphin; ○ Intensitätsschwelle zur Auslösung des Kieferöffnungsreflexes

Abb. 4. Reizintensitätsabhängigkeit der Amplitude der oberflächennegativen Welle der primären Potentiale.
●——● Kontrolle; ×——× 2 mg/kg Morphin; △——△ 5 mg/kg Morphin; ○ Intensitätsschwelle zur Auslösung des Kieferöffnungsreflexes

Daran ist auch die wenige Millisekunden später auftretende zweite negative Welle mit beteiligt.

Die Amplitudendepression der primären Potentiale und die Beziehungen zwischen der Beeinflussung der negativen Welle und der Schwellenerhöhung für den Kieferöffnungsreflex waren in allen vier Hirnregionen nachweisbar. Aus dem Verlauf der Reizintensitätsabhängigkeiten der Amplituden der primären Potentiale ergibt sich, daß die Hemmung durch Morphin bei niederen Reizintensitäten größer ist als bei höheren Intensitäten und außerdem in den dem Trigeminuskern nachgeschalteten Hirnregionen stärker ausgeprägt ist (Abb. 5).

Die Beziehungen zwischen der negativen Welle und dem Kieferöffnungsreflex veranlaßten uns, die Reizintensitätsabhängigkeit der gesamten oberflächennegativen Potentialänderung näher zu untersuchen. Zu diesem Zwecke bestimmten wir den gesamten Spannungsverlauf der negativen Welle bei den einzelnen Reizintensitäten vor und nach Morphinapplikation und ermittelten den Flächeninhalt der Potentialänderung. Abb. 6 zeigt die Reizintensitätsabhängigkeit der Amplitude und der Fläche der negativen Welle der primären Potentiale. Nach Morphin-HCl in Dosierungen von 1 und 2 mg/kg war bei bereits nachweisbarer Amplitudendepression keine statistisch zu sichernde Senkung der Gesamtspannung der negativen Welle

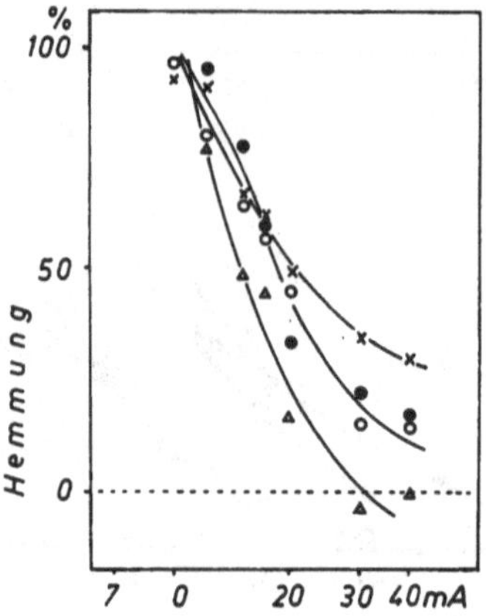

Abb. 5

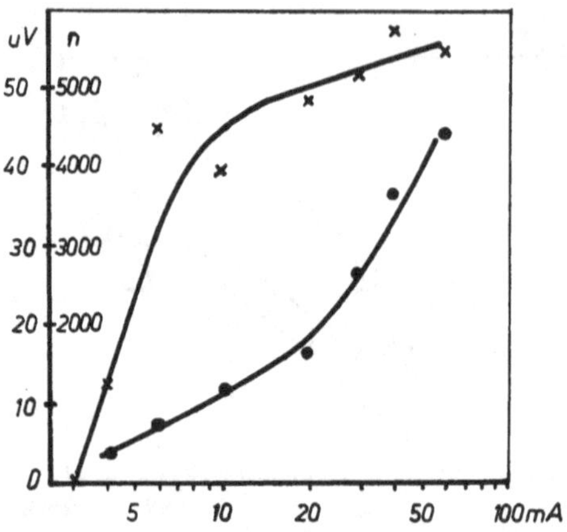

Abb. 6

Abb. 5. Reizintensitätsabhängigkeit der Amplitudendepression der oberflächenpositiven Welle der primären Potentiale durch 5 mg/kg Morphin in den verschiedenen Hirnregionen.
○——○ Kortex; ×----× Thalamus; ●——● Hippokampus; △——△ Trigeminuskerngebiet

Abb. 6. Reizintensitätsabhängigkeit der Amplitude (●——●) und der Fläche (×——×) der negativen Welle der primären Potentiale im sensomotorischen Kortex

nachweisbar. Erst Dosierungen ab 5 mg/kg führten zu einer Verminderung der Fläche der negativen Welle. Wie auch aus Abb. 1 ersichtlich, handelt es sich um einen mit steigender Intensität verbundenen erhöhten Synchronisationseffekt der Spannungsänderung. Dabei ist der Anstieg der Spannungsänderung im Maximum der Abweichung mit einer Verkürzung der Gesamtzeit der Spannungsänderung verbunden. Dieser Synchronisationseffekt wird unter der Einwirkung von Morphin vermindert. Neben der Amplitudendepression der primären Potentiale kam es auch zu signifikanten Veränderungen der Latenzzeiten. Die Latenzzeit des Potentialeintritts und die Spitzenlatenzen der positiven und negativen Welle waren verringert. Diese Effekte waren in allen vier Hirnabschnitten nachweisbar.

Da sich in diesem Zusammenhang die Frage nach der Spezifität dieser Morphinwirkung stellt, prüften wir die Beeinflussung der durch Klicks oder Lichtblitze ausgelösten kortikalen Potentiale durch Morphin. Dabei zeigte sich, daß Morphin in Dosierungen von 5 und 10 mg/kg s.c. keine signifikante Beeinflussung der durch Klicks und Lichtblitze ausgelösten Potentiale bewirkt.

Ebenso wie Morphin-HCl zeigten auch Dihydrocodeinum bitartaricum (Hydrocodon, AWD) und Hydromorphon eine Beeinflussung der primären Potentiale. Hydrocodon führte bei Dosierungen ab 5 mg/kg s.c. zu einer statistisch zu sichernden Verminderung der Amplitude der oberflächenpositiven Welle (Abb. 7). Eine Beziehung zwischen der Beeinflussung der positiven Welle und der Erhöhung der Intensitätsschwelle zur Auslösung des Kieferöffnungsreflexes war hier ebenfalls nicht nachweisbar. Die der positiven Welle folgende negative Deflektion wurde dagegen in 3 von 4 Experimenten bereits durch 1 mg/kg Hydrocodon vermindert (Abb. 8). Dabei konnte hier ebenso wie bei Morphin eine Korrelation zwischen der Amplitudendepression der negativen Welle und der Erhöhung der Intensitätsschwelle zur Auslösung des Kieferöffnungsreflexes nachgewiesen werden. Qualitativ gleichartige Befunde ergaben sich auch nach Applikation von Hydromorphon in Dosierungen von 0,1—1,0 mg/kg s.c.

Aus der Reihe der Pethidin-Gruppe untersuchten wir den Hauptvertreter, das Pethidin, in Dosierungen von 5 und 10 mg/kg bei s.c. Applikation. In der Dosierung von 5 mg/kg hatte Pethidin keinen signifikanten Einfluß auf die primären Potentiale der verschiedenen Hirnregionen. Erst bei einer Dosierung von > 10 mg/kg führte Pethidin in 4 von 6 Experimenten in allen untersuchten Hirnregionen zu einer Amplitudendepression der primären Potentiale. Dies zeigte sich besonders deutlich bei der Reizintensitätsabhängigkeit der Amplitude der positiven Welle der Potentiale vor und nach Pethidin (Abb. 9). Ebenso wie bei den Morphinan-Derivaten war auch bei Pethidin eine Korrelation zwischen der Beeinflussung der oberflächennegativen Welle des primären Potentials und der Schwellenerhöhung für

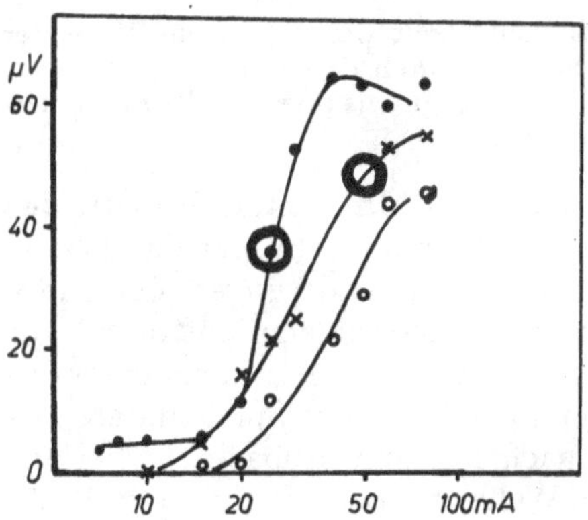

Abb. 7

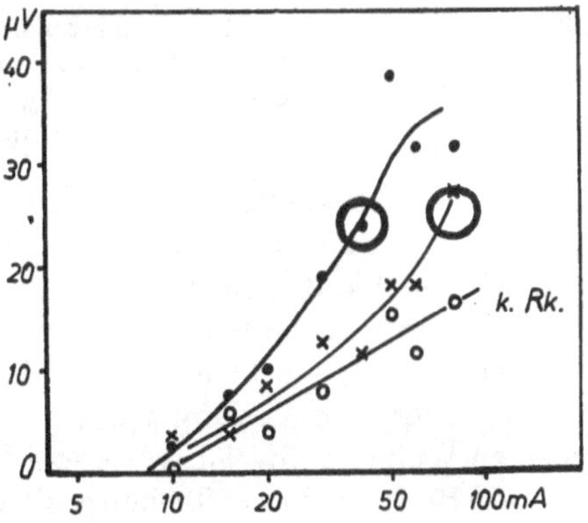

Abb. 8

Abb. 7. Beeinflussung der Reizintensitätsabhängigkeit der Amplitude der positiven Welle der primären Potentiale im sensomotorischen Kortex durch Hydrocodon. ●——● Kontrolle; ×——× 5 mg/kg Hydrocodon; ○------○ 10 mg/kg Hydrocodon; ○ Intensitätsschwelle zur Auslösung des Kieferöffnungsreflexes

Abb. 8. Beeinflussung der Reizintensitätsabhängigkeit der Amplitude der negativen Welle der primären Potential im sensomotorischen Kortex durch Hydrocodon. ●——● Kontrolle; ×——× 1 mg/kg Hydrocodon; ○——○ 2 mg/kg Hydrocodon; k. Rk. Kieferöffnungsreflex nicht auslösbar; ○ Intensitätsschwelle für Kieferöffnungsreflex

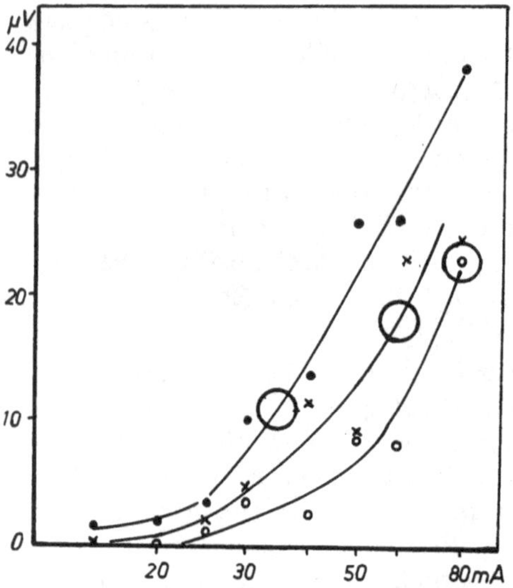

Abb. 9

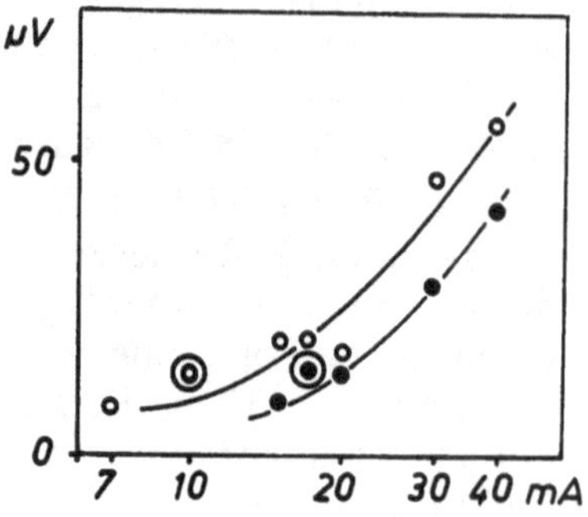

Abb. 10

Abb. 9. Beeinflussung der Reizintensitätsabhängigkeit der positiven Welle der primären Potentiale im sensomotorischen Kortex durch Pethidin.
●——● Kontrolle; ×——× 5 mg/kg Pethidin; ○——○ 10 mg/kg Pethidin; ○ Intensitätsschwelle für Kieferöffnungsreflex

Abb. 10. Beeinflussung der Reizintensitätsabhängigkeit der negativen Welle der primären Potentiale im Thalamus durch Pethidin.
○——○ Kontrolle; ●——● 10 mg/kg Pethidin; ○ Intensitätsschwelle für Kieferöffnungsreflex

den Kieferöffnungsreflex nachweisbar (Abb. 10). Im Unterschied zu den Morphinan-Derivaten war dieser Effekt nach Pethidin schwerer zu sichern, da in Abhängigkeit von der Dosierung erhebliche Änderungen der Form der oberflächennegativen Welle mit Latenzzeitänderungen auftraten, die eine Beurteilung erschwerten. Verbunden mit der Amplitudendepression war auch hier eine Verlängerung der Latenzzeit und der Spitzenlatenz der positiven Welle nachweisbar. Auch die nach Morphin beobachtete Verkürzung der Breite der oberflächenpositiven Welle war nach Pethidin zu beobachten.

Diskussion

Nach HARDY's Definition ist ein Analgetikum „a substance which reduces or abolishes suffering from pain without producing unconsciousness" [11]. Diese Wirkung kann erreicht werden durch

1. Substanzen mit Wirkung auf die „Schmerzrezeption",
2. Substanzen mit Wirkung auf die Weiterleitung und Verarbeitung der durch die Erregung der Rezeptoren erzeugten Signale auf dem Weg zu den höchsten Abschnitten des ZNS und

3. Substanzen mit Wirkung auf die Reaktionskomponenten auf den Schmerz. Nach BEECHER [12] ist es besonders die Beeinflussung der Reaktionskomponenten auf den Schmerz, die stark wirkende Analgetika auszeichnet.

Eine Beeinflussung der Schmerzrezeption durch narkotische Analgetika ist nach den bisherigen Untersuchungen nicht anzunehmen. So wird die durch elektrische Zahnreizung im Dentalnerven von Hunden ausgelöste Aktivität durch Morphin in Dosierungen von 2,5—5 mg/kg i.v. nicht beeinflußt [13]. Die Verarbeitung der durch die Erregung der Rezeptoren erzeugten Aktivität auf dem Wege zu den höheren Abschnitten des ZNS wird durch narkotische Analgetika deutlich beeinflußt. So zeigen narkotische Analgetika eine Hemmung polysynaptischer Reflexe [14, 15]. Die Morphinwirkung ist bei derartigen Untersuchungen am Spinalmark um so deutlicher, je stärker sich supraspinale Einflüsse auswirken können. Diese Effekte sind jedoch nicht spezifisch für Analgetika.

Unsere Untersuchungen zeigen, daß narkotische Analgetika bereits im Trigeminuskerngebiet die ausgelösten Potentiale dosisabhängig hemmen. Dies unterstreicht die von SASA [17] in Einzelzelluntersuchungen erhobenen Befunde, wonach Morphin bereits in der ersten Relaisstation der afferenten Trigeminusbahn wirkt. In diesem Zusammenhang sei auch auf die Untersuchungen von MITZOGUCHI [18] verwiesen, der am Hund durch Einzelreize der Zahnpulpa ausgelöste Potentiale hemmen konnte und nachwies, daß die Wirkung wahrscheinlich im Nucleus tractus spinalis n. trigemini zustande kommt, und keine Hemmwirkung im Nucleus sensorius superior n. trigemini nachweisbar ist.

In unseren Untersuchungen wurden die Potentiale in allen vier untersuchten Hirnregionen beeinflußt. Neben der Beeinflussung der Impulsweiterleitung im Trigeminuskerngebiet muß dabei aus den Kurvenverläufen eine zusätzliche Beeinflussung der Erregungsverarbeitung in den nachgeschalteten Hirnabschnitten angenommen werden. Neben der Amplitudendepression für die positive und negative Welle des primären Potentials kam es zu einer Verlängerung der Latenzzeiten für das Auftreten der Potentiale und einer Verzögerung der Spitzenlatenzen. Aus Untersuchungen an Hunden geht dabei hervor, daß Morphin die Latenz der Zahnpulpaafferenz im Nucleus medialis dorsalis thalami verlängert [19, 20]. FUJITA et al. [21] wiesen nach, daß die Refraktärperiode von Interneuronen im Nucleus ventralis posterolateralis thalami durch Morphin verlängert wird.

Die relativ kurze Latenzzeit, mit der die primären Potentiale in den einzelnen Hirnabschnitten auftreten, zeigt, daß die afferenten Bahnen unter Zwischenschaltung sehr weniger Schaltstellen in Thalamus, Kortex und auch Hippokampus einmünden. Das ist unter Berücksichtigung der Kenntnisse über die primär sensorischen Bahnen lediglich für den Hippokampus überraschend. Untersuchungen der letzten Jahre zeigen aber, daß im Hippokampus eine Konvergenz von Afferenzen verschiedenen Ursprungs zu beobachten ist und die evozierten Antworten mit kurzer Latenzzeit ableitbar sind [23–25]. Diese Afferenzen dienen der Integration somatischer, viszeraler, affektiver und kortikaler Komponenten und schaffen Voraussetzungen für die zentrale Stellung des Hippokampus für zahlreiche Funktionen der höheren Nerventätigkeit.

In der Literatur finden sich zum Teil recht widersprechende Angaben über die Beeinflussung der durch nozizeptive Reize ausgelösten Potentiale durch Analgetika. Dabei wurde häufig entweder mit sehr hohen Dosen narkotischer Analgetika oder an mit Muskelrelaxantien immobilisierten Tieren gearbeitet. Dadurch können Interferenzen auftreten, die eine Interpretation der Befunde erschweren. Für depolarisierende und nicht depolarisierende Muskelrelaxantien konnten wir in eigenen Untersuchungen eine erhebliche Beeinflussung der Potentiale durch diese Substanzen nachweisen [22].

Betrachtet man die Beeinflussung der Potentiale durch die Analgetika, so ist besonders die Beziehung zwischen der Erhöhung der Schwelle zur Auslösung des Kieferöffnungsreflexes und der Beeinflussung der negativen Welle der primären Potentiale auffallend. Alle untersuchten Analgetika zeigten diese, der Erhöhung der Schwelle für den Kieferöffnungsreflex parallelgehende, prädilektive Hemmung der oberflächennegativen Welle. Die Beeinflussung der positiven Welle der primären Potentiale zeigte keine Beziehung zur Schwellenerhöhung für den Kieferöffnungsreflex. Die noch unzureichenden Kenntnisse über die Genese der einzelnen Komponenten der ausgelösten Potentiale erschweren die Interpretation der vorliegenden Befunde. Während einerseits angenommen wird, daß die primären Komponenten ausgelöster Potentiale das Ergebnis der über die spezifischen sensorischen Bahnen aufsteigenden Erregung sind [26–28], wird von einigen Autoren auf Grund ontogenetischer Untersuchungen eine Strukturheterogenität der einzelnen Komponenten der primären Potentiale angenommen [29, 30]. Untersuchungen über die Beziehungen zwischen optisch evozierten Summenpotentialen und evozierten Einzelzellantworten weisen darauf hin, daß nach einem initialen EPSP mit Korrelationen zur oberflächenpositiven Welle der primären Potentiale ein relativ langdauerndes IPSP auftritt, welches Korrelationen zur oberflächennegativen Welle der primären Summenpotentiale aufweist [31]. Dabei werden über Axonkollateralen erregte inhibitorisch wirkende Zwischenneurone für den Hemmeffekt diskutiert. Überträgt man diese Befunde auf die Verarbeitung nozizeptiver Reize, so wäre eine prädilektive Beeinflussung der Erregungsleitung über inhibitorisch wirkende Zwischenneurone bei der Verarbeitung nozizeptiver Reize in den untersuchten Hirnabschnitten als Ursache der prädilektiven Hemmung der oberflächennegativen Welle der primären Potentiale anzunehmen. Die parallellaufende Schwellenerhöhung für den Kieferöffnungsreflex könnte dabei ihre Ursache in einem durch die Änderung der Erregungsverarbeitung hervorgerufenen Informationsverlust für die zur Auslösung verantwortlichen Neuronenpopulationen haben. Ein gleichzeitiger direkter Angriff an zur

Auslösung verantwortlichen Strukturen kann jedoch durch unsere Untersuchungen nicht ausgeschlossen werden.

Literatur

[1] Brookhardt, J. M., W. K. Livingston u. F. P. Haugen: J. Neurophysiol. **16**, 634 (1953)
[2] Kerr, D. J. B., F. P. Haugen u. R. Melzack: Am. J. Physiol. **183**, 253 (1955)
[3] Melzack, R. u. F. P. Haugen: Am. J. Physiol. **190**, 570 (1957)
[4] Graf, W. u. G. Bjorlin: J. Am. dent. Ass. **43**, 186 (1951)
[5] Shimizu, T.: J. dent. Res. **42**, (1963)
[6] Schmidt, J.: Acta biol. med. germ. **21**, 475 (1968)
[7] Schmidt, J. u. I. Guhlke: Acta biol. med. germ. **21**, 487 (1968)
[8] Schmidt, J.: Acta biol. med. germ. **24**, 685 (1970)
[9] Monnier, M. u. H. Gangloff: Atlas für stereotaktische Hirnversuche an wachen Kaninchen. Elsevier Publishing Company, Amsterdam, London, New York 1961
[10] Winne, D.: Arzneimittel-Forsch. **14**, 62 (1964)
[11] Hardy, J. D.: J. chron. Dis. **4**, 22 (1956)
[12] Beecher, H. K.: Pharmac. Rev. **9**, 59 (1957)
[13] Wagers, P. W. u. C. M. Smith: J. Pharmac. exp. Ther. **130**, 89 (1960)
[14] Wikler, A.: Pharmac. Rev. **2**, 435 (1950)
[15] Martin, W. R in: Physiological Pharmacology. W. S. Root u. F. G. Hofmann (Hrsg.) **1**, 275. Academic Press, New York, London 1963
[16] Takagi, H., M. Matsumura, A. Yauai u. K. Ogiu: Jap. J. Pharmac. **4**, 176 (1954)
[17] Sasa, M.: Jap. J. Pharmac. **19**, 373 (1969)
[18] Mitzoguchi, K.: Folia pharmac. jap. **60**, 326 (1964)
[19] Chin, H. J. u. E. F. Domino: J. Pharmac. exp. Ther. **132**, 74 (1961)
[20] Domino, E. F.: A. Rev. Pharmac. **2**, 215 (1962)
[21] Fujita, S., M. Yasuhara, S. Yamamoto u. K. Ogiu: Jap. J. Pharmac. **4**, 41 (1954)
[22] Lössner, B., H. Rüthrich u. J. Schmidt: Acta biol. med. germ. **22**, 209 (1969)
[23] Dunlop, C. W.: Electroenceph. clin. Neurophysiol. **10**, 297 (1958)
[24] Green, J. D. u.W. R. Adley: Electroenceph. clin. Neurophysiol. **8**, 245 (1956)
[25] Parmeggiani, P. L.: Helv. physiol. pharmac. Acta **18**, 523 (1960)
[26] Amassian, V. E., H. J. Waller, u. J. Maey, Jr.: Ann. N. Y. Acad. Sci. **112**, 5 (1964)
[27] Chang, H.-T. in: Handbook of Physiology. Bd. 1. Am. Physiol. Soc., Washington/Baltimore 1959
[28] Eccles, J. C.: Electroenceph. clin. Neurophysiol. **3**, 449 (1951)
[29] Anochin, P. K.: Prog. Brain Res. **9**, (1964)
[30] Ata-Muradova, F.: Wiss. Z. Karl-Marx-Univ. Lpz., math.-naturw. R. **16**, 431 (1967)
[31] Creutzfeldt, O. A., M. Rosina, M. Ito u. W. Probst: J. Neurophysiol. **32**, 127 (1969)

Summary

J. Schmidt and H. Ruethrich: The influence of narcotic analgetics upon brain potentials released by irritation of the tooth pulp

The influence of morphine, hydromorphone, hydrocodone and pethidine upon potentials released by irritation of the tooth pulp in the sensory core of the trigeminal nerve, the ventrolateral thalamus, the sensomotory cortex and dorsal hippocampus of unnarcotized and not immobilized rabbits was investigated.

The analgetics caused a dose-dependent amplitude depression of the primary potential components and a delay of latency periods already in the sensory core of the trigeminal nerve. Qualitatively similar effects are observed in the following brain regions. The curves suggest additional analgetic effects to occur in these regions.
The increased threshold for releasing the jew-opening reflex caused by the analgetics obviously is correlated with the influence upon the surface-negative wave of primary potentials.
No correlation exists between the influence upon the surface-positive wave of the primary potentials and the threshold for the jaw-opening reflex.

Kurzmitteilungen

Acta biol. med. germ., Band 28, Seite 543—547 (1972)

Aus dem Physiologisch-chemischen Institut der Ernst-Moritz-Arndt-Universität Greifswald (Direktor: Prof. Dr. sc. med. N. HARTMANN)

Abbau von L-Dijodtyrosin in Leberhomogenaten kälteadaptierter Ratten und Meerschweinchen

CHR. VOSS und N. HARTMANN

(Eingegangen am 6. 7. 1971; nach Revision am 25. 10. 1971)

Zusammenfassung

In Leberhomogenaten kältebehandelter Ratten und Meerschweinchen wurde die spezifische Aktivität der L-Dijodtyrosin-Dejodase bestimmt.

Nach 2 Std. Kälteaufenthalt bei 4 °C wurde ein hochsignifikanter Abfall, nach 3-wöchigem Kälteaufenthalt ein hochsignifikanter Anstieg der Dejodaseaktivität festgestellt.

Einleitung

Bringt man Laboratoriumstiere, z. B. Meerschweinchen oder Ratten, die an eine warme Umgebungstemperatur gewöhnt waren, in kalte Umgebung, so müssen die Tiere wegen des größeren Wärmeverlustes ihren Stoffwechsel steigern; daran ist neben der Hypophyse [14] und der Nebenniere [1, 15, 16] sehr maßgeblich die Schilddrüse beteiligt. Es kommt zu einer Aktivierung der Schilddrüsenfunktion. Der Grad dieser Aktivierung ist abhängig von verschiedenen Faktoren wie Stamm und Alter der Versuchstiere, Höhe und Einwirkungsdauer der Umgebungstemperatur vor und während der Kältebehandlung. Die Aktivierung der Schilddrüse in kalter Umgebung äußert sich in einer Zunahme von Hormonsynthese [5], Sekretion [3, 21, 2], peripherer Verwertung [11, 7], aber auch einer vermehrten Ausscheidung von Schilddrüsenhormonen mit dem Kot [2, 5].

GALTON und NISULA [5] fanden in umfangreichen Untersuchungen über die Schilddrüsenfunktion bei kälteadaptierten Ratten, daß es in peripheren Geweben zu keinem vermehrten Abbau von ^{131}J-Thyroxin kommt.

In der vorliegenden Arbeit werden die Ergebnisse von Untersuchungen über die Aktivität dejodierender Enzyme, speziell der Jodtyrosin-Dejodasen, in der Leber von kältebehandelten Ratten und Meerschweinchen beschrieben.

Die physiologische Bedeutung der Dejodasen der Leber liegt im endgültigen Abbau der Hormonjodverbindungen [12], wobei das freigesetzte anorganische Jod zur Synthese neuer Schilddrüsenhormone in der Schilddrüse wieder verwertet wird; in seltenen Fällen kommt es infolge hereditären Ausfalls der peripheren Jodtyrosin-Dejodasen zu schweren Hypofunktionen der Schilddrüse [9, 10].

Material und Methodik

Als Versuchstiere dienten Wistarratten (durchschnittliches Körpergewicht 330 g) und Meerschweinchen der institutseigenen Zucht (durchschnittliches Körpergewicht 780 g). Die Tiere wurden bei einer konstanten Raumtemperatur von 22 °C und für die Kälteversuche bis zu 3 Wochen bei einer Umgebungstemperatur von 3—4 °C gehalten. Die Nahrung der Ratten bestand aus käuflichen Preßlingen (Hersteller: Arbeitsgruppe Versuchstierzucht, Berlin-Lichtenberg) und Wasser ad libitum, die der Meerschweinchen aus Kohlrüben und Körnerfutter.
Die Bestimmung der Dejodaseaktivität erfolgte nach beschriebener Methodik [18]. Als Substrat diente L-Dijodtyrosin. Die Ergebnisse wurden statistisch nach dem *t*-Test von Fisher-Student ausgewertet [8].

Ergebnisse

Die Befunde über die spezifische Aktivität der L-Dijodtyrosin-Dejodase in von Zelltrümmern, Kernen und Mitochondrien befreiten Homogenatüberständen der Leber geht für kältebehandelte Ratten aus Tab. 1, für kältebehandelte Meerschweinchen aus Tab. 2 hervor. Nach 2 Std. Kälteaufenthalt kommt es zu einem hochsignifikanten Abfall der Dejodaseaktivität sowohl bei Ratten als auch bei Meerschweinchen; nach 1 Tag wird dagegen ein Anstieg der Enzymaktivität beobachtet, nach 3wöchigem Kälteaufenthalt wurden bei Ratten die höchsten Dejodaseaktivitäten bestimmt. Die Unterschiede sind zu den Kontrollen bei Ratten hochsignifikant, bei Meerschweinchen signifikant.

Tabelle 1
Dejodierung von L-DJT in Leberhomogenaten kältebehandelter Ratten

Dauer der Kältebehandlung	spezifische Dejodase-Aktivität [nMol J^-/mg Eiweiß]	α	n
Kontrolle	52,1 ± 10,1		32
2 Std.	20,3 ± 1,5	<0,1%	4
1 Tag	55,5 ± 7,4		14
2 Tage	65,2 ± 8,6	<0,1%	18
3 Tage	60,6 ± 9,5	$1\% < \alpha < 5\%$	14
3 Wochen	83,3 ± 18,6	<0,1%	10

α = Irrtumswahrscheinlichkeit; n = Anzahl der Versuche

Tabelle 2
Dejodierung von L-DJT
in Leberhomogenaten kältebehandelter Meerschweinchen

Dauer der Kältebehandlung	spezifische Dejodase-Aktivität [nMol J^-/mg Eiweiß]	α	n
Kontrolle	63,2 ± 9,6		12
2 Std.	22,5 ± 4,8	<0,1%	4
1 Tag	73,9 ± 5,2		4
2 Tage	68,5 ± 19,5		14
9 Tage	68,2 ± 5,3		10
3 Wochen	72,8 ± 7,0	$1\% < \alpha < 5\%$	10

α = Irrtumswahrscheinlichkeit; n = Anzahl der Versuche

Diskussion

Experimentell hyperthyreot gemachte Hauskaninchen sowie thyreotoxikotische Wildkaninchen zeigen eine signifikant verminderte Dejodaseaktivität in der Leber [6, 13, 19, 20].
Eine entsprechende signifikante Abnahme der spezifischen Aktivität der Jodtyrosin-Dejodasen beobachteten wir auch in Kälteversuchen bei Ratten und Meerschweinchen 2 Std. nach Kälteexposition bei 4 °C. Die Aktivität betrug zu diesem Zeitpunkt nur etwa ein Drittel derjenigen der Kontrollgruppe. Daraus könnte einmal geschlußfolgert werden, daß es zu dieser Zeit in der Leber, dem wesentlichen Abbau- und Umbauort überschüssiger Schilddrüsenhormone [17], zu einem verminderten Angebot an Schilddrüsenhormon kommt, da dieses möglicherweise in der Körperperipherie [22] für die Steigerung des Gesamtstoffwechsels zur Aufrechterhaltung der Körpertemperatur in kalter Umgebung verbraucht wird. Zum anderen wäre es aber auch denkbar, daß über die mit der akuten Kälteeinwirkung (Kältestress) ausgelöste Hyperaktivität der Nebenniere die durch Adrenalin mögliche Hemmung der Dejodierung in der Leber [18] ein geringes Angebot an Schilddrüsenhormon vortäuscht. In diesem Sinne wäre auch die vermehrte Abgabe von intaktem Schilddrüsenhormon mit der Galle und die verminderte Jodidexkretion nach Kälteeinwirkung zu deuten [5].
Dagegen ist 1 Tag nach Beginn der Kälteexposition bei Ratten und Meerschweinchen eine Zunahme der dejodierenden Aktivität der Leber nachweisbar; eine signifikante Erhöhung gegenüber Kontrolltieren wurde auch noch nach 3 Wochen festgestellt. Diese Aktivitätszunahme könnte die Folge einer gesteigerten und überschießenden aktiven Neubildung von Schilddrüsenhormon sein, da bekannt ist, daß es im akuten Stress — als Stress ist die Kälteexposition der Tiere anzusehen — über den sogenannten Schwellkörpermechanismus in der Schilddrüse zu einer Entleerung der intrathyreoidalen Hormonspeicher und damit zu einer plötzlichen Überschwemmung

des Organismus mit Schilddrüsenhormon kommt und im Anschluß an diese primär passive Erhöhung des peripheren Hormonangebotes eine aktive Schilddrüsenhormonneubildung einsetzt [4].
Da auch bei langer Kälteeinwirkung eine erhöhte Thyroxinbildung und -ausscheidung durch die Galle vorkommt [5], wäre die in unseren Versuchen nachgewiesene Erhöhung der Jodtyrosin-Dejodaseaktivität dahingehend zu deuten, daß durch den Abbau aus Jodtyrosinen das für den erhöhten Schilddrüsenhormonumsatz notwendige Jodid in ausreichendem Maße bereitgestellt werden kann.

In unseren Versuchen lassen sich nur Aussagen über den Bruttoumsatz der jodierten Verbindungen treffen. Diesen Umsatz haben wir mit „Dejodaseaktivität" bezeichnet und uns dabei auf die Jodabspaltung pro mg Eiweiß im eingesetzten Homogenat bezogen. Ein Nachweis der Induktion der Dejodasensynthese bzw. ein Abbau dieser Enzyme, die sich auch auf die Dejodierungsgröße auswirken könnten, ist erst dann faßbar, wenn es gelingt, die Enzyme quantitativ zu erfassen, d. h. gereinigt zu bestimmen. Da dieses z. Z. noch nicht möglich ist, können nur die von uns diskutierten Vermutungen geäußert werden.

Frau DÖRTE BRENNICH danken wir für fleißige und gewissenhafte technische Assistenz.

Literatur

[1] BRUNS, K. J.: Die Bedeutung des Adrenalin bei der Stoffwechselsteigerung durch Thyroxin. Dissertation, Universität Gießen, Veterinärmedizinische Fakultät 1964
[2] COTTLE, M. u. L. D. CARLSON: Endocrinology **59**, 1 (1956)
[3] DEMPSEY, E. W. u. E. B. ASTWOOD: Endocrinology **32**, 509 (1943)
[4] EICKHOFF, W. u. C. HABERHOLD: Die Lymphbahnen der menschlichen Schilddrüse. (Experimentelle Medizin, Pathologie u. Klinik. Bd. 24). Springer, Berlin. Heidelberg, New York 1968
[5] GALTON, V. A. u. B. C. NISULA: Endocrinology **85**, 79 (1969)
[6] HARTMANN, N., CHR. VOSS u. H. SCHAEFER: Korrelation zwischen Schilddrüsenaktivität und Dejodasewirkung der Gewebe. 5. Intern. Biochem.-Kongreß, Moskau 1961, Vortrag
[7] KASSENAAR, A. A. H., L. D. F. LAMEYER u. A. QUERIDO: Acta endocr., Copenh. **21**, 37 (1956)
[8] KOLLER, S.: Statistische Auswertungsmethoden. In: Biochemisches Taschenbuch. Teil 2, H. M. RAUEN (Hrsg.). Springer-Verlag, Berlin, Göttingen, Heidelberg, New York 1964, S. 959
[9] KUSAKABE, T. u. T. MIYAKE: J. clin. Endocr. **23**, 122 (1963)
[10] KUSAKABE, T.: Folia endocr. jap. **39**, 26 (1963)
[11] RAND, C. G., D. S. RIGGS u. N. B. TALBOT: Endocrinology **51**, 562 (1952)
[12] RUEGAMER, W. R. u. R. B. CHODOS: Fedn Proc. Fedn Am. Socs exp. Biol. **15**, 343 (1956)
[13] SCHAEFER, H. u. N. HARTMANN: Hoppe Seyler's Z. physiol. Chem. **346**, 97 (1966)
[14] STEVANS, C. E., S. A. D'ANGELO, K. E. PASCHKIS, A. CANTAROW u. F. W. SUNDERMAN: Endocrinology **56**, 143 (1955)
[15] SVEDMYR, N.: Acta physiol. scand. **66**, 257 (1966)

[16] SVEDMYR, N.: Acta pharmac. tox. **24**, 203 (1966)
[17] VAISLER, L., A. CONSTANTINESCU u. E. COSTINER: Rev. roum. Endocr. **4**, 2, 113 (1967)
[18] VOSS, CHR. u. N. HARTMANN: Acta biol. med. germ. **26**, 299 (1971)
[19] VOSS, CHR. u. N. HARTMANN: Endokrinologie (im Druck)
[20] VOSS, CHR.: Neuere Befunde über das Schicksal von DJT bei Wild- und Hauskaninchen. Vortrag, Medizin. Verein Greifswald 1967.
[21] WOODS, R. u. L. D. CARLSON: Endocrinology **59**, 323 (1956)
[22] YAMADA, T., A. KAJIHARA, T. ONAYA, I. KOBAYASHI, Y. TAKEMURA u. K. SHICHIJO: Endocrinology **77**, 968 (1965)

Acta biol. med. germ., Band 28, Seite 549—552 (1972)

Aus der Forschungsstelle für Medizinische Ernährungslehre an der Hautklinik (Direktor: Prof. Dr. sc. med. A. KNAPP) und der Chirurgischen Klinik (Direktor: Prof. Dr. sc. med. A. REDING) der Ernst-Moritz-Arndt-Universität Greifswald

Phenylalaninhydroxylase-Aktivität bei Hyperphenylalaninämie und klassischer Phenylketonurie

U. GRIMM, A. KNAPP, W. TISCHER und K. SCHLENZKA

(Eingegangen am 18. 11. 1971)

Zusammenfassung

Bei einem Kind mit Hyperphenylalaninämie und 6 Kindern mit klassischer Phenylketonurie (PKU) wurde die Aktivität der Phenylalaninhydroxylase (PAH) in der Leber bestimmt. Während die Enzymaktivität bei der Hyperphenylalaninämie durch Kofaktorzusatz auf das 5fache anstieg, zeigten alle Phenylketonuriker mit einer Enzymaktivität nach Zugabe des Kofaktors eine Inhibierung. Auf Grund dieser Befunde ist für die Charakterisierung der PAH-Aktivität vor allem die Aktivierbarkeit durch den Kofaktor von Bedeutung.

Nachdem wir vor kurzem über Methodik [1] und Ergebnisse von Aktivitätsbestimmungen der Phenylalaninhydroxylase (PAH) im Leberhomogenat gesunder Probanden berichteten [2], sollen nunmehr die gefundenen Aktivitätswerte bei einem Kind mit Hyperphenylalaninämie und 6 Kindern mit klassischer Phenylketonurie (PKU) mitgeteilt werden.

Es handelt sich um 1- bis 13jährige Kinder, die keine oder auf Grund des fortgeschrittenen Krankheitsbildes lediglich zeitweise Diät bzw. eine eiweißreduzierte Kost erhielten.

Bei der Hyperphenylalaninämie (Tab. 1) fanden wir eine an der unteren Grenze der Norm liegende Enzymaktivität, die jedoch nach Zusatz des Kofaktors 2-Amino-4-hydroxy-6,7-dimethyl-5,6,7,8-tetrahydropterin lediglich auf das 5fache anstieg. Beim gesunden Probanden fanden wir dagegen bei Kofaktorzusatz im Mittel eine 35fache Aktivierung [2]. Ein Kofaktormangel scheint bei unserer Patientin nicht vorzuliegen, denn höhere Kofaktorzusätze führten nicht zu einer Aktivitätssteigerung, sondern wie beim gesunden Probanden zu einer Hemmung. Das Maximum der Enzymaktivität (Abb. 1) liegt wie beim gesunden Probanden bei einer Kofaktorkonzentration von 0,06 μMol. Höhere Kofaktorkonzentrationen wirken in beiden Fällen in zunehmendem Maße inhibierend. Diese Hemmung läßt sich zwar durch Katalasezusatz weitgehend abschwächen, aber nicht völlig beheben (Kurve IV).

Tabelle 1
PAH-Aktivität bei Hyperphenylalaninämie, klassischer PKU und Normalprobanden. Das Protein wurde nach Lowry et al. [3] bestimmt

Pat.	geboren	Geschlecht	Diagnose	μMol Tyr/g Protein/60 min bei 25 °C ohne Kofaktor	μMol Tyr/g Protein/60 min bei 25 °C mit Kofaktor
B. S.	12. 8. 69	♀	Hyperphenylalaninämie	1,25	6,2
M. S.	15. 8. 63	♂	Klassische PKU	1,88	1,62
C. W.	7. 6. 60	♂	Klassische PKU	—	—
D. M.	17. 6. 63	♀	Klassische PKU	3,0	2,7
S. U.	30. 6. 63	♂	Klassische PKU	1,0	0,95
M. K.	5. 12. 62	♀	Klassische PKU	0,57	0,31
M. V.	29. 6. 57	♀	Klassische PKU	0,46	0,35
18 Kontrollprobanden				1,15—3,56	44,5—78,0

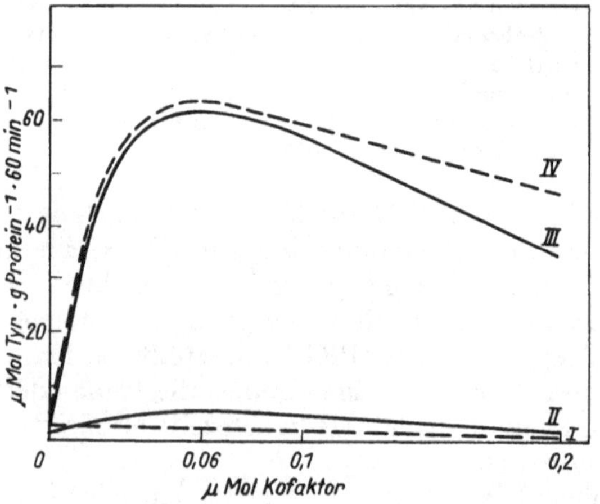

Abb. 1. Abhängigkeit der PAH-Aktivität von der Kofaktorkonzentration. I = Phenylketonurie; II = Hyperphenylalaninämie; III = gesunde Leber; IV = gesunde Leber mit Katalasezusatz

Bei den Kindern mit klassischer PKU fanden wir stark schwankende Aktivitätswerte (Tab. 1). Lediglich 1 Kind zeigte keinerlei Enzymaktivität, sowohl ohne als auch mit Kofaktorzusatz. Bei 2 Kindern war die Enzymaktivität gegenüber der Norm stark erniedrigt. Diese Ergebnisse stimmen mit den Werten anderer Untersucher überein, die bei klassischen PKU-Fällen eine stark erniedrigte [4] bzw. überhaupt keine Aktivität fanden [5, 6]. Im Gegensatz zu den bisher vorliegenden Literaturangaben erreichte dagegen ein Kind mit klassischer PKU fast den Normbereich und bei

2 Patienten lagen die Aktivitätswerte sogar innerhalb der Norm. Gegenüber gesunden Probanden und auch zur Hyperphenylalaninämie erfolgte jedoch bei Kofaktorzusatz in allen Fällen eine Hemmung der Enzymaktivität (Abb. 1).

Da eine unspezifische, nicht enzymatische Hydroxylierung durch Proteinfällung, Erwärmung bzw. Stehenlassen der Homogenate bei Zimmertemperatur ausgeschlossen werden konnte, und andererseits die fluorimetrische Tyrosinbestimmung nach WALKES und UDENFRIEND [7] hochspezifisch ist, darf man annehmen, daß die bei einigen PKU-Homogenaten gefundene Tyrosinbildung tatsächlich auf eine entsprechende PAH-Aktivität hinweist. Die im Gegensatz zum gesunden Probanden und zur Hyperphenylalaninämie gefundene Hemmung der Enzymaktivität nach Kofaktorzusatz (Abb. 1) ist offenbar darauf zurückzuführen, daß der Phenylketonuriker nach KAUFMAN [4] mehr Kofaktor produziert als der Gesunde. Wir konnten dies bei unseren Patienten durch Mischen von Ratten- und PKU-Homogenat bestätigen. Tab. 2 zeigt, daß die PAH-Aktivität der Ratte nach Zugabe von PKU-Homogenat annähernd auf das Doppelte ansteigt. Für einen Kofaktorüberschuß in der PKU-Leber sprechen auch Dialyseversuche. So fanden wir nach 3stündiger Dialyse des PKU-Homogenates nach Kofaktorzusatz keine Hemmung der Enzymaktivität mehr, sondern bereits eine etwa 20%ige Aktivierung.

Auf Grund dieser Ergebnisse sind die bei einigen PKU-Patienten gefundenen Aktivitätswerte innerhalb der Norm nicht mit denen gesunder Probanden vergleichbar. Während der Phenylketonuriker durch den Kofaktorüberschuß bereits eine optimale Enzymleistung zeigt, vermag der gesunde Proband seine Aktivität im Mittel auf das 35fache zu steigern. Der PKU-Patient mit „normaler" Enzymaktivität zeigt also demnach etwa nur den 30. Teil der Enzymleistung des gesunden Probanden, so daß er das anfallende Phenylalanin nicht hinreichend metabolisieren kann. Für die Charakterisierung der PAH-Aktivität ist daher vor allem die Aktivierbarkeit durch den Kofaktor von Bedeutung.

Inwieweit die gefundenen in vitro-Verhältnisse auch in vivo zutreffen, bleibt zunächst noch offen. Möglicherweise ist die beim gesunden Probanden

Tabelle 2

PAH-Aktivität in μMol Tyr/g Protein/60 min bei 25 °C einer Homogenatmischung von Ratten- und PKU-Leber

Leberhomogenat	ohne Kofaktor	mit Kofaktor	Homogenat-Mischung Ratte + PKU ohne Kofaktor	Homogenat-Mischung Ratte + PKU mit Kofaktor
Ratte	23,1	133,5		
Pat. M. K.	0,57	0,31	42,6	130,8
Pat. M. V.	0,46	0,35	40,7	131,3

gefundene enorme in vitro-Aktivierbarkeit der PAH durch Kofaktorzusatz auch in vivo für den Hydroxylierungsmechanismus von Bedeutung, indem bei steigendem Phenylalaninangebot mehr Kofaktor gebildet und dadurch das Enzymsystem stimuliert wird. Dies könnte auch der Grund dafür sein, daß bei der PKU auf Grund des hohen Phenylalaninspiegels mehr Kofaktor gebildet wird als beim Gesunden.
Nach neueren Untersuchungen von KAUFMAN [8, 9] ist die hemmende und stimulierende Wirkung des Kofaktors von dessen Struktur abhängig. Es wäre daher durchaus denkbar, daß nicht nur die Hyperphenylalaninämie, sondern auch Phenylketonuriker mit einer gewissen Enzymaktivität durch Applikation des entsprechenden Kofaktors therapeutisch behandelt werden könnten.

Wir danken Frau DIEDRICH für ihre zuverlässige Assistenz.

Literatur

[1] GRIMM, U. u. A. KNAPP: Z. med. Labortechn. (im Druck)
[2] GRIMM, U., A. KNAPP u. W. TEICHMANN: Acta biol. med. germ. **27**, 443 (1971)
[3] LOWRY, O. H., N. J. ROSEBROUGH, A. L. FARR u. R. J. RANDALL: J. biol. Chem. **193**, 265 (1951)
[4] KAUFMAN, S.: Science, N. Y. **128**, 1506 (1958)
[5] MITOMA, C., R. M. AULD u. S. UDENFRIEND: Proc. Soc. exp. Biol. Med. **94**, 634 (1957)
[6] WALLACE, H. W., K. MOLDAVE u. A. MEISTER: Proc. Soc. exp. Biol. Med. **94**, 632 (1957)
[7] WALKER, T. P. u. S. UDENFRIEND: J. Lab. clin. Med. **50**, 733 (1957)
[8] KAUFMAN, S.: J. biol. Chem. **245**, 4745 (1970)
[9] KAUFMAN, S.: J. biol. Chem. **245**, 4751 (1970)

Für die Verfasser: Dr. U. GRIMM, Forschungsstelle für Medizinische Ernährungslehre an der E. M. Arndt-Universität, 22 Greifswald, Fleischmann-Str. 42

Acta biol. med. germ., Band 28, Seite 553—556 (1972)

Aus dem Institut für Pharmakologie und Toxikologie der Medizinischen Akademie „Carl Gustav Carus" Dresden (Direktor: Prof. Dr. sc. med. W. OELSZNER) 801 Dresden

Inhibitorische Aminosäuren und die cholinerge Hemmung nozifensiver Reaktionen[1,2]

K. ANDREAS und K. WESTERMANN

(Eingegangen am 15. 10. 1971)

Die Hemmung von Schmerzreaktionen ist nicht allein auf Analgetika beschränkt. Vielmehr heben auch andere Substanzen die nozifensive Antwort auf Schmerzreize verschiedener Art auf [1, 2]. Unter ihnen nehmen die zentralen Cholinomimetika wie z. B. Arekolin, Tremorin, sein wirksamer Metabolit Oxotremorin und die Spiro-piperidylverbindung RS-86 (Spiro-(N'-methylpiperidyl-4')-N-äthylsukzinimid) eine Sonderstellung ein. In ganz unterschiedlichen Analgesie-Tests ist die Hemmung nozifensiver Reaktionen durch sie schon mit sicher atoxischen Dosen hervorzurufen, die kaum vegetative oder andere Symptome wie Tremor verursachen, während eine große Zahl anderer Substanzen erst in subletalen Dosen eine antinozifensive Wirkung zeigen. Der Quotient aus letaler und antinozifensiver Wirkung der Cholinomimetika entspricht dem von Morphin [3—7].
Dieser bemerkenswerte Effekt wurde von uns im Hinblick auf den möglichen Wirkungsmechanismus untersucht. Unsere schon früher beschriebenen Befunde [8—11] ließen uns den cholinergen antinozifensiven Effekt mit einer Erregung der Renshaw-Zellen erklären. Die Renshaw-Zellen besitzen nikotinozeptive und muskarinozeptive Rezeptoren. Muskarinartige Substanzen führen zu einer anhaltenden Aktivierung der rekurrenten postsynaptischen Hemmung [12—14]. Damit wird eine Suppression auch der polysynaptischen nozifensiven Spinalreflexe herbeigeführt [15]. Experimentell konnte von uns belegt werden, daß Aktivatoren der Renshaw-Zellen die Reaktion auf Schmerzreize hemmen, ihre Antagonisten die Hemmung wieder aufheben [7—11].
Die Aktivität der Renshaw-Zellen bewirkt die Ausbildung inhibitorischer postsynaptischer Potentiale an den α-Motoneuronen [16]. Als Transmitter

[1] Die Untersuchung wurde mit Mitteln des Ministeriums für Wissenschaft und Technik der DDR durchgeführt.
[2] Die Ergebnisse wurden zum Teil auf der Generalversammlung der Biologischen Gesellschaft in der DDR, Sektion Tierphysiologie, vom 27.—30. 9. 1971 in Magdeburg vorgetragen.

wird heute Glyzin angesehen [17]. Glyzin müßte daher selbst eine Hemmung nozifensiver Reaktionen bewirken. Darum untersuchten wir die Wirkung von Glyzin und γ-Aminobuttersäure (GABA), die ebenfalls als inhibitorischer Transmitter angesehen wird, im Analgesie-Test und prüften sie außerdem auf die antagonistische Beeinflußbarkeit durch Strychnin.

Männliche Wistar-Ratten in einem Gewicht von ca. 150 g wurden 2 Tage nach Spinalisierung in Höhe des 6. und 7. Brustwirbels auf Reaktionsfähigkeit geprüft. Als Test-Einrichtung diente eine modifizierte teilautomatisierte Brennstrahlapparatur. In Anlehnung an THER et al. [18] galt die Verdopplung der „tail-flick"-Reaktionszeit als Kriterium für eine antinozifensive Wirkung. Die Aminosäuren wurden durch eine 0,5 mm starke abgewinkelte Kanüle intramedullär appliziert. Das Injektionsvolumen betrug 0,02 ml. Strychnin gaben wir s. c. Die Ermittlung der Effektivdosen mit Vertrauensgrenzen und deren Vergleich untereinander erfolgte nach der Methode von LITCHFIELD und WILCOXON [19]. Die antagonistische ED_{50} von Strychnin entspricht der Dosis, die zur Wirkungsminderung der ED_{84} der Agonisten auf einen 50%igen Effekt führte.

Beide Aminosäuren hemmen die vorher deutlich vorhandene „tail-flick"-Reaktion. Die Wirkung setzt sofort nach der Injektion ein und ist nach 5 min voll ausgeprägt. Die Effektivdosen sind in Tab. 1 zusammengestellt.
Die Effektivdosen beider Substanzen unterscheiden sich bei einer Irrtumswahrscheinlichkeit p — 0,05 nicht.
Strychnin hebt nur die Wirkung von Glyzin auf, die antagonistische Effektivdosis beträgt 0,90 (0,69—1,18) mg/kg. Die antinozifensive Wirkung von GABA bleibt durch Strychnin unbeeinflußt. Zur besseren Deutung der Befunde sollen noch vergleichsweise die gegenüber Arekolin, Oxotremorin und Nikotin antagonistischen Strychnindosen betrachtet werden (Tab. 2). Nach intramedullärer Applikation dieser Cholinomimetika ist eine geringfügige Differenz zu der gegenüber Glyzin effektiven Strychnindosis zu beobachten, nicht dagegen bei s.c. Injektion. Trotzdem liegen die erforderlichen Strychnindosen alle in einem Bereich gleicher Größenordnung. Dieser Umstand erhöht die Wahrscheinlichkeit, daß der Strychninantagonismus in beiden Fällen gleichartig zu erklären ist, d. h. als Antagonismus gegenüber Glyzin, dessen Freisetzung durch die cholinerge Aktivierung der Renshaw-Zellen hervorgerufen wird.
Diese Annahme wird durch eine Reihe in letzter Zeit erhobener Literaturbefunde über inhibitorische Aminosäuren und deren Antagonisten gestützt

Tabelle 1

Hemmung der „tail flick"-Reaktion der Spinalratte durch Glyzin und γ-Aminobuttersäure bei intramedullärer Injektion

Substanz	Tier-zahl	ED_{50} in mg/kg mit Vertrauensbereich für $p \leqq 0{,}05$	s	Signif. diff. gg . . . , $p \leqq 0{,}05$)
Glyzin	31	1,88 (1,0–3,47)	2,9	–
GABA	50	3,54 (2,46–5,1)	2,3	–

Tabelle 2

Antagonismus von Strychnin bei s.c. Injektion gegenüber Arekolin, Oxotremorin und Nikotin (ED_{84}) bei verschiedener Applikation und Präparation an der Wistar-Ratte (Brennstrahl)

Substanz (ED_{84})	Applik.	Tier-Präpar.	Tier-zahl	ED_{50} in mg/kg	s	Signif. differ. gg . . ., ($p \leqq 0,05$)
1 Arekolin 2,46 mg/kg	s.c.	intakt	52	1,20 (1,02—1,42)	1,4	3, 4, 5, 6
2 Oxotremorin 0,17 mg/kg	s.c.	intakt	48	0,98 (0,84—1,14)	1,4	4, 5, 6
3 Nikotin 12,2 mg/kg	s.c.	intakt	50	0,71 (0,54—0,93)	2,0	1, 4, 5
4 Arekolin 0,16 mg/kg	i.med.	spinal	50	0,39 (0,29—0,51)	1,6	1, 2, 3, 5
5 Oxotremorin 0,09 mg/kg	i.med.	spinal	60	0,18 (0,12—0,25)	2,0	1, 2, 3, 4
6 Nikotin 0,56 mg/kg	i.med.	spinal	25	0,44 (0,29—0,65)	1,8	1, 2

[16, 20—25]. Glyzin wird gegenwärtig als inhibitorischer Transmitter der Medulla spinalis und oblongata angesehen [26]. Die Verteilung von Glyzin entspricht der Lokalisation der inhibitorischen Interneurone. Die in vitro-Aufnahme in die Substantia grisea des spinalen Gewebes konnte gleichfalls nachgewiesen werden [24, 25].

Die von Glyzin hervorgerufene Hyperpolarisation wird durch Strychnin aufgehoben [17, 27], während GABA, die als inhibitorischer Transmitter des Enzephalons betrachtet wird [28], durch Pikrotoxin hemmbar ist [22, 26]. Nach dem Strychninantagonismus kann man zwischen „GABA- und glyzinähnlichen" inhibitorischen Aminosäuren unterscheiden [20]. Bei topischer Applikation von GABA in die Medulla spinalis der Kröte konnte jedoch eine Unterdrückung der Spinalreflexe beobachtet werden [29], die mit einer Hyperpolarisation der α-Motoneurone verbunden ist [16]. Damit stimmen unsere Befunde mit in anderem Zusammenhang stehenden Literaturangaben überein. Sie geben einen wesentlichen Hinweis für die Beteiligung von Glyzin am Mechanismus der antinozifensiven Wirkung zentraler Cholinomimetika.

Literatur

[1] Alpermann, H. G.: Arzneimittel-Forsch. **16**, 1641 (1966)

[2] Chernov, H. E., D. E. Wilson, F. Fowler u. A. J. Plummer: Archs int. Pharmacodyn. Thér. **167**, 171 (1967)

[3] Chen, C.: J. Pharmac. exp. Ther. **124**, 73 (1958)

[4] Lenke, D.: Naunyn-Schmiedebergs Arch. exp. Path. Pharmak. **234**, 35 (1958)

[5] Herz, A.: Naunyn-Schmiedebergs Arch. exp. Path. Pharmak. **241**, 176 (1961)

[6] Oelszner, W.: Acta biol. med. germ. **15**, 89 (1965)

[7] Oelszner, W. u. K. Andreas: Acta biol. med. germ. **22**, 369 (1969)

[8] ANDREAS, K. u. W. OELSZNER: Acta biol. med. germ. **23**, 669 (1969)
[9] ANDREAS, K. u. W. OELSZNER: 2. Neuropharmakologisches Symposium, Magdeburg 1969
[10] ANDREAS, K. u. U. WAGNER: 2. Gemeinschaftstagung der Deutschen Gesellschaft für experimentelle Medizin, Leipzig 1970
[11] OELSZNER, W.: 3. Neurobiologisches Symposium, Magdeburg 1971
[12] CURTIS, D. R. u. W. R. RYALL: Expl Brain Res. **2**, 49 (1966)
[13] CURTIS, D. R. u. W. R. RYALL: Expl Brain Res. **2**, 66 (1966)
[14] CURTIS, D. R. u. W. R. RYALL: Expl Brain Res. **2**, 81 (1966)
[15] HOLEMANS, R. C. u. H. S. MEIJ: Pflügers Arch. ges. Physiol. **303**, 287 (1968)
[16] TEBECIS, A. K. u. J. W. PHILLIS: Comp. Biochem. Physiol. **23**, 553 (1967)
[17] CURTIS, D. R., L. HÖSLI, G. A. R. JOHNSTON u. J. H. JOHNSTON: Expl Brain Res. **5**, 235 (1968)
[18] THER, L., E. LINDNER u. G. VOGEL: Dt. ApothZtg. **103**, 514 (1963)
[19] LITCHFIELD, J. T. u. F. WILCOXON: J. Pharmac. exp. Ther. **96**, 99 (1949)
[20] CURTIS, D. R., L. HÖSLI u. G. A. R. JOHNSTON: Expl Brain Res. **6**, 1 (1968)
[21] DAVIDOFF, R. A. u. M. H. APRISON: Life Sci. **8**, 107 (1969)
[22] ENGELBERG, L. u. A. THALLER: Brain Res. **19**, 151 (1970)
[23] HÖSLI, L., A. K. TEBECIS u. N. FILIAS: Brain Res. **16**, 293 (1969)
[24] NEAL, M. J.: Br. J. Pharmac. **36**, 205 P (1969)
[25] NEAL, M. J.: Nature, London **223**, 679 (1969)
[26] BRUGGENCATE, G., TEN u. I. ENGBERG: Pflügers Arch. ges. Physiol. **312**, R 121 (1969)
[27] BRUGGENCATE, G., TEN u. I. ENGBERG: Brain Res. **14**, 533 (1969)
[28] JOHNSON, E. S., M. H. T. ROBERTS u. D. W. STRANGHAN: Br. J. Pharmac. **38**, 659 (1970)
[29] CURTIS, D. R., J. W. PHILLIS u. J. C. WATKINS: Br. J. Pharmac. **16**, 262 (1961)

Anschrift der Verfasser: Institut für Pharmakologie und Toxikologie der Medizinischen Akademie „Carl Gustav Carus" Dresden, 801 Dresden, Lingnerplatz 1

Acta biol. med. germ., Band 28, Seite 557—558 (1972)

From the Department of Pharmacology of the Purkyně Medical Research Institute, Hradec Králové, Czechoslovakia

Cholinolytic activity of centrophenoxine

J. Fusek, J. Patočka and J. Bajgar

(Received October 18, 1971)

Centrophenoxine is the 2-dimethylaminoethyl ester of p-chlorophenoxyacetic acid [1]. The pharmacodynamic effects of centrophenoxine are manifold. This drug acts on central and autonomic nervous systems and it is used in general medicine, geriatrics, pediatrics and surgery (Lucidril®, Bracco Ind. Chim. S. p. A., Milano). In this paper the ability of centrophenoxine to antagonize the spasmogenic activity of furthretonium (HFur) on the rat jejunum was investigated.

Centrophenoxine was kindly supplied by the Bracco Industria Chimica S. p. A., Milano, Italy, HFur was obtained from Borcades-Stheeman and Pharmacia, Amsterdam. All other chemicals were of reagent grade (Lachema, Brno). The experiments were performed with isolated rat jejunum. Segments of rat intestine 1.5—2 cm long were incubated for 30 min in Tyrode solution. All experiments were carried out at a temperature of 37 °C and a *p*H value of 7.4. The Tyrode solution used had the following composition: NaCl 137, KCl 2.7, $CaCl_2$ 1.4, $MgCl_2$ 0.49, $NaHCO_3$ 11.9, Na_2PO_4 0.32, glucose 5.5 mM. The solution was continously gassed with 95% O_2 and 5% CO_2. Longitudinal muscle contraction was recorded isotonically on a smoked kymograph drum. After a constant control response to an agonist (HFur) had been obtained, the agonist was given to the preparation which had been treated with an antagonist (centrophenoxine) for 2 min beforehand. Cumulative dose response curves were obtained using a method described by van Rossum and van der Brink [2]. Each result in this paper is the mean of 12 experiments. In the present paper the affinities of antagonist are expressed as the pA_2 values which are calculated from the shift of the dose-response curve, using the table of van Rossum [3].

The pharmacological action of centrophenoxine was investigated at concentrations of $3 \cdot 10^{-5}$ M, $1 \cdot 10^{-4}$ M and $3 \cdot 10^{-4}$ M. Centrophenoxine alone had no cholinomimetic activity. As shown in Fig. 1., centrophenoxine is a competitive antagonist of the acetylcholine receptor. The pA_2 value of 4.05 ± 0.045 as the mean $\pm$ confidence limit for $p = 0.95$ was computed. The pD_2 value obtained for HFur (5.65 ± 0.16) is in very good agreement with those published by Ariëns and Simonis [4] ($pD_2 = 5.9$) and van Rossum [5] ($pD_2 = 5.8$). Our results give evidence that centrophenoxine has affinity to the acetylcholine receptor. The pA_2 value of 4.05 for centro-

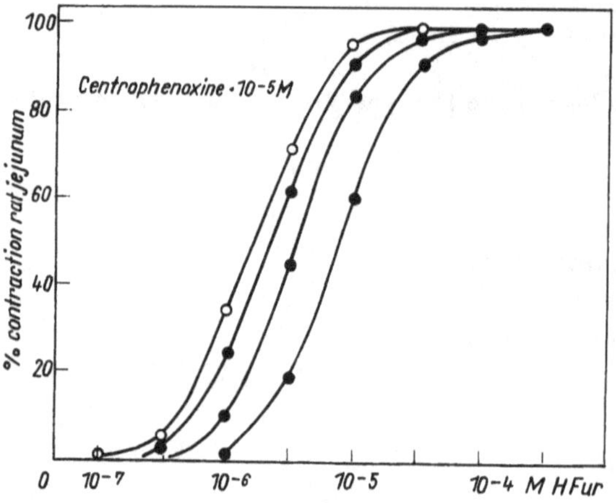

Fig. 1. Cumulative log dose-response curves for HFur on the rat isolated jejunum (o) and in the presence centrophenoxine (3, 10, 30). Responses are plotted as percentage of the maximal contraction produced by the agonist. Centrophenoxine behaves as a competitive antagonist.

phenoxine indicates that the ability to antagonize the spasmogenic activity of HFur on the rat intestine is much lower than in classical cholinolytics. The value of the pA_2 for atropine is 8.9 [3] and pA_2 for benactyzine is 7.88 [6]. It may be concluded that the observed action of centrophenoxine on the parasympathetic system probably is not caused by the direct interaction of this drug with cholinergic receptors.

References

[1] NICKEL, J., U. BREYER, B. CLAVER and G. QUADBECK: Arzneimittel-Forsch. **13**, 881 (1963)
[2] VAN ROSSUM, J. M. and F. G. VAN DER BRINK: Archs int. Pharmacodyn. Thér. **143**, 240 (1963)
[3] VAN ROSSUM, J. M.: Archs int. Pharmacodyn. Thér. **143**, 299 (1963)
[4] ARIËNS, E. J. and A. M. SIMONIS: Ann. N.Y. Acad. Sci **14**, 842 (1967)
[5] VAN ROSSUM, J. M.: Arzneimittel-Forsch. **16**, 1412 (1966)
[6] FUSEK, J., J. PATOČKA and J. BAIGAR: Cs. fysiol. **18**, 300 (1969)

Acta biol. med. germ., Band 28, Seite 559—562 (1972)

Aus der Hautklinik und der Forschungsstelle für Medizinische Ernährungslehre an der Ernst-Moritz-Arndt-Universität Greifswald (Direktor: Prof. Dr. med. habil. A. KNAPP)

Immunreaktionen bei Ratten mit experimentell erzeugter Hyperphenylalaninämie

U. HAUFE, F. HAUFE, H. LUBS und G. MACHILL

(Eingegangen am 15. 11. 1971)

Zusammenfassung

Ratten wurden im Zustand der graduell unterschiedlichen Hyperphenylalaninämie gegen 2,4-Dinitrochlorbenzol sensibilisiert. Dabei nimmt die Hemmung der allergischen Spätreaktion mit der Höhe der Hyperphenylalaninämie zu. Gegenüber abgetöteten Zellen von Candida albicans sind Ratten auch im Zustand der hochgradigen Hyperphenylalaninämie zu einer ungestörten Antikörpersynthese fähig.

Einleitung

Untersuchungen an Phenylketonurikern lassen bisher auch weiterhin die Frage offen, ob ein echter Zusammenhang zwischen einer gestörten Immunreaktion und dieser genetisch fixierten Stoffwechselstörung besteht. Nach den Untersuchungen von RYAN und CARVER [1] kommt es im Tierversuch unter hohen i.p. Gaben von Phenylalanin (Phe) zu einer Hemmung der Antikörperbildung gegen Di-Toxoid bei Ratten und Kaninchen. Gleiche Ergebnisse erhielt RYAN [2] auch bei einer Immunisierung von Ratten gegen Schafbluterythrozyten. Entsprechende Untersuchungen mit den Aminosäuren Tyrosin, Histidin, Asparaginsäure, Glutaminsäure und Methionin hatten keinen meßbaren Einfluß auf die Antikörperbildung von Ratten. Weiter beobachtete RYAN [2] unter täglichen Phe-Gaben bei Mäusen eine signifikante Verlängerung der Überlebenszeit von Allotransplantaten.

Trotz dabei nachgewiesener wesentlicher Verschiebungen in der Zusammensetzung des Aminosäurepool der Milz ist es nicht sicher, daß dies der Grund für die Hemmung der Antikörpersynthese unter hohen Phe-Gaben ist. Vielmehr nimmt RYAN [2] an, daß die Immunreaktion durch die Überladung des Organismus mit dem Phe-Metaboliten Phenylaethylamin spezifisch gehemmt wird. Er beobachtete unter Phenylaethylamin eine etwa gleiche Hemmung der Antikörperbildung wie unter Phe.

Wir untersuchten Ratten unter den Bedingungen einer langfristigen, mit weitgehend konstanten Phe-Blutspiegeln einhergehenden alimentären Hyperphenylalaninämie [3] auf die Ausbildung der allergischen Spätreaktion am Beispiel der ekzematösen Sensibilisierung gegen 2,4-Dinitrochlorbenzol (DNCB). Weiter wurde die Höhe der Antikörperbildung bei hyperphenylalaninämischen Ratten nach Sensibilisierung mit abgetöteten Candida albicans-Zellen bestimmt.

Materials und Methodik

Wistarratten im Gewicht zwischen 120—200 g erhielten zum hausüblichen Schrotfutter Zulagen zwischen 2,5 und 15% DL-Phe mindestens 4 Wochen vor Versuchsbeginn und während der Versuchsdauer. Zur ekzematösen Sensibilisierung wurde den Tieren 2mal täglich während 5 Tage intrakutan 2,4-Dinitrochlorbenzol (DNCB) und komplettes Freundsches Adjuvans (Difco-Laboratories, Detroit/USA) im Verhältnis 1:1 verabreicht. Die mit einer Injektion applizierte Menge DNCB betrug 5 µg. 14 Tage nach dem Primärkontakt wurden die Tiere mit 0,06 ml einer 0,1%igen DNCB-Lösung getestet. 24 Std. nach der Testung wurde der Verschlußverband entfernt. Die Ablesung erfolgte über 4 Tage nach einem Schema zum Grad der Hautreaktion.
Zur Antikörperbestimmung erhielten die Tiere i.p. über 4 Wochen 2mal wöchentlich Candida albicans-Suspensionen zwischen 10 bis 80 Millionen Zellen. 2—5 Tage nach der letzten Injektion erfolgte die Blutentnahme aus dem orbitalen Venenplexus. Die Antikörpertiter wurden durch die Agglutinationsreaktion bestimmt. Die statistische Verrechnung der Ergebnisse erfolgte nach den Tabellen der Signifikanzschranken für den Vierfeldertest (Documenta GEIGY 1962).

Ergebnisse und Diskussion

In Tab. 1 ist der Sensibilisierungserfolg der Ratten mit graduell unterschiedlicher Hyperphenylalaninämie dargestellt. Der Serumphenylalaninspiegel beträgt bei den Kontrolltieren 1,32 mg%. Nach einer DL-Phe-Zufütterung von 10% und einer Phe-Blutspiegelerhöhung über 10 mg% lassen sich Ratten signifikant schlechter sensibilisieren als Normaltiere. Diese Fähigkeit zur Sensibilisierung nimmt mit steigender Phe-Zufütterung und Erhöhung der Phe-Blutspiegel weiter ab. Dabei konnten hinsichtlich der Stärke der Hautreaktion keine signifikanten Unterschiede gegenüber Normaltieren ermittelt werden.
Bei Verwendung abgetöteter Candida albicans-Zellen als Antigen konnte keine Hemmung der Antikörperbildung, auch bei Tieren mit hochgradiger Hyperphenylalaninämie, nachgewiesen werden (Tab. 2). Dieses Ergebnis ist überraschend und läßt die Frage unbeantwortet, ob Besonderheiten des Pilzantigens oder die bei unserer Versuchsanordnung länger dauernde Antigenzufuhr diese Reaktion mitbedingen können.
Die Ergebnisse über die ekzematöse Kontaktsensibilisierung von Ratten mit experimenteller Hyperphenylalaninämie sind ein weiterer Beitrag zu der Kenntnis, daß offenbar ein direkter Zusammenhang zwischen der Immunreaktion eines Organismus und einer Hyperphenylalaninämie besteht. Nach unseren Untersuchungen nimmt die Hemmung der allergischen Spätreaktion mit dem Grad der Hyperphenylalaninämie zu, während Ryan [2] bei Erhöhung der Phe-Zufuhr keine Verlängerung der Überlebenszeit von Allotransplantaten an der Haut sah.

Tabelle 1
DNCB-Kontaktsensibilisierung bei Ratten mit experimenteller Hyperphenylalaninämie

Zusatz von DL-Phe [%]	Ratten mit Hyperphenylalaninämie			Kontrolltiere	
	N	Phe-Blutspiegel [mg%]	Sens. Tiere [%]	*N*	Sens. Tiere [%]
2,5	24	2,31	87,5	24	75,0
5,0	36	4,28	63,5	36	66,6
7,5	24	6,60	70,8	24	87,5
10,0	22	10,56	50,0*	22	83,3
12,5	22	15,51	41,7*	22	83,3
15,0	22	36,80	20,0**	22	75,0

Signifikanz (gegenüber Kontrolltieren): * $p = 0{,}01$; ** $p = 0{,}001$

Tabelle 2
Agglutinationstiter gegen Candida albicans bei Ratten mit experimenteller Hyperphenylalaninämie

Zusatz von DL-Phe [%]	Ratten mit Hyperphenylalaninämie		Kontrolltiere	
	N	Medianwert d. AK-Titer	*N*	Medianwert d. AK-Titer
2,5	24	1: 640	24	1: 640
5,0	24	1:1280	24	1:1280
7,5	23	1:1280	20	1:1280
10,0	21	1:2560	20	1:2560
12,5	22	1:1280	24	1:1280
15,0	24	1:1280	22	1:2560

Dagegen zeigen Ratten auch im Zustand der hochgradigen Hyperphenylalaninämie eine unveränderte Immunkompetenz für ein Pilzantigen.

Durch die langdauernde Verfütterung von DL-Phe kommt es bei den Versuchstieren zu einer deutlichen Veränderung des Aminosäuren-Musters im Serum [4]. Inwieweit jedoch eine gestörte Proteinsynthese infolge der Aminosäuren-Imbalance Ursache der verringerten Immunreaktion bei Ratten mit experimentell erzeugter Hyperphenylalaninämie ist, bleibt zur Zeit noch ungeklärt. Vielmehr halten auch wir metabolische Reaktionen des gestörten Phenylalanin-Tyrosin-Stoffwechsels für die Erklärung dieser Phänomene geeignet. Daß davon offenbar die Immunreaktion gegen das Pilzantigen Candida albicans nicht betroffen wird, bedarf weiterer Untersuchungen.

Literatur

[1] RYAN, W. L. u. J. CARVER: Science, N.Y. **143**, 479 (1964)
[2] RYAN, W. L.: J. Am. med. Ass. **191**, 295 (1965)
[3] HAUFE, U., G. MACHILL u. F. HAUFE: Wiss. Z. Ernst Moritz Arndt-Universität Greifswald, Math.-naturwiss. R. **18**, 229 (1969)
[4] LUBS, H., G. MACHILL, U. HAUFE u. F. HAUFE: Acta biol. med. germ. **26**, 1077 (1971)

Für die Verfasser: Dr. med. habil. URSULA HAUFE, Hautklinik d. E. M. Arndt-Universtiät, 22 Greifswald, Fleischmann-Str. 42

Erratum

In the paper of R. J. ABLIN, Acta biol. med. germ. **27**/3, p. 667–670 (1971) in table 1 (p. 669) under the heading "Diagnosis", the word "disease" should accompany the category "Chronic bronchial pulmonary . . ." instead of the word "emphysema".

CONTENTS

СОДЕРЖАНИЕ

Acta biol. med. germ. 28, K 11 - K 17 (1972)

Bereich Biomembranen im Zentralinstitut für Molekularbiologie
Deutsche Akademie der Wissenschaften zu Berlin,
1115 Berlin-Buch

Zur Bestimmung der Sekundärstruktur von Proteinen aus Infrarotspektren

R. GROSSE, J. MALUR und K. R. H. REPKE

(Eingegangen am 6. 3. 1972)

Summary

The paper describes a procedure for the curve-fitting computer analysis of amide I band in infrared (IR) spectra of isolated or membrane-bound proteins dissolved or suspended in D_2O. The procedure delivers the percentages of ß-structure and the sum of α-helical and "unordered" (ρ-) structures which cannot be differentiated in consequence of the proximity of their maxima. The computer program is fed with basis spectra calculated according to (5) from a combination of IR- and circular dichroic (CD)- or IR- and X-ray-data of lysozyme, ribonuclease, metmyoglobin and serum albumin. The maxima of the calculated basis spectra and of the directly determined spectra are identic. The percentages of (α+ρ)- or α-, ρ- and ß-structures in these proteins as obtained with IR-, CD- and X-ray-analysis are found to be in reasonable agreement. Thus, the described procedure for computer analysis of IR-spectra is established as an independent reliable method. As to the structure of proteins in membrane fragments, the computer analysis of IR- and CD-spectra yields very similar percentages for (α+ρ)- and ß-structures so that the feasibility of the earlier developed CD-procedure (1) appears to be adequately corroborated.

Einleitung

In einer früheren Mitteilung (1) haben wir gezeigt, daß aus CD-Spektren* von Biomembranen mit Hilfe eines kurveneinpassen-

* Abkürzungen: CD = Circulardichroismus, IR = Infrarot, Tris = Tris-(hydroxymethyl)-aminomethan

den Computerprogramms (2) die relativen Anteile an α -helikalen, ß- und ungeordneten (ρ -)Strukturen berechnet werden können. Dazu wurden Basisspektren ermittelt, die die besonderen Eigenschaften der Membranfragment-Suspensionen, wie unterschiedliche Streuung von links- und rechtscircularpolarisiertem Licht und "Verdunkelungseffekte" bei der Berechnung berücksichtigen.
Das Ziel der vorliegenden Arbeit besteht darin, das CD-Verfahren mit Hilfe der infrarotspektroskopischen Analyse zu überprüfen. Die IR-Methode bietet im Vergleich zu CD-Messungen den Vorteil, gegenüber den genannten optischen Störquellen weit weniger anfällig zu sein. Die Teilchengrößen der suspendierten Membranfragmente liegen im Mittel bei 0,5 μm, der für das zu beschreibende Verfahren gewählte Wellenlängenbereich um 6 μm. Daraus folgt, daß die Lichtstreuung und damit auch der Verdunkelungseffekt weitestgehend ausgeschlossen werden können.
Bei dem bisherigen Stand der Analyse von IR-Spektren ließ sich aus der Amid I-Bande die Sekundärstruktur von Eiweißen nur grob qualitativ abschätzen (3). In der vorliegenden Arbeit wird gezeigt, daß aus der Amid I-Bande mit Hilfe eines kurveneinpassenden Computerprogramms, in welches auf einem noch zu beschreibenden Wege ermittelte Basisspektren eingehen, die relativen Anteile an ß- sowie (α + ρ)-Strukturen bestimmt werden können.

Materialien und Methoden

Die benutzten Membranpräparationen wurden wie in einer früheren Mitteilung beschrieben (1) hergestellt.
Für die Berechnung der IR-Basisspektren wurden folgende Proteine verwendet: Metmyoglobin vom Rind, lyophilisiert (Abteilung Biokatalyse des Zentralinstituts für Molekularbiologie*), Rinderserumalbumin (VEB Serumwerk Dessau, DDR), Lysozym (C. F. Boehringer u. Söhne, GmbH, Mannheim) und Ribonuclease (Serva, Heidelberg).

* Herrn Dr. P. MOHR danken wir für die Überlassung des Präparates.

IR-Spektroskopie: Die Membranpräparate wurden vor der Messung zweimal in 0,15 M Tris-HCl-Puffer in D_2O, pD 7,5, suspendiert und auf der Zentrifuge (2 Std. 140 000 x g) gewaschen. Die nach (4) bestimmten Eiweißkonzentrationen in den Meßansätzen betrugen 30 mg/ml. Die löslichen Proteine wurden in gleicher Konzentration vermessen. Sämtliche Proben befanden sich vor der Messung 40 bis 45 Std. im D_2O-Puffer-Medium. Die Spektren wurden mit dem Infrarotspektralphotometer IR-4 der Fa. Beckmann unter Verwendung von 50 μm-CaF_2-Küvetten aufgenommen und mit unserem Computerprogramm (2) analysiert.

Circulardichroismus: Zwecks Sicherung der Vergleichbarkeit der Resultate wurden bei den löslichen Proteinen die CD-Spektren bei gleicher Probenvorbereitung und Eiweißkonzentration wie bei den IR-Messungen aufgenommen. Die Messungen erfolgten in 1 μm-Quarzküvetten mit dem Dichrographen CD - 185 (Jouan/Paris). Die erhaltenen Spektren wurden im Bereich von 210 bis 240 nm mit unserem Computerprogramm analysiert (vgl. (1)).- Die CD-Untersuchungen von Membransuspensionen wurden mit einer Eiweißkonzentration von 0,3 mg/ml bei einer Schichtdicke von 1 mm durchgeführt. Als Suspensionsmedium diente 0,15 M Tris-HCl-Puffer, pH 7,4. Die Membranpräparate wurden unmittelbar vor der CD-Messung durch Ultraschallbehandlung (5-15 sec, 20 KHz bei 0°) auf gleiche Lichtstreuung (Extinktion 0,07-0,09 bei 500 nm und einer Schichtdicke von 1 mm) und damit auf die gleiche effektive Eiweißkonzentration eingestellt.

Ergebnisse und Diskussion

Unter Anwendung des von SAXENA und WETLAUFER (5) beschriebenen Analysenprinzips der CD-Spektren von löslichen Proteinen wurden Ribonuclease, Lysozym, Metmyoglobin und Rinderserumalbumin hinsichtlich ihrer relativen Anteile an α-helikalen (α-), antiparallelen Faltblatt- (ß-) und "ungeordneten" (ρ-)Strukturen untersucht. Die Computerauswertung der CD-Spektren ergab für Ribonuclease, Lysozym und Metmyoglobin Anteile der drei Strukturen, die mit den entsprechenden Daten der Röntgenstrukturanalyse befriedigend übereinstimmen (vgl. Tab. 1). Die gefundenen Prozentwerte an α- (a), ß- (b) und ρ- (c) Strukturen der vier

Tabelle 1

Sekundärstruktur von gelösten Proteinen und Proteinen in Membranfragmenten, bestimmt mit Hilfe der in dieser Arbeit beschriebenen Analyse von IR-Spektren, mittels der früher angegebenen Bestimmung aus CD-Spektren (1) oder durch Rönten-Strukturanalyse (5, 7-9)

Objekt	IR-Analyse+		CD-Analyse+			Röntgen-Strukturanalyse^x		
	(α + ρ)	β	α	ρ	β	α	ρ	β
Lysozym	76,6 (±1,4)	23,4 (±1,4)	27,0 (±0,3)	50,1 (±0,9)	22,9 (±0,7)	35 (28-42)	55 (48-62)	10 (10-16)
Ribonuclease	66,1 (±0,4)	33,9 (±0,4)	8,6 (±0,2)	54,0 (±0,7)	37,4 (±0,6)	12 (6-19)	52 (43-58)	36 (36-38)
Metmyoglobin	81,6 (±0,6)	18,4 (±0,6)	51,1 (±1,4)	32,7 (±2,8)	16,2 (±2,0)	71 (60-77)	29 (23-40)	0 (0)
Serumalbumin	71,9 (±1,2)	28,1 (±1,2)	32,3 (±1,0)	44,8 (±1,5)	22,9 (±2,0)	-	-	-
Membranfragmente von Synaptosomen	68,3 (±3,4)	31,7 (±3,7)	12,5 (±1,3)	49,1 (±4,3)	38,3 (±4,6)	-	-	-

+ Die in Klammern angegebenen Zahlen geben die Standardabweichung der Kurveneinpassung an.

x Die Zahlen sind Mittelwerte (5); in Klammern die errechnete Schwankungsbreite (7-9).

Proteine wurden in die Gleichung $M_\lambda = a \cdot \alpha_\lambda + b \cdot \beta_\lambda + c \cdot \rho_\lambda$ eingesetzt, in der M_λ der experimentell bestimmte Extinktionswert des IR-Spektrums bei einer Wellenlänge λ des Bereichs 5,825 bis 6,250 µm ist. Die vier Gleichungen wurden in dem genannten Bereich in Abständen von 0,025 µm für 18 Wellenlängen geschrieben.
Durch simultane Lösung jeder Serie von Gleichungen mit einem Rechenprogramm wurde versucht, die Extinktionswerte der α - (α_λ), ß- (β_λ) und ρ - (ρ_λ) Strukturen bei den betreffenden Wellenlängen zu berechnen. Dabei zeigte sich, daß sich die Spektren der α - und ρ -Strukturen infolge der Nähe ihrer Absorptionsmaxima in der Amid I-Bande (bei 1650 bzw. 1643 cm^{-1} (6)) nicht aus dem komplexen Proteinspektrum herausrechnen lassen. Deshalb wurden Basisspektren errechnet, die getrennt die Summe von α - und ρ -Strukturen sowie die ß-Struktur beschreiben (Abb. 1).

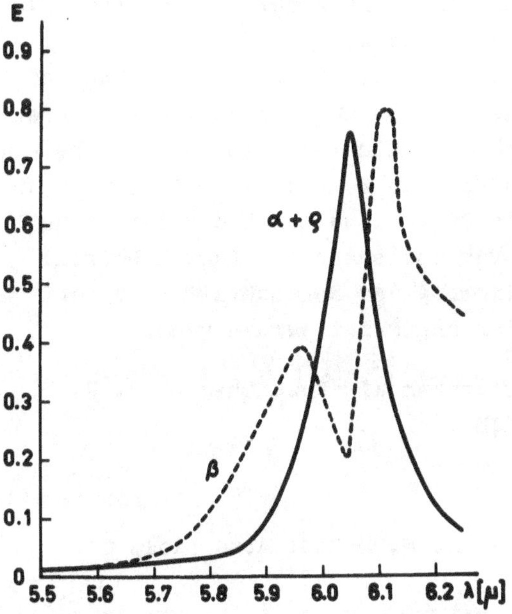

Abb. 1. Basisspektren für die Computeranalyse der Amid I-Bande in IR-Spektren von Proteinen auf den Prozentgehalt an (α+ρ)- und ß-Strukturen. Die dargestellten Basisspektren wurden über die quantitative Analyse von CD-Spektren der vier gelösten Proteine errechnet. Gleichartige Basisspektren wurden bei Einsatz der durch Röntgenstrukturanalyse ermittelten Daten (Tab. 1) erhalten.

Als Bestätigung für die prinzipielle Richtigkeit der angewandten Verfahrensweise kann gewertet werden, daß das errechnete Basisspektrum für die ß-Struktur ein Maximum bei 1632 cm^{-1} und eine Schulter bei 1675 cm^{-1} zeigt (Abb. 1), die nach direkten Messungen an gelösten Proteinen (in D_2O) als charakteristisch für die ß-Struktur gelten (6).
Unter Einsatz der errechneten Basisspektren wurden daher mit Hilfe des Computerprogramms IR-Spektren von löslichen Eiweißen und Zellmembransuspensionen auf den Prozentgehalt an ß- und (α + ρ)-Strukturen analysiert (Tab. 1). Der Vergleich der mit den drei Verfahren erhaltenen Werte für die Sekundärstruktur der vier gelösten Proteine läßt den Schluß zu, daß die IR-Analyse die Anteile an ß- und (α + ρ)-Strukturen mit hoher Reproduzierbarkeit und geringer Standardabweichung hinsichtlich der Einpassung der Basisspektren quantitativ bestimmen läßt. Die Übereinstimmung der Daten scheint bei IR- und CD-Analyse grösser als bei diesen Verfahren und der Röntgenanalyse zu sein.

Der geführte Nachweis, daß die IR-Analyse für die quantitative Bestimmung von Strukturrelationen in Proteinen geeignet ist, erlaubt eine Prüfung der Frage, ob das für die Bestimmung der Sekundärstruktur von Membranproteinen ausgearbeitete Verfahren der CD-Analyse (1) verläßlich ist. Ein Vergleich der mit beiden Methodiken erhaltenen Anteile an ß- und (α + ρ)-Strukturen legt den Schluß nahe, daß die CD-Analyse durch die Anwendung modifizierter Basisspektren von optischen Artefakten befreit wurde und daher für die Bestimmung der Sekundärstruktur von Proteinen in Membranfragmenten angewandt werden kann.

Für sehr wertvolle Mitarbeit danken wir Frau Chem.-Ing. R. FRANKE und Fräulein S. BASTIAN.

Literatur

(1) GROSSE, R., J. MALUR u. K. R. H. REPKE: Acta biol. med. germ. 27, K 25 (1971)
(2) REICH, J., R. GROSSE, J. MALUR u. K. R. H. REPKE: In Vorbereitung
(3) WALLACH, D. F. H. u. J. M. GRAHAM: Biochim. biophys. Acta

241, 180 (1971)
(4) LOWRY, O. H., N. J. ROSEBROUGH, A. L. FARR u. R. J. RANDALL: J. biol. Chem. 193, 265 (1951)
(5) SAXENA, V. P. u. D. B. WETLAUFER: Proc. natn. Acad. Sci. U.S.A. 68, 969 (1971)
(6) SUSI, H., S. N. TIMASHEFF u. L. STEVENS: J. biol. Chem. 242, 5460 (1967)
(7) CHEN, Y.-H. u. J. T. YANG: Biochem. biophys. Res. Commun. 44, 1285 (1971)
(8) ROSENKRANZ, H. u. W. SCHOLTAN: Hoppe-Seyler's Z. physiol. Chem. 352, 896 (1971)
(9) GREENFIELD, N. u. G. D. FASMAN: Biochemistry 8, 4108 (1969)

ACTA BIOLOGICA ET MEDICA GERMANICA

Zeitschrift für funktionelle Biowissenschaften

Band 27

1971

AKADEMIE-VERLAG
BERLIN

Herausgeber und verantwortlich für den Inhalt: R. Baumann, H. Dutz, A. Graffi, H. Gummel, F. Jung, L.-H. Kettler, O. Prokop, S.M. Rapoport. Schriftleitung: Prof. Dr. Heinz Bielka und Prof. Dr. Werner Scheler, 1115 Berlin-Buch, Lindenberger Weg 70. Fernruf: 569851. App. 222. Verlag: Akademie-Verlag GmbH, 108 Berlin, Leipziger Straße 3—4 (Fernruf: 220441) Telex-Nr. 0112020, Postscheckkonto Berlin 35021. Bestell- und Verlags-Nr. dieses Bandes 1053/XXVII. Die Zeitschrift erscheint monatlich. Bezugspreis: Einzelheft 24,— M. Veröffentlicht unter der Lizenznummer 1318 des Presseamtes beim Vorsitzenden des Ministerrates der Deutschen Demokratischen Republik. Gesamtherstellung: VEB Druckerei „Thomas Müntzer", 582 Bad Langensalza.
Printed in the German Democratic Republic.

INHALTSVERZEICHNIS

Heft 1

Biochemie

Physiologie

Pharmakologie und Toxikologie

Physiologie

Pharmakologie

Kurzmitteilungen

Heft 3

Biochemie

Physiologie

Physiologie

Pharmakologie

Immunbiologie

Kurzmitteilungen

Heft 5/6

Biochemie

Physiologie

Pharmakologie

Kurzmitteilungen

SACHWORTVERZEICHNIS

AUTORENVERZEICHNIS

INHALT

Biochemie/Molekularbiologie

Physiologie

Pharmakologie

Kurzmitteilungen

Herausgeber und verantwortlich für den Inhalt: R. Baumann, H. Dutz, A. Graffi, H. Gummel, F. Jung, L.-H. Kettler, O. Prokop, S. M. Rapoport. Schriftleitung: Prof. Dr. Heinz Bielka und Prof. Dr. Werner Scheler, 1115 Berlin-Buch, Lindenberger Weg 70. Fernruf: 569851. App. 222. Verlag: Akademie-Verlag GmbH, 108 Berlin, Leipziger Straße 3–4 (Fernruf: 220441) Telex-Nr. 0112020, Postscheckkonto Berlin 35021. Bestellnummer dieses Heftes 1053/XXVIII/3. Die Zeitschrift erscheint monatlich. Bezugspreis: Einzelheft 24,– M, Doppelheft 48,– M. Veröffentlicht unter der Lizenznummer 1318 des Presseamtes beim Vorsitzenden des Ministerrates der Deutschen Demokratischen Republik. Gesamtherstellung: VEB Druckerei „Thomas Müntzer", 582 Bad Langensalza.
Printed in the German Democratic Republic.